本书为国家社会科学基金一般项目"实践视域下传统技术与地域社会互构共生研究"（15BZX032）研究成果

本书受西华师范大学出版基金资助，受四川"基层民主与基层治理"高水平研究团队资助

传统技术 与
地域社会的互构共生

黄祖军　陈长虹　著

中国社会科学出版社

图书在版编目（CIP）数据

传统技术与地域社会的互构共生／黄祖军等著.
北京：中国社会科学出版社，2025. 7. -- ISBN 978-7
-5227-5105-4

Ⅰ. G322

中国国家版本馆 CIP 数据核字第 202556PB16 号

出 版 人　季为民
责任编辑　许　琳
责任校对　苏　颖
责任印制　郝美娜

出　　版　中国社会科学出版社
社　　址　北京鼓楼西大街甲 158 号
邮　　编　100720
网　　址　http://www.csspw.cn
发 行 部　010-84083685
门 市 部　010-84029450
经　　销　新华书店及其他书店

印　　刷　北京君升印刷有限公司
装　　订　廊坊市广阳区广增装订厂
版　　次　2025 年 7 月第 1 版
印　　次　2025 年 7 月第 1 次印刷

开　　本　710×1000　1/16
印　　张　17.5
插　　页　2
字　　数　270 千字
定　　价　98.00 元

前　　言

技术与社会的关系问题一直受学术界的关注。但长期以来，对二者关系的研究存在二元化思维逻辑，要么强调技术，走向"技术决定论"，要么强调社会，走向"技术的社会建构论"。技术决定论和技术的社会建构论都把技术和社会看作是对立的，且单向看待技术和社会，要么强调技术，要么强调社会。虽然技术与社会互动论试图超越技术与社会的对立，但它具有一定的局限性，依然把技术、社会看作是分立的两个事物。还有一些学者试图用技术与社会互构论超越技术与社会的二元对立。这些超越技术与社会二元化思维的努力为后来的研究者提供了许多宝贵的学术资源和思想创新。遗憾的是，这些超越努力多囿于理论思辨，在实践经验层面对技术与社会二元化关系超越的探讨还不多。这为本书留下了探讨研究的空间，本书从实践中去探讨超越技术与社会二元论关系。

在跳出理论思辨迈向生活世界，从实践中来把握技术与社会的关系时，发现中国的传统技术与地域社会的关系并非二元对立，而是互构共生的关系。中国历史上的传统技术，与日常生活联系密切，与地域社会相依相存。传统技术扎根于社会实践，中国这一独特的地域社会为传统技术的发展奠定了坚实的基础，地域社会中的经济、政治、文化为传统技术的发展注入了生机和活力，为传统技术的发展提供了动力。同时，传统技术也不断推进地域社会发展，影响地方社会的经济产业、政治设置、社区发展，建构了具有地域特色的文化形态和日常生活。总之，在中国这样一个具有几千年历史的文明古国，技术的发展与人们的生活密切相关，生活世界既为技术提供发展与创新的动力，同时，技术又进一步生活化、社会化，传统技术与地域社会呈现出互构共生的关系。

为了分析传统技术与地域社会的互构共生关系，本书运用历史文献法、田野研究法和个案研究法，从实践中分析中国传统技术与地域社会是如何相互影响、相互建构的，是如何共同演进、共生发展的。首先，提出问题，梳理技术与社会关系的相关研究基础，对技术决定论、技术的社会建构论、技术与社会互动论、技术与社会互构共生论等研究进行了梳理。其次，从整体上分析传统技术与地域社会在实践中是如何互构共生的。通过分析传统技术扮演的地域社会角色、传统技术对地域社会的影响，论述了传统技术对地域社会的建构。通过分析地域社会型塑传统技术的地域特色，为传统技术提供发展动力，论述了地域社会对传统技术的型塑。通过对传统技术社区的形成、特点和变迁的分析，论述了实践中传统技术与地域社会的互构共生。最后，分析传统技术与地域社会的每一构成部分—经济、政治、文化之间的互构共生关系。深入探讨传统技术与区域经济、传统技术与地域政治、传统技术与地域文化之间相互影响、相互建构和共同演进的关系。具体而言，传统技术与区域经济的互构共生关系则通过对传统技术产业、传统技术与经济制度、传统技术创新与区域经济发展等方面的分析来体现，从而论证传统技术与区域经济的互构共生关系。传统技术与地域政治的互构共生关系则通过将传统技术分解为农业技术和手工业技术，来具体分析它们与政治制度、管理制度和政府经济组织之间的相互影响、相互建构和共同演进，以便深入把握传统技术与地域政治之间的互构共生关系。传统技术与地域文化的互构共生关系通过两个方面来分析：一是既从文化角度，也从技术角度来分析传统技术与地域文化的关系，通过探讨传统技术与技术文化、传统技术与劳动工具的互构共生关系，论证传统技术与地域文化的互构共生关系；二是从实践案例出发，通过对保宁醋传统酿造技术与阆中地域文化互构共生的实践分析，论证传统技术与地域文化的互构共生关系。

总之，通过实践研究，发现并论证了传统技术与地域社会二者是互构共生的关系，为破解技术与社会的二元对立关系提供了实践论据。

　　由于作者水平所限，书中难免存在疏漏之处，敬请广大读者批评指正。

黄祖军

2024 年 6 月

目　　录

第一章
导 论

第一节 研究背景与问题提出

当前，中国社会正从传统农业社会向工业社会转型，加之现代西方社会已经发展到以知识和科技为重要推动力的知识经济社会，因此，中国社会发展面临双重转型，既需要从农业社会转向以城市化、机械化为主要特征的工业社会，也需要从传统工业社会转向以知识、科技为主要特征的知识经济社会。在中国实现现代化与新型工业化的过程中，技术的发展既面临机遇，也面临挑战。一方面，中国科技进步了，大量新技术不断被发明，并不断更新，国家也正在为建设创新型国家而奋斗。另一方面，技术发展也遇到了诸多困境与难题，且这些难题日益成为社会发展需要解决的问题。例如，一是传统技术在现代逐渐退出历史舞台，并受到社会排斥；二是如何保证现代技术的持续创新日益成为企业、国家乃至世界各国的重要议题；三是技术转让存在诸多困境，许多新的技术发明或专利，因种种原因被束之高阁，不能及时得到转化，这使凝聚了发明人心血的成果得不到应用，既浪费了社会资源，又挫伤了技术创新者的积极性。

因此，如何解决中国传统技术的现代转型与发展，如何获得技术创新的持续强动力，如何畅通技术转化路径并解决其应用问题，是摆在中国学者和政府面前的重要议题。要解决这些难题，需要我们深入探讨技术与社会的关系问题，特别是传统技术与社会的关系问题。通过对传统技术与社会关系的深入探讨，以摆脱就技术抓技术的习惯性思维，改善技术创新发展的社会条件，同时探究与找寻社会发展的技术动力，从而推进当前中国的技术创新与社会发展。

技术与社会的关系问题是技术社会学研究的重要主题。但长期以来，对二者关系的研究存在二元化的思维逻辑，要么强调技术，走向"技术决定论"，要么强调社会，走向"社会决定论"。技术决定论和社会决定论都把技术和社会看作是对立的，且单向看待技术和社会，要么强调技术，要么强调社会。而技术与社会互动论则看到技术决定论与社会决定论的片面，尝试超越技术与社会的二元化思维。但技术与社会互动论具有一定局限性，依然把技术、社会看作是分立的两个事物。还有许多学者试图超越技术与社会的二元对立，但这些超越的理论纰漏也不断显露，既存在二元之间的循环论证，也存在概念含混不清与模棱两可，还存在理论与经验结论不一致等问题。这些超越普遍陷入了一个消解的误区。① 这些消解，要么企图通过消解矛盾的二元结构本身来达到化解和消除矛盾对立的理论策略，要么企图消解作为一种客观存在的二元对立形式的矛盾这种理论目的本身。这些消解并未真正超越技术与社会的二元对立。因此，如何超越技术与社会的二元对立是一个重要课题。现有对技术与社会关系的超越，多偏重理论探讨，缺少实践层面的经验分析。

对技术与社会的二元对立超越，固然需要理论的消解与超越，但我们也需要跳出理论的窠臼，走向生活，在日常生活及实践中来把握技术与社会的关系。因为，一方面，理论假设需要经验事实的检验和证实；另一方面，需要从社会生活、实践中，总结、概括和抽象出理论本身。正如杰弗里·亚历山大所认为的科学理论与经验事实之间存在双边关系，这种双边关系具有如图 1-1 所示的连续统，这也就是科学思想的连续统。②

---

① 郑杭生、杨敏：《社会互构论：世界眼光下的中国特色社会学理论的新探索——当代中国"个人与社会关系研究"》，中国人民大学出版社 2010 年版，第 522 页。

② ［美］杰弗里·亚历山大：《社会学二十讲：二战以来的理论发展》，贾春增、董天民等译，华夏出版社 2000 年版，第 5 页。

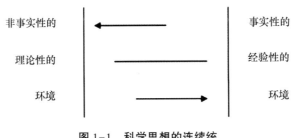

非事实性的　　　　　　　　　　　　　　事实性的

理论性的　　　　　　　　　　　　　　　经验性的

环境　　　　　　　　　　　　　　　　　环境

图 1-1　科学思想的连续统

从亚历山大的科学理论与经验事实的连续统中，我们看到了要真正超越技术与社会的二元对立，不能仅从理论的抽象来把握技术与社会的关系，还需要从实践中来把握技术与社会的关系，通过分析实践中的技术与社会的互动关系，超越二者的对立，这样才能让人信服。

20 世纪 90 年代，西方理论界出现了理论的实践转向，用实践来解释诸如知识、人类活动、科学技术、权力及社会变迁等。理论的实践转向在反思和超越二元论思维的过程中具有重要意义。布尔迪厄提出了"实践感"的概念，[①] 尝试化解主观和客观、行为与社会结构的二元论关系。安东尼·吉登斯和常人方法论学者运用实践分析来超越行动与结构的二元对立，吉登斯提出了结构化理论，希望超越主体和客体、行动和结构的二元对立。[②] 林奇继承了常人方法论，并将其运用到对科学实践——实验室研究中，[③] 林奇认为要结合科学家对自身行为的认识，才能发现科学实践如何通过日常专业活动来创造，通过实践分析，以此超越行动与结构的二元对立。安德鲁·皮克林提出了"实践的冲撞"理论，希望弥合科学知识的实在论与反实在论的鸿沟，认为科学知识与世界的关系是通过实践关联起来的，二者并非对立的二元关系。[④] 安德

①　[法] 布尔迪厄、[美] 华康德：《反思社会学导引》，李猛、李康译，商务印书馆2015 年版，第 20 页。

②　[英] 安东尼·吉登斯：《社会的构成：结构化理论纲要》，李康、李猛译，中国人民大学出版社 2016 年版，第 9 页。

③　Lynch Michael E., "Technical Work and Critical Inquiry: Investigations in a Scientific Laboratory", *Social Studies of Science*, Vol. 12, No. 4, 1982, pp. 499-533.

④　[美] 安德鲁·皮克林：《实践的冲撞：时间、力量与科学》，邢冬梅译，南京大学出版社 2004 年版，译者序。

鲁·皮克林则在《作为实践和文化的科学》一书中，尝试从实践视域来超越主体与客体、自然与社会等的二元对立和根本界限，并指出该书选择收录文章的标准就是尝试以不同的方式质疑主体与客体、自然与社会之间的二元关系。① 劳斯在《涉入科学：如何从哲学上理解科学实践》一书中认为，从科学实践的视角看，科学实在论与社会建构论之间存在相同的主旨和共享的论题。西奥多·夏兹金、卡琳·诺尔·塞蒂纳等在《当代理论的实践转向》一书中认为，当代理论实践转向的动机就是超越陷入困境的二元论思维。②

当我们在跳出理论思辨迈向生活世界，从实践中来把握技术与社会的关系时，被中国传统建筑技术、民间手工技艺、陶瓷技术、蚕桑缫丝技术、丝织技术和井盐技术等传统技术吸引。特别是与这些传统技术相连的当地社会，具有独特的地域与文化面貌。我们隐约嗅到在这一独特地域空间中传统技术与地域社会二者之间的密切关系，感觉中国的传统技术与地域社会的关系不是二元对立的。似乎中国传统技术与地域社会的这种密切关系有利于反思技术与社会的二元对立关系，破解技术与社会二元论思维与主张。那我们能不能通过对中国传统技术与地域社会关系的研究来反思技术与社会的关系，消解技术与社会的二元对立呢？带着这样的疑问，通过进一步分析中国传统技术与地域社会的关系，发现这种疑问既具有现实合理性，也具有深入研究的重要意义。

从众多的事例中分析和发现传统技术与地域社会不是二元对立的，如从传统井盐技术中，我们可窥见一斑。在四川南部千年盐都自贡，传统采盐技术古老独特，同时采盐技术与自贡地域社会的关系相依相存、相互影响。一方面，自贡这座千年盐都，是井盐技术孕育的城市，不论是城市的历史变迁与发展，还是当地的经济产业、政治设置、社区文化、建筑风格、观念习俗和生活饮食，无不与盐息息相关，无不受井盐技术发展的影响。另一方面，井盐技术的发展变迁受自贡当地自然环

① ［美］安德鲁·皮克林编著：《作为实践和文化的科学》，柯文、伊梅译，中国人民大学出版社2006年版，译者序第5页。

② ［美］西奥多·夏兹金、［美］卡琳·诺尔·塞蒂纳、［德］埃克·冯·萨维尼主编：《当代理论的实践转向》，柯文、石诚译，苏州大学出版社2010年版，序言第2页。

境、社会环境与人文环境的影响。自贡井盐的采盐、输卤、制盐、储盐、运盐等技术工艺，都深深地打上了地域社会的烙印，在这些井盐技术流程中的材料采用、动力使用及各种方法运用，无不与自贡的地域社会联系密切。应该说，没有井盐技术的发展，就没有自贡经济、政治、文化和社区的发展，更没有千年盐都的美誉；同时，没有自贡的井盐资源，以及经济、政治、文化和社会的影响，就没有自贡古老而独特的传统井盐技术。自贡井盐技术与地域社会的相依相存、相互影响的关系，更激起了我们探索传统技术与地域社会关系的好奇心。

此外，千年瓷都景德镇，也是一个分析传统技术与地域社会关系的重要案例，景德镇与瓷器密不可分。一方面，景德镇因瓷成市。景德镇制瓷技术先进，生产出了闻名世界的陶瓷，如青花、玲珑、粉彩、颜色釉四大传统名瓷，在明代中期以后，景德镇瓷业发展兴盛，在整个中国占据了核心地位，景德镇的陶瓷产品在国内外广为畅销，几乎占据了全国的主要市场，[1]"景德镇真正成为了'天下瓷器之所聚'之地"[2]，这推动了景德镇城市的繁荣。从名称"景德"看，是因瓷器底款的帝王年号而命名，宋景德年间（1004—1007年），赵恒（真宗）命昌南镇烧造瓷器，器底书"景德年制"，因那种瓷器光致茂美，于是天下都称之为景德镇瓷器。此后景德镇闻名于世，宋朝根据既成事实，正式将昌南镇改名为景德镇。[3] 景德镇作为千年瓷都，地处依山傍水的江南丘陵地带，景德镇河港交错，水资源丰富。自古以来，景德镇沿河建窑，因瓷成市。另一方面，景德镇瓷器技术具有地域特征，如利用河水淘洗瓷土，利用河水落差发明水碓与水轮车，用以粉碎瓷石。瓷土、瓷石的运输则采用当地有特色的木筏和竹筏，木筏和竹筏的制作原材料均是当地自产。景德镇陶瓷技术经过千年发展，技艺精湛先进，所产瓷器"品种繁多、绘饰多样、造型精美、风格独特，素以'白如玉、明如镜、薄如

---

① 顾盼编著：《千年瓷都景德镇》，金开诚主编，吉林文史出版社2010年版，第57页。

② 顾盼编著：《千年瓷都景德镇》，金开诚主编，吉林文史出版社2010年版，第59页。

③ 江西省轻工业厅陶瓷研究所编：《景德镇陶瓷史稿》，生活·读书·新知三联书店1959年版，第26页。

纸、声如磬'的独特风格享誉海内外"。① 景德镇制瓷技术在宋代已初步成熟，制瓷技术越来越专业化，行业分工日益精细化，而其技术始终被烙上了景德镇的地域特色。

可见，中国历史上的科学与技术，特别是传统技术，与日常生活联系密切，与地域社会相依相存。传统技术扎根于社会实践，社会为传统技术的发展奠定了坚实的基础，地域社会中的经济、政治、文化、社区环境和人群活动，为传统技术的发展注入了生机和活力，为传统技术的发展提供了肥沃的土壤。同时，传统技术也不断推进地域社会发展，影响了地方社会的经济产业、政治设置、社区发展和人群活动，建构了具有地域特色的文化形态。总之，在中国这样一个具有几千年历史的文明古国，技术的发展往往与人们的社会生活密切相关，社会生活既为技术提供发展与创新的动力，同时，技术又进一步生活化、社会化、地域化。因此，要理解中国的传统技术，就不能单纯地就技术论技术，而应看到技术背后的地域社会和日常生活；同时，对嵌入了技术的日常生活与地域社会，我们也不要忽略了技术对社会生活的影响与型塑。

那么，中国的传统技术与地域社会到底是一种什么关系，这种关系是否有利于反思技术与社会的二元对立关系，是否有利于找到一条破解技术与社会二元对立的路径，正是本书要深入分析和系统探讨的问题。因此，本书从实践视域来分析传统技术与地域社会的互构共生关系，通过深入探讨传统技术与地域社会的关系，既为推进传统技术创新发展的研究添砖加瓦，也为技术与社会关系的研究提供新视野，希望本书的研究为消解技术与社会的二元对立提供一种启发性思路。

第二节　研究意义

技术与社会的关系问题，是技术社会学研究的核心问题。从理论层面来看，形成了技术决定论、社会建构论等技术理论。但技术与社会关

---

① 顾盼编著：《千年瓷都景德镇》，金开诚主编，吉林文史出版社 2010 年版，第 12 页。

系长期以来被二元论思维左右，要么强调技术的决定作用（技术决定论），要么强调社会的决定作用（社会建构论或社会决定论），随着研究的深入，这种二元对立被越来越多的学者批判，技术社会互动论作为一种对技术与社会二元对立关系的超越，具有重要的理论贡献，但其超越也囿于理论思辨，无法看到实践中技术与社会的相互影响、互动与共同演进的关系。如何破解技术与社会的二元对立关系既是理论界探讨的热点问题和重要议题，也是实践的现实需要。而深入探析传统技术与地域社会的关系，这既是解读和分析传统技术历史发展的关键，也是从技术角度探讨地方社会在历史中如何变迁的需要，更是反思传统技术在当代如何创新、发展，如何促进地方社会发展的需要。

本书通过文献梳理和田野调查，以传统技术与地域社会的关系为研究对象，以实践为研究视角和分析路径，以案例经验资料为分析基础，探讨传统技术与地域社会之间的相互建构与共生关系，以此超越技术与社会的二元对立困境。

首先，为超越技术与社会二元对立困境提供一种思路。通过对传统技术与地域社会的互构共生关系研究，既有利于避免技术决定论的偏见，也有利于摆脱社会建构论的片面，从而为分析传统技术与地域社会的关系提供一个实践视角和分析路径。

其次，有利于丰富有关技术发展和创新的研究。一方面有利于丰富传统技术的研究。目前对传统技术的研究更多把技术作为文化遗产来传承保护，较少探讨传统技术何以在实践中超越技术本身而成为社会与文化的一部分，以及传统技术是如何与地域社会结合的；另一方面，为反思当代技术如何发展、如何创新提供思路，有利于技术的创新研究。

最后，通过研究，便于国际学术交流与对话。从实践出发来探讨中国传统技术与地域社会的关系，既为理解传统技术提供了条件，也为地域社会发展提供了分析思路，为国际学术对话提供了本土化的视域和研究成果。

总之，通过本书为传统技术与地域社会的关系研究提供分析思路，也希望本书能为传统技术的现代发展、现代技术创新和社区建设提供启示，以推动技术创新和地方社会发展。

第三节　分析框架与章节安排

为了系统分析传统技术与地域社会的关系问题，回答实践中传统技术与地域社会的互构共生关系，本书设计了以下章节。

第一章是导论。本章是研究的导出部分，主要介绍研究背景与问题提出，研究的价值与意义，研究的章节安排等。本章主要回答为什么要研究传统技术与地域社会的关系，为什么要从实践视域来分析传统技术与地域社会的互构共生关系，研究这一问题有何价值与意义。

第二章是技术与社会关系的研究框架。本章主要梳理技术与社会关系研究的各种理论范式及其不足，梳理了技术决定论、技术的社会建构论、技术与社会互动论、技术与社会互构共生论等几种技术与社会关系理论。通过梳理，进一步看到技术与社会的二元对立困境及如何超越的问题，以便为我们的研究提供分析思路和考察路径。

第三章是传统技术与地域社会互构共生。本章主要分析传统技术对地域社会的建构、地域社会对传统技术的建构和传统技术社区。传统技术对地域社会的建构表现在传统技术扮演的地域社会角色、传统技术对地域社会的影响和地域社会的技术化等方面。地域社会对传统技术的型塑，具体表现在地域社会型塑着传统技术的地方特色，同时地域社会为传统技术的发展提供了需求、经济、政治和文化动力。对传统技术社区的分析，可挖掘出传统技术社区背后的技术与社会关系问题，实践中传统技术社区体现了传统技术与地域社会的互构共生关系，为我们在实践中破解技术与社会的二元对立关系提供了很好的范本。

第四章是传统技术与区域经济互构共生。本章主要分析了传统技术产业、传统技术与经济制度互构共生、传统技术创新与区域经济发展互构共生。在分析中，我们看到传统技术产业体现了传统技术与区域经济的互构共生，传统技术产业既具有技术特征，也具有经济特征。传统技术与经济制度的互构共生具体从传统农业技术与土地制度的互构共生、传统农业技术与租佃制度的互构共生、传统手工业技术与专卖制度的互构共生等方面来分析。传统技术创新与区域经济发展的互构共生需要我们从分析传统技术创新与地方生产力发展、与地方商业发展和区域产业结构变迁中去具体把握。

第五章是传统技术与地域政治互构共生。本章分析在实践中传统技术与地域政治的互构共生关系，从农业生产技术与地域政治制度互构共生、手工业技术与手工业管理制度互构共生、手工业技术与官营手工业的相互关系中去具体分析。从中看到传统农业技术与政治制度相互促进、与农业政策共同演进、与农业赋税相互制约，手工业技术与手工业管理制度相互促进、相互影响，手工业技术与官营手工业共同演进、相互促进。

第六章是传统技术与地域文化的互构共生。本章从理论层面和实践层面详细分析传统技术与地域文化的互构共生关系。既从总体上分析传统技术与地域文化的互构共生关系，看到传统技术与技术文化相互建构，传统技术与生产工具（物质文化）相互建构，也从微观视角出发，以阆中保宁醋为例，详细考察了保宁醋传统酿造技术与阆中地域文化的互构共生关系，为我们审视传统技术与地域文化的互构共生关系提供新的实践依据。

第二章
技术与社会关系的研究框架

技术与社会的关系一直是学术界探讨的主要问题，通过学术界长期积淀，对技术与社会二者关系的研究，形成了技术决定论、技术的社会建构论、技术与社会互动论、技术与社会互构共生论四种代表性理论分析框架。其中，技术决定论强调技术，技术的社会建构论强调社会，带有明显的二元论思维。技术与社会互动论则尝试消解技术与社会的二元对立，弥合技术与社会的对立关系，从技术与社会互动的角度来看待二者的关系，但还是把技术与社会看作是独立、分立的，难以真正弥合技术与社会的二分论困境。近年来，随着对技术与社会二元关系研究的深入，出现了技术与社会关系研究的互构共生论，即技术与社会互构共生论，本章对这些研究框架进行分析梳理。

第一节　技术决定论

技术决定论于 20 世纪 20 年代出现。通过分析技术与社会关系研究的技术决定论框架，可看到其偏颇不足之处。

一　技术决定论的内涵

技术决定论的思想渊源可追溯到古希腊柏拉图的"哲学王"理论，后来培根进一步发展，提出了"知识就是力量"的著名命题，空想社会主义家圣西门提倡重视实业技术，马克思提出科学技术是生产力的思想。技术决定论者经常把马克思奉为技术决定论的重要思想来源，马克思强调生产力的决定意义，在生产力中又强调科学技术的决定意义，且揭示了现代社会生产的技术化，奠定了技术决定论的理论基础。马克思提出："手推磨产生的是封建主为首的社会，蒸汽磨产生的是工业资本家为首的社会。"① 罗伯特·海布仑纳明确把"马克思的范式"界定为技术决定论，仓桥重史在《技术社会学》中也把马克思重视生产力，强调生产力的决定作用的思想看作技术决定论。②

技术决定论，英语文献中一般表述为 technological determinism、determinism of technology，但使用 technological determinism 来表述技术决定论较普遍。牛津大学出版社于 1998 年出版的《社会学辞典》认为，"技术决定论是一种关于社会变迁的理论：在社会变迁中，技术遵循着某种逻辑或者某种自主的轨迹；而且在社会变迁的过程中，技术是形成社会制度和社会关系的关键因素"。③

美国经济学家凡勃伦在其《工程师与价格体系》一书中首次提出技术决定论。技术决定论到底如何理解，国内外学者说法不一，并未达成共识。在莱奥·马克思与梅里特·罗·史密斯的《技术驱动历史吗？技术决定论的两难境遇》一书中，收集了不少学者对技术决定论的界定。梅里特·罗·史密斯认为技术决定论是一种主张技术是控制社会的关键性力量的理念；布鲁斯·比姆认为技术决定论是一种技术的发展决定着社会变迁的观点；托马斯·休斯认为技术决定论是一种关于技术决定了社会和文化的种种变化的信仰；罗莎琳德·威廉姆斯认为技术决定论是一个可用"技术决定历史"的命题。④ Э. В. 杰缅丘诺克认为技术决定论实质是一种技术统治主义，它既是一种运动，也是一种思想体系，这种思想学说，形成于 20 世纪初，当时社会中出现了一大批科学技术专家，这是技术统治主义的社会基础，也是其进一步发

---

① 中共中央马克思恩格斯列宁斯大林著作编译局编：《马克思恩格斯选集》（第一卷），人民出版社 1972 年版，第 108 页。

② ［日］仓桥重史：《技术社会学》，王秋菊、陈凡译，辽宁人民出版社 2008 年版，第 90 页。

③ 王建设：《技术决定论与社会建构论关系解析》，东北大学出版社 2013 年版，第 32 页。

④ Smith M. R. and L. Marx, *Does Technology Drive History? The Dilemma of Technological Determinism*, Cambridge：MIT Press, 1994, p. 80.

展的条件。① 美国科技史学家 G. A. 科恩认为技术决定论包含"技术的"和"决定论的"两个方面，技术决定论只能用来指称立足于技术特征的决定论陈述。② 美国芒福德认为技术决定论是"从技术出发的对社会的最新解释"。③

二 技术决定论的核心观点

技术决定论主张技术决定社会的变迁，技术改变生活和世界，而科学知识是技术的来源，"科学家发现关于实在的知识，而技术家应用这些事实生产出有用的东西，从而改变生活和世界。这种观点恰恰是流行的技术决定论的关键性支柱"。④ 钱德勒认为技术决定论的基本论点有：①技术是历史的原动力；②技术通常是导致社会变化的最初的先行的起因；③技术引导社会变化；④技术是决定社会组织模式的基本条件；⑤技术是过去、现在以及未来社会的基础；⑥新的技术在每个层面改变社会，包括制度、社会的相互关系。

可见，技术决定论的核心论点主要表现为两个方面：一是技术是自主的、独立的，二是技术决定社会的发展和变迁。因此，在技术与社会的关系方面，技术决定论偏重于技术，主张技术对社会的影响和决定作用，社会制度，社会的经济、政治、文化和人们的生活都受技术控制且都取决于技术的发展。⑤ 针对技术决定论强调技术的独立性与自主性，温纳把"技术的自主性"归纳为，技术是社会变化的根本原因，大规模技术系统与人类的介入无关有其自己的操作原理，技术的复杂性淹没了个体。⑥

---

① ［苏］Э. B. 杰缅丘诺克：《当代美国的技术统治论思潮》，赵国琦等译，辽宁人民出版社 1988 年版，第 3—4 页。

② Cohen G. A. and Marx K. , *Karl Marx's Theory of History*: *A Defense*, Princeton: Princeton University Press, 1978, p. 147.

③ ［苏］格·姆·达夫里扬：《技术·文化·人》，薛启亮、易杰雄等译，河北人民出版社 1987 年版，第 60—61 页。

④ 肖峰：《技术发展的社会形成：一种关联中国实践的 SST 研究》，人民出版社 2002 年版，第 17 页。

⑤ 《自然辩证法百科全书》编辑委员会编，于光远等主编：《自然辩证法百科全书》，中国大百科全书出版社 1995 年版，第 216 页。

⑥ Winner L. , *Autonomous Technology*: *Technics-out-of-Control as a Theme in Political Thought*, Cambridge: The MIT Press, 1977, p. 120.

威廉斯则认为技术的自主性是"技术的性质和变化方向是预先被决定的（抑或服从一种内在的'技术逻辑'）"。① 法国埃吕尔在 *The Technological System* 一书中认为技术已经变得无比强大并囊括一切，人生活在技术环境中，社会的政治、经济都属于技术，而不是被技术影响。尽管技术会引起麻烦，但埃吕尔认为这并不可怕，因为由技术引起的麻烦会随技术本身的发展而被消除。② 技术决定论认为，社会"把一切问题都考虑为技术问题，我们被技术所包围"，"社会中的一切都是技术的奴仆"，甚至"资本主义系统已经被技术系统取代了"。③ "我们称为技术的东西，实际上就是构造我们世界秩序的方式。"④ 技术决定论主张，技术的发展遵循自我内在逻辑，技术就是目的。技术决定社会变化、文化变化甚至历史变化，⑤ 主张技术的发展可以解决一切问题。

　　技术决定论的一个重要影响领域就是技术统治论。技术统治论一直围绕着技术与社会的关系问题而演化、发展，是否承认技术对社会的决定作用是区别技术统治论与非技术统治论的判断标准。技术统治论对近代西方思想与现实社会影响深远。自西方工业革命以来，科技发展迅速，大大地促进了经济发展与社会进步，因此崇尚科学成为普遍的共识，并逐步发展到技术统治论成为近代西方社会一种主要的社会思潮，甚至成为一种占主导地位的社会意识形态，⑥ 从而成为具有国际性影响的社会思潮。技术统治论认为科学技术是解决社会发展问题与弊端的万能钥匙，因此，社会日益成为一个技术统治的社会，社会中科技专家的地位日益重要，他们将在促使社会摆脱坏的方面变为好的方面中发挥越

　　① Williams Robin and D. Edge, "The Social Shaping of Technology", *Research Policy*, Vol. 25, No. 1, 2004, pp. 865-899.

　　② Ellul Jacques, *The Technological System*, New York: the Continuum Publishing Corporation, 1980, p. 125.

　　③ Ellul Jacques, *The Technological System*, New York: the Continuum Publishing Corporation, 1980, p. 12.

　　④ MacKenzie D. and Wajcman J., *The Social Shaping of Technology: How the Refrigerator Got Its Hum*, Milton Keynes: Open University Press, 1985, p. 32.

　　⑤ Smith M. R. and L. Marx, *Does Technology Drive History? The Dilemma of Technological Determinism*, Cambridge: MIT Press, 1994, p. 218.

　　⑥ ［苏］Э. B. 杰缅丘诺克：《当代美国的技术统治论思潮》，黄国琦等译，辽宁人民出版社 1988 年版，第 83 页。

来越重要的作用。托斯丹·邦德·凡勃伦是现代技术统治论的奠基者，其中加尔布雷思的"工业社会论"、丹尼尔·贝尔的"后工业社会"、托夫勒的"第三次浪潮"及罗斯托的"成长阶段论"都是具有较大影响的技术统治论思想。技术统治论对非西方社会的影响也很大，特别是对发展中国家具有很大的诱惑力。20 世纪 60—70 年代，日本以技术立国获得巨大成功，这广泛影响了广大发展中国家，至今在许多发展中国家依然具有很强的影响力。

三 对技术决定论的评价

技术决定论在看待技术与社会关系上具有一定合理性。作为技术与社会关系研究的重要理论成果，它看到了技术作为社会变革的重要因素。"在今天，技术已经成为一种无所不在、动荡不居的力量，影响着人类的历史。不仅仅是西方，还有东方、南方、北方，都受到技术的影响。"① 技术决定论改变了人们对技术的社会价值的固有看法，使人们看到了技术发明和创新在变革社会中的能动作用和巨大潜力，也提高了技术工作者的社会地位。特别是凡勃伦的"专家治国论"让人们看到了技术及技术专家在社会发展和变迁方面所起的重大作用。

但技术决定论也存在明显缺陷。极端的技术决定论存在明显的片面性，其过分抬高了技术的地位和技术对社会的影响，片面强调技术能主宰社会命运，而不受社会因素影响。这种极端观点不但受到技术的社会建构论者的尖锐批评，即使普通人也难以认可其观点。技术决定论也回避了人、生产方式、社会制度和精神文化在技术创造、发明、使用和改进过程中的作用。事实上，新技术从开始出现，到是否选择，接受形成，直到最后确立，既受技术发明者的个人经验、智慧和偏好因素的影响，也受企业、国家、社会的影响，还受制度和政策的制约。

技术决定论在处理技术与社会关系上，单向看待技术与社会的关

---

① ［荷兰］E. 舒尔曼：《科技文明与人类未来——在哲学深层的挑战》，李小兵、谢京生、张峰等译，东方出版社 1995 年版，序。

系，只承认技术对社会的影响与制约，而无视技术发展的社会条件与社会约束，把技术看作按照自我内在逻辑发展的过程，认为这个过程与社会条件和环境毫无关系。因此，技术决定论往往把社会进步认为是技术进步的结果，社会发展就是技术发展。

技术决定论在技术与社会关系问题上过于强调技术的自主性与独立性，否定了技术的社会属性，也无视了技术在形成和发展的过程中受社会影响的现实，其单向思维无疑具有严重缺陷。因此，其引起许多学者的反思，甚至批判。

第二节　技术的社会建构论

20世纪70年代，科学知识社会学获得发展，人们开始用建构主义来分析科学知识的内容，提出我们应该重视科学知识的社会方面，科学知识是社会建构的产物。这一主张既突破了科学社会学将科学看作一种社会建制的局限，也避免了知识社会学忽视科学知识的不足。受科学知识社会学的启发，一些学者主张用社会因素来解释技术，从而出现了技术的社会研究，这种研究通过更广泛的社会因素来解释技术，形成了技术的社会建构论。其主要代表人物有比克、平齐、休斯、麦肯齐、卡隆、劳等，以及科学知识社会学（sociology of scientific knowledge）研究阵营中的科林斯、马尔凯、伍尔加和拉图尔等。技术的社会建构论主张社会对技术具有影响作用，技术是社会建构的产物。

一　技术的社会建构论思想渊源

技术的社会建构论研究框架直接来源于社会建构主义。"社会建构"一词一般认为是在彼得·L. 贝格尔和托马斯·卢克曼1966年的著作《现实的社会建构》中被明确提出。在该书中他们分析了日常现实如何被人们的社会行为建构的问题。[1] 但社会建构主义的思想渊源，早在苏

---

① Berger P. L. and Luckmann T., *The Social Construction of Reality: A Treatise in the Sociology of Knowledge*, New York: Anchor Book, 1966, p. 5.

格拉底和柏拉图的思想中已经出现，他们认为知识是人类思维建构的，强调了人类理性对知识的建构作用。① 此外，维科、康德和黑格尔等也被尊奉为社会建构主义的先驱。维科是意大利哲学家，他认为真理是被人们制造出来的，我们之所以知道真理就是因为我们制造了它。② 康德认为知识并非来自外部世界，而是来自思维的建构，"理智的（先天）法则不是理智从自然界得来的，而是理智给自然界规定的"。③ 黑格尔认为理性具有相对性，要随社会变迁而变化，他强调我们要用不同的方式去理解不同社会和不同的社会群体，因为社会是动态变化的，是不断演化的。④ 这影响了当代社会建构主义承认不同群体知识的多样性和知识的历史变迁。

社会建构主义的核心思想来源于知识社会学理论。赵万里在《科学的社会建构：科学知识社会学的理论与实践》中认为，社会建构论与知识社会学联系紧密，知识社会学就是贯彻和发展社会建构论立场的主要实践。⑤ 知识社会学侧重于探讨知识的建构问题，其看到了知识与社会之间的关系，并试图找寻人类知识与社会的内在关联。社会建构论虽然内部有很多分歧和差异，但具有共同的特征，布尔在《社会建构主义导论》中认为社会建构论共同的特征是对习以为常的知识持批判立场，强调知识由社会过程维系，知识与社会行动交织在一起。⑥

随着社会建构主义思想的发展，其研究不断向技术领域延伸，逐步形成技术的社会建构论。20 世纪 70 年代学者看到技术的内容并非技术的内在性质，而是社会建构的，这意味着人们不再局限于用技术自身的原因来解释技术的发展，而是从更广的社会因素来看待技术的发展，考

---

① 冒从虎、王勤田、张庆荣编著：《欧洲哲学通史》（上卷），南开大学出版社 1995 年版，第 101—113 页。

② 邢怀滨：《社会建构论的技术观》，东北大学出版社 2005 年版，第 12 页。

③ ［德］康德：《任何一种能够作为科学出现的未来形而上学导论》，庞景仁译，商务印书馆 1978 年版，第 93 页。

④ ［德］黑格尔：《哲学史讲演录》（第四卷），贺麟、王太庆译，商务印书馆 1978 年版，第 293—294 页。

⑤ 赵万里：《科学的社会建构：科学知识社会学的理论与实践》，天津人民出版社 2002 年版，第 31 页。

⑥ Burr V., *An Introduction to Social Constructionism*, London：Routledge，1995，p. 125.

察技术是否是由社会因素建构的，以及是如何由社会因素建构的。平齐和比克指出："对科学的研究和对技术的研究能够取长补短。我们认为，在科学社会学中盛行的社会建构主义观点为技术社会学的发展提供了一个有用的起点，我们有必要在分析经验的层面上提出一种统一的社会建构主义方法。"① 20 世纪 80 年代，技术的社会研究方兴未艾，1984 年在荷兰屯特大学召开了以"技术的社会建构"为主题的国际学术研讨会，会后于 1987 年出版了会议论文集《技术系统的社会建构：技术社会学和历史学中的新转向》，这次会议的召开和论文集的出版成为技术的社会建构论正式形成的标志。

二　技术的社会建构论分析框架与观点

技术的社会建构论从产生之日，由于概念工具上的差异，就出现了技术的社会建构（social construction of technology）、系统方法（system）和行动者—网络理论（actor-network theory）三种基本的理论分析框架。每种分析框架在技术的发展、技术与社会的关系问题上因各自的理解和分析工具出现观点的差异。

第一，技术的社会建构（SCOT）分析框架。平齐和比克受柯林斯"经验的相对主义纲领"影响，在研究 19 世纪 60—90 年代安全自行车的发展时，提出了 SCOT 分析框架。② SCOT 分析框架的代表人物主要有平齐、比克、克拉克、埃尔增和罗森等。

SCOT 分析框架的主要概念范畴有相关社会群体（relevant social group）、解释柔性（interpretative flexibility）、结束（closure）、稳定化（stabilization）、技术框架（technological frame）和吸纳（inclusion）等。SCOT 分析框架运用这些相关概念来解释人工制品和技术发展问题，认为人工制品是由社会性因素建构的。

平齐和比克使用相关社会群体详细分析了技术人工制品，认为技术

---

① Bijker W. and Hughes T., eds., *The Social Construction of Technological Systems: New Directions in Sociology and History of Technology*, Cambridge: The MIT Press, 1987, p. 17.

② Bijker E., *Of Bicycle, Bakelites and Bulbs, Toward a Theory of Sociotechnical Change*, Cambridge: The MIT Press, 1995, pp. 1-18.

人工制品具有特定的意义，其意义是相关社会群体赋予的，如图 2-1 所示。① 他们以 19 世纪后叶便士法新自行车的发展为例，认为便士法新自行车这一人工制品，其相关社会群体主要由妇女、老年人、运动员、旅游者、反对骑自行车者和厂家等组成，这些相关社会群体对便士法新自行车提出了不同的要求和各种问题，并赋予了自行车人工制品新的社会意义，由于这些不同的相关社会群体具有不同的社会文化背景和政治地位，由此形成了不同的思想规范和价值观，对自行车人工制品的解释也存在差异，最终产生了不同的问题解决方案，从而影响人工制品的发展路线。

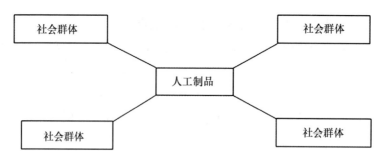

图 2-1　一种人工制品与几组相关社会群体的关系

其中稳定化概念表明了社会对技术的建构过程，而技术框架范畴则被用来解释社会对技术发展的建构过程，技术框架揭示了技术与社会环境之间的相互作用，整合了相关社会群体的互动及互动中的结构化。技术框架"建构了相关社会群体之间的互动……包含了建构相关社会群体内互动的所有要素，并且导致对人工物的意义分配，技术也由此形成"。② 可见，技术框架概念可作为解释某一人工制品从发明到商业化的整个社会过程。

技术的社会建构论认为技术是社会建构的，技术的形成、创新、发

---

① 李三虎、赵万里：《技术的社会建构——新技术社会学评介》，《自然辩证法研究》1994 年第 10 期。

② Bijker W. E.，*Of Bicycle，Bakelites，and Bulbs：Toward a Theory of Sociotechnical Change*，Cambridge：The MIT Press，1995，p. 123.

展都是社会因素建构的。比克和劳在 1992 年出版的《形成技术/建构社会：社会技术变迁研究》中的一段话说明了社会对技术的建构："构成我们社会的各种复杂要素建构了全部技术，技术反映着这些要素；……本书的主题就是：不论成功的技术还是失败的技术，它们总是被一系列不同要素建构的。我们想说的就是，技术是被社会建构的，它们是被社会异质要素建构的。"① 韦伯斯特（A. Webster）在其著作《科学、技术与社会：新方向》中主要从科学技术社会学角度论述了科学、技术与社会的关系。他认为，"科学和技术植根于创造它们的社会之中"，并从探讨科学、技术与社会之间相互关系的几种新趋势中论述了科学技术是社会建构的。"那种认为科学技术是'中性的'、不受更广的社会过程影响的传统观念已经不能获得认可"，② 科学技术的社会建构性日益得到社会学家的承认。

　　SCOT 分析框架对技术人工制品的描述一般分为三个相互联系的步骤。第一步，显示技术人工制品的解释柔性。③ 这一步主要通过分析技术人工制品的相关社会群体，描述不同的社会群体对技术人工制品赋予的意义不同，以此说明技术人工制品是被社会文化建构的。第二步，说明技术人工制品的稳定化及其机制。在这一步，不同社会群体因对技术人工制品的需求不同而产生争论，因对同一技术解决方案不同而产生争论。人们通过修辞学方式或对问题的重新界定而结束争论，表明技术人工制品的稳定化机制是社会群体协商的结果，通过协商过程使人们对技术人工制品的多种解释达到了一个相对稳定的终点。第三步，描述技术人工制品与社会文化背景之间的关系。在这一步，揭示技术人工制品与社会环境之间的相互作用。

　　运用 SCOT 分析框架，学者分析了大量的案例，进一步发展了技术的社会建构思想。例如，埃尔增对超速离心机的研究，克拉克对电话交

---

　　① Bijker We and Law J., *Shaping Technology/Building Society*：*Studies in Sociotechnical Change*, Cambridge：The MIT Press, 1992, p. 4.

　　② Webster A., *Science, Technology and Society*：*New Direction*, New Brunswick, N. J.：Rutgers University Press, 1991, pp. 2-5.

　　③ Hughes T., *Networks of Power*：*Electrification in Western Society* 1880—1930, Baltimore：Johns Hopkins University Press, 1983, p. 5.

换机发展的研究，米沙对钢铁制造的研究，罗森对山地自行车的研究，平齐和比克对自行车和酚醛塑料的分析等。

第二，系统（SYS）分析框架。SYS 分析框架由技术史学家休斯提出，休斯在其著作《电力网络》一书中提出了技术发展的系统分析模式，通过考察整个技术生产系统的演化、扩展以说明技术发展的过程。[①] 他将整个技术系统分为发明、开发、创新、转移、成长与巩固等阶段，休斯认为在技术系统中包含着众多复杂的问题解决方案，这些问题解决方案都是社会建构和社会型塑的。后来，休斯在《系统、专家和计算机》中，进一步阐述并发展了 SYS 分析框架。[②] 休斯认为技术是一个复杂系统，由技术的和非技术的因素组成，包含了人工制品、社会组织、自然资源、科学知识和规范等，它们都是社会建构和社会型塑的。[③] 在 SYS 分析框架中，退却突出（reverse salients）和技术动量（momentum）是两个重要的范畴。退却突出是技术系统中的一些落后的部分，这些落后的部分常常制约技术系统的发展速度和方向，要克服它们只有通过实质性创新才行。技术动量是技术系统在成长过程中逐步积累而形成的，技术系统在问题解决的过程中获得了发展惯性和成长动力，即技术动量，简言之，技术动量就是技术发展的动力。技术动量是社会因素建构而成的，并非技术的内在属性，因技术系统从设计开始便具有社会建构的特点，所以其在演化过程依然如此。麦肯齐通过对导弹导航系统的研究，进一步发展了系统分析概念范畴。麦肯齐通过对导弹导航的分析，认为弹道导弹的精确性是社会建构的，由此他认为，SYS 分析框架包含三个方面的范畴：政治的、经济的和组织的。[④]

第三，"行动者—网络"理论分析框架（actor-network theory,

① Hughes T. , *Networks of Power: Electrification in Western Society* 1880—1930, Baltimore: Johns Hopkins University Press, 1983, p. 5.

② Hughes A. and Hughes T. , *Systems Experts and Computers: the Systems Approach in Management and Engineering, World War II and After*, Cambridge: MIT Press, 2000, p. 2.

③ Hughes T. , "The Evolution of Large Technological Systems", Bijker W. and Hughes T. , eds. , *The Social Construction of Technological Systems: New Directions in Sociology and History of Technology*, Cambridge: The MIT Press, 1987, p. 51.

④ MacKenzie D. , *Inventing Accuracy: A Historical Sociology of Ballistic Missile Guidance*, Cambridge: The MIT Press, 1990, pp. 2–5.

ANT）。ANT 分析框架是社会建构论中的重要分支，其代表人物主要有拉图尔、卡隆、约翰·劳和阿克里奇等。ANT 分析框架学者认为技术研究本身是社会学研究的工具，他们用技术来描述异质性网络，认为这个网络既有有生命的行动者，也有无生命的因素，是各种异质性因素构成的"行动者—网络"系统。

1979 年，拉图尔在其著作《实验室生活：科学事实的社会建构》中就开始孕育 ANT。早在 1975 年 10 月至 1977 年 8 月，拉图尔和另一位社会学家伍尔加对美国西海岸的索尔克（Salk）生物化学研究所进行了两年的跟踪考察，得出实验中的科学事实不是被发现的，而是被制造出来的。2005 年，拉图尔在《重组社会——行动者网络理论导论》中更进一步系统深入地阐述了 ANT。ANT 对技术与社会关系的研究，主要强调对技术建构活动的"跟随"。"ANT 的口号就是，你必须跟随行动者本身，这就是试图抓住它们的任何创新，以便学习它们当下的集体存在方式，学习它们精心设计的使得它们很好地共处的方法，学习它们已经确定的最适合于确立它们之间联系的解释。"① 这实际上是对以往有关技术研究的突破，因为以往的技术研究更多的是描述性的，是一种事后解释，而 ANT 是一种过程解释，是动态的事中研究。作为 ANT 奠基人的卡隆，通过对圣·波瑞克湾的扇贝和法国电气协会的电动机两个案例的分析，说明了技术在行动者网络中是如何产生和发展的。

三 对技术的社会建构论评价

技术的社会建构论发展近 30 多年来，其理论始终贯穿"社会—技术"视角，企图全面理解、解释技术的发展问题，无论是对技术发展的微观过程描述，还是中观与宏观层面对技术与社会秩序关系的探讨，其研究都取得了丰硕的成果，已经从单纯对技术决定论的批判发展到自身的理论建构。

技术的社会建构论并非只是社会建构论向技术领域的单纯方法论的运用，它结合技术的特征重构自身的理论话语。通过分析技术如何发

① Latour B., *Reassembling the Social： An introduction to Actor-Network-Theory*, Oxford： Oxford University Press，2005，p. 12.

展，反思技术的本质，技术到底是什么，如何理解技术与社会的关系。技术的社会建构论与技术决定论不同，前者认为社会对技术具有建构作用，技术是社会建构的产物。技术的社会建构论的核心思想是在批评简单技术决定论的基础上，强调社会对技术的建构作用。

第一，技术的社会建构论的贡献。技术的社会建构论为技术与社会研究做出了贡献。首先，技术的社会建构论批判了技术决定论的单向线性视角。技术的社会建构论的理论起点是对技术决定论的批判，批判了技术决定论只看到技术甚至唯一单向线性决定社会的视角，发展了相互的、综合的、全面的视角。其次，技术的社会建构论提供了对技术与社会关系研究的新视角。技术的社会建构论研究表明，技术是社会的产物，取决于创造和使用的条件，并非按一种内在技术逻辑发展，技术发展路径并非唯一，在新技术发展与使用中，每一步都涉及对技术的一系列社会选择。技术与社会之间的关系如"无缝之网"，有着不可分离的联系。① 作为一种新的技术社会学理论，其特殊的视角和建构主义的分析方法为技术与社会关系的研究带来了新意。最后，对技术的内容和技术发展做了新解释。技术的社会建构论用新视角和新方法来试图打开"技术黑箱"，并采用社会·经济·文化的系统方法揭示和分析技术的内容与技术创新的过程，这种对技术发展详细的经验分析也为技术社会学、技术哲学带来了新的学科创新点。

第二，技术的社会建构论的不足。技术的社会建构论取得了丰硕成果，但总体来看，技术的社会建构论还处于成长期，存在诸多不足和不完善之处。对于技术的社会建构论存在的不足，麦肯齐和瓦克曼曾归纳过：一是技术的社会建构论影响有限，还未能占领文化领域的技术决定论阵地；二是有关技术与社会关系的教育还比较落后，至少在工科教育中存在缺陷；三是大多数只知道技术是社会建构和型塑的，但缺少对技术被社会建构和型塑过程的理解。②

---

① Bijker W. and Hughes T. , eds., *The Social Construction of Technological Systems*: *New Directions in Sociology and History of Technology*, Cambridge: The MIT Press, 1987, p. 112.

② Mackenzie D. and Wajcman J. , *The Social Shaping of Technology*: *How the Refrigerator Got Its Hun*, Milton Keynes: Open University Press, 1985, pp. 15-16.

　　概括起来，技术的社会建构主要有如下缺陷或不足。首先，技术的社会建构论过于夸大社会偶然性因素。① 技术的社会建构论侧重于社会因素对人工制品的建构，而忽视技术的内容，抹杀了技术内在因素影响，忽视了技术的自然属性，从而把技术看成完全由各种社会偶然性因素组成的东西。② 其次，技术的社会建构论研究视角过于微观，对宏观的社会结构关注不够。尽管社会建构论希望从"社会—技术"视角来解读技术的发展，也试图从对技术发展的微观研究延伸到重建社会结构，但依然存在许多问题有待进一步解决。肖峰指出技术的社会建构论存在视野过于微观的缺陷，技术的社会建构论囿于案例分析和经验研究，停留在对技术的外在特征和表层现象进行社会形成的描述，缺乏对社会如何建构技术的一般规律进行概括。③ 最后，不重视对技术的社会影响与社会后果进行研究。技术的社会建构论重视研究社会对技术形成与发展的建构，但对技术的社会影响与社会后果研究较少，缺乏技术的价值关怀，对技术成果的好坏善恶置之不管，不探讨技术的地位、技术选择的是非、技术对社会影响的好坏。麦肯齐和瓦克曼在评价技术的社会建构论时，批判其关于技术后果的研究陷入了难以摆脱的困境，进入了死胡同。④ 温纳指出技术的社会建构论的不足时，认为技术的社会建构论很重视技术创新过程，但对技术选择的社会结果漠然置之。⑤

第三节　技术与社会互动论

　　从上述分析我们看到，技术决定论强调技术对社会发展的决定性作

　　① 李三虎、赵万里：《技术的社会建构——新技术社会学评介》，《自然辩证法研究》1994 年第 10 期。

　　② 李三虎、赵万里：《社会建构论与技术哲学》，《自然辩证法研究》2000 年第 9 期。

　　③ 肖峰：《论技术的社会形成》，《中国社会科学》2002 年第 6 期。

　　④ Mackenzie D. and Wajcman J. , *The Social Shaping of Technology：How the Refrigerator Got Its Hun*, Milton Keynes：Open University Press, 1985, pp. 326-328.

　　⑤ Winner L. , "Upon Opening the Black Box and Finding It Empty：Social Constructivism and the Philosophy of Technology", *Science*, *Technology and Human Values*, Vol. 18, No. 3, 1993, pp. 362-378.

用，过分强调技术而忽视了社会对技术的影响，对技术与社会关系难免失之偏颇。而技术的社会建构论却强调社会对技术的建构和型塑作用，突出社会对技术产生和发展的影响作用而忽视了技术的影响，因此，在技术与社会的关系问题上，也失之片面。无论是技术决定论还是技术的社会建构论，都把技术与社会看作对立的两面，实质是二元论。为了打破这种二元思维，国内外许多学者对技术与社会的关系不断反思，其中技术与社会互动论就是这种反思的结果，在技术与社会关系上也有许多独到的见解。

国内外对技术与社会的互动研究形成了不少成果。美国科学社会学家罗伯特·金·默顿在《十七世纪英格兰的科学、技术与社会》中，发现了英国 17 世纪的科学、技术与社会的关系，看到了技术与经济的互动关系。默顿通过对英国 1561—1688 年的 317 件专利进行统计分析，认为技术与经济发展存在明确的互动关系，"这种存在于由经济发展所提出的问题与技术上的努力之间的关系是鲜明而确定的。它代表着一种联系，在当代社会中也经常能够见到这种联系"。[1] J. D. 贝尔纳在《科学的社会功能》中论述了科学技术与社会的交互作用，"科学正在影响当代的社会变革而且也受到这些变革的影响"。[2]

巴利研究 CT（Computed Tomography，电子计算机断层扫描）技术在医院放射科室的应用时，运用吉登斯的结构化理论，认为 CT 技术触发了放射科室的结构变化。[3] 巴利的技术触发器观点涉及技术与社会二者之间的互动关系，遗憾的是，他没有深入探讨技术与社会是如何互动的。奥利可夫斯基的"技术二重性"观点分析了技术与社会的互动关系，他认为技术是社会结构的体现，同时技术具有能动性和制约性。[4]

---

① ［美］罗伯特·金·默顿：《十七世纪英格兰的科学、技术与社会》，范岱年等译，商务印书馆 2000 年版，第 219 页。

② ［英］J. D. 贝尔纳：《科学的社会功能》，陈体芳译，商务印书馆 1982 年版，第 37 页。

③ Barley S. R. , "Technology as an Occasion structuring: Evidence from observations of CT Scanners and the Social Order of Radiology Departments", *Administrative Science Quarterly*, Vol. 31, No. 1, 1986, pp. 78-108.

④ Orlikowski W. J. , "The Duality of Technology: Rethinking the Concept of Technology in Organizations", *Organization Science*, Vol. 3, No. 3, 1992, pp. 398-427.

曼纽尔·卡斯特在《网络社会的崛起》中，在分析网络社会的信息技术时指出技术与社会、经济、文化、政治是互动的关系。他认为该书是从全球的视角着手，深入分析信息技术对社会、经济、政治和文化的影响，通过信息技术的变迁与发展，能直接把握社会各方面的结构性变化。但卡斯特并不认为技术决定了社会，而是主张技术与社会、经济、政治文化之间的相互作用，它们共同建构了我们的生活场景。①

M. 克兰兹伯格提出了技术与社会关系的几条定律，在他的第一定律中认为技术与社会、文化是互动的关系。他认为一方面技术影响社会，技术发展常常会产生一些影响环境、影响社会，甚至影响人类的后果，这些后果通常超越了技术实际应用的直接目的，另一方面技术也要受不同文化和不同社会环境的影响，同一技术在不同环境下可能会出现不同的后果，这是社会对技术影响的表现，② 因此，M. 克兰兹伯格认为技术与社会是互动的。

近年来，国内学者对技术与社会互动关系探讨的热情在增加，但国内对技术与社会的互动关系研究主要还是理论探讨多，经验分析少。我国学者关士续很早就看到了技术与社会的互动关系，其认为要理解技术与社会的互动，只有通过考察技术与社会的相互关系才能把握二者的互动。唯有如此，方能把握技术的本质及其发展规律，因此，要在社会现象、社会建制和社会过程中去分析技术，以促进技术在社会中的发展，真正理解技术的社会影响和社会后果，解决因技术发展而带来的社会风险和复杂社会问题。关士续认为技术与社会关系的研究实质是技术的社会动力学研究的主题，他认为技术与社会的互动包含的内容较多，包括技术与经济、技术与政治、技术与军事、技术与科学、技术与教育、技术与文化等多方面的互动。③

国内技术与社会互动的理论探讨代表性成果主要有：张明国深入探

---

① ［美］曼纽尔·卡斯特：《网络社会的崛起》，夏铸九、王志弘等译，社会科学文献出版社 2001 年版，第 1 页。
② 李三虎：《技术决定还是社会决定：冲突和一致——走向一种马克思主义的技术社会理论》，《探求》2003 年第 1 期。
③ 关士续：《关于技术社会学的研究及其导向》，《自然辩证法研究》1988 年第 5 期。

讨了技术与文化的互动，提出了从整体上对技术与文化的关系进行整合，技术与文化通过互动作用形成了一个有机整体——"技术—文化"系统，其中技术与文化二者既统一又相互独立。[①] "技术—文化"系统是一个耗散结构系统，该系统具有开放性，它始终处于远离平衡态，且技术与文化之间的互动作用是一种非线性的相互作用。[②] 李三虎考察并分析了技术社会互动论思想，认为该理论有关技术与社会的互动关系可以表述为"T1→S1→T2→S2→…"（其中 T 表示技术，S 表示社会）。[③] 盛国荣在考察科学、技术与社会三者关系的历史演进的过程中，指出工业时代技术与社会存在双向互动关系。[④]

第四节　技术与社会互构共生论

20 世纪 90 年代以来，技术与社会关系研究发生了一些新变化。第一，许多研究者重新思考传统技术对社会的影响问题。第二，不再强调存在普适性的"技术—社会"，而是更加强调不同的社会文化背景中的技术，将技术置于特定的社会、文化背景中，注重技术的地域性和与环境性。第三，关注实践中的技术，关注技术对人们日常生活的渗透和型塑。第四，社会学家、人类学家、文化学者等纷纷介入"技术—社会"研究，使"技术—社会"的研究演变成一个跨学科的领域。其中技术与社会互构共生论需要重点关注。

技术与社会关系的互构共生论是在互动论基础上的新发展，比技术与社会互动论更深入思考技术与社会的关系。技术与社会互构共生论的核心思想包括两个方面：一方面技术与社会是互构的关系，二者相互影

---

① 张明国：《"技术—文化"论——一种对技术与文化关系的新阐释》，《自然辩证法研究》1999 年第 6 期。

② 张明国：《耗散结构理论与"技术—文化"系统——一种研究技术与文化关系的自组织理论视角》，《系统科学学报》2011 年第 2 期。

③ 李三虎：《技术决定还是社会决定：冲突和一致——走向一种马克思主义的技术社会理论》，《探求》2003 年第 1 期。

④ 盛国荣：《试析科学、技术与社会（STS）三者关系的历史演进》，《东北大学学报》（社会科学版）2006 年第 3 期。

响、相互建构；另一方面技术与社会共同演进、共生共存，你中有我，我中有你。国内外相关研究也不少。

美国皮泽学院 R. 沃尔蒂教授在《社会与技术变化》中，对技术与社会的相互作用进行了系统分析，认为一方面技术对我们的生活方式有强大影响；另一方面社会、经济、政治、文化对技术产生影响。"对技术与社会之间相互作用的系统研究是现在的一种努力，但仍然存在许多空白需要填补。我只能希望本书对于思考和进一步研究将是一个有用的基础。"① 沃尔蒂认为技术与社会的相互作用实质上是二者相互建构的。

英国伦敦经济学院科学社会学家 H. 罗斯和开放大学生物学家 S. 罗斯撰写了《科学与社会》一书，他们在书中说，"我们在这个领域的兴趣，我们的信念，最重要的就是要分析科学、技术与社会的相互关系"，并反复强调，"本书的目的就是要探索科学、技术与社会的相互关系"。② 他们通过分析技术与社会的相互关系，认为"每项技术与社会能产生相当多不同形式的相互作用。"③

美国学者 R. 韦斯特鲁姆在《技术与社会——人与物的形成》中认为，技术与社会是一个相互作用的系统，它们缠绕在一起，是共同形成我们生活于其中的世界的力量。他又说："本书的目的就是要探讨技术与其社会建制的动力学"，它"将使我们看到技术与社会建制互相影响的方式。在考察物与人之间广泛的相互作用时，我们一方面会看到技术与社会相互联系的巨大复杂性；另一方面我们将看到如何使这些相互联系更有效地起作用"。他还指出："我们都需要很好地了解，技术与社会如何共同起作用，以便我们每一个人都能够更好地做出决定，把技术整合进我们的生活。"④

在经济学领域，一些学者在研究经济增长的过程中特别注重技术与

---

① Volti R., *Society and Technological Change*, New York：St. Martin's Press, 1988, pp. 6–9.

② Rose H. and Rose S., *Science and Society*, London：Allen Lane-The Penguin Press, 1969, pp. 13–14.

③ Rose H. and Rose S., *Science and Society*, London：Allen Lane-The Penguin Press, 1969, pp. 240–245.

④ Westrum R., *Technologies and Society：The Shaping of People and Things*, Belmont, California：Wadsworth Publishing Company, 1991, pp. 4–7.

社会各要素共同演化、相互建构，如技术与组织、制度、文化的关系。例如，费格伯格、费里曼、多西、帕维特和索蒂等的理论特别重视技术与制度的互构共生，[①] 他们认为技术与制度随时间而演化，多种要素交互作用使社会系统不断演化，从而促进经济稳定增长。

国内学者对技术与社会的互构关系也进行了研究。陈昌曙在分析技术与社会的关系时，提出社会的技术决定论和技术的社会制约论的统一，其看到了技术与社会之间的互构，他认为技术与社会的关系实质是技术的社会制约论与社会的技术决定论相统一的。[②] 邱泽奇通过对传统制造企业引入信息技术的分析，认为技术与组织是相互建构的关系，这种相互建构关系表现为信息技术的提供方与信息技术的使用方之间的相互建构。原有的组织结构因信息技术而重组，同时，信息技术也被组织结构建构，信息技术被组织修订或改造。[③] 张茂元通过对近代缫丝技术变革与社会变迁关系进行考察，指出缫丝技术与近代珠三角社会是相互建构的关系，缫丝技术变革和近代珠三角社会变迁表明，珠三角的地域社会因为缫丝技术的组织刚性而产生结构重组。同时，珠三角社会因素也影响和改造着缫丝技术的变革，由此形成了缫丝技术和珠三角地域社会的互构。[④] 秦红增运用科技人类学研究布努瑶引进黑山羊、金银花等种养技术和过山瑶妇女习得抛秧技术时，认为技术与文化是互为观照的，且存在共变规律。[⑤] 陈秋虹以商村为例分析农村信息通信技术的应用，认为技术深刻影响了经济生产，同时技术的应用也受社会型塑，被赋予地方社会内涵。"研究发现固定电话与手机的应用深刻地影响了商村的经济生产，它们在应用中的悖论现象则表明技术亦受社会的型塑"。[⑥] 王

---

① Fagerberg J. , "A Technology Gap Approach to Why Growth Rates Differ", *Research Policy*, Vol. 22, Issue 2, April 1993, p. 103.

② 陈昌曙：《技术哲学引论》，科学出版社 1999 年版，第 214 页。

③ 邱泽奇：《技术与组织的互构——以信息技术在制造企业的应用为例》，《社会学研究》2005 年第 2 期。

④ 张茂元：《近代珠三角缫丝业技术变革与社会变迁：互构视角》，《社会学研究》2007 年第 1 期。

⑤ 秦红增：《技术与文化的互为观照：科技人类学解读》，《青海民族研究》2008 年第 1 期。

⑥ 陈秋虹：《技术与社会的互构——以信息通讯技术在商村社会的应用为例》，《青年研究》2011 年第 1 期。

建设在超越技术决定论与社会建构论的二元关系时，认为技术决定论与社会建构论并非对立的，而是统一的关系，统一于技术的二重属性和技术与社会双重关系之中。①

---

① 王建设：《"技术决定论"与"社会建构论"：从分立到耦合》，《自然辩证法研究》2007 年第 5 期。

第三章
传统技术与地域社会互构共生

实践中，传统技术有其生存和发展的"社会区域环境"，即传统技术产生、发展变迁的资源、经济、政治、文化和人文条件。传统技术在发展变迁过程中，与地方社会相互作用、相互影响。一方面，传统技术促进地域社会的发展变迁，使地域社会打上了技术的烙印，建构着地域社会。另一方面，地域社会也型塑着传统技术，使传统技术打上了地域特色，并影响传统技术发展、创新和变迁。而传统技术社区是传统技术与地域社会互构共生的产物，体现着二者共同演进、相互建构和共生的关系。

第一节　传统技术对地域社会的建构

传统技术作为人类改造自然、利用自然为人类谋福利的手段，是人和世界（自然和社会）的中介，既对自然具有改造作用，也对社会产生重要影响。传统技术在地域社会中具有一定地位、作用，并扮演着某种社会角色，承担着一定的社会功能，传统技术也对地域社会产生着重要影响，展现出技术的力量，使地域社会技术化，从而实现传统技术对地域社会的建构。

一　传统技术的地域社会角色
（一）传统技术的社会角色
传统技术作为人类改造自然的生存方式与手段，具有自身的地位、价值，在社会中要承担与技术相关联的责任和义务，即传统技术扮演了某种社会角色，并展现出传统技术对社会的作用。我国学者陈凡在《技术社会化引论》一书中曾提出过技术社会角色的概念，其是社会角色在技术上的表现，也可理解为技术作为社会主体所扮演的角色，实质是技术的地位与作用在社会中的反映，也体现了技术的社会价值。①

1. 传统技术的社会角色类型

一般社会角色有功利性角色和表现性角色两种，同样，传统技术的社会角色也有功利性角色和表现性角色。传统技术的功利性角色，即传统技术追求经济利益和效益为目标的社会角色，这是传统技术的主要角色，其价值就在于实际利益的获得，经济效益的增长，社会生产力的提高，是社会进步的基础和标志，也是传统技术产生与发展的缘由。传统技术的表现性角色，体现在扮演表现社会制度、社会秩序、社会发展特点和阶段、人们行为规范等方面的角色。传统技术的表现性角色体现了技术对社会的广泛影响，能表现社会或时代特征，如人们常用"旧石器时代""新石器时代""铁器时代"表明社会发展阶段。我们对不同传统技术的分析，可以看到传统技术的社会角色扮演情况。每一传统技术在不同社会或历史发展的不同阶段都有自己的功利性角色和表现性角色，既呈现了技术自身发展的历史进程，也表明技术对社会的建构。

2. 传统技术的社会角色载体

传统技术的社会角色扮演离不开一定的载体，这些载体主要有三种类别：一是传统技术人；二是传统技术人工物；三是传统技术知识或理论。有人将这三种类别的技术社会角色载体称为"技术人工社会角色、技术实体社会角色和技术工艺社会角色"。② 传统技术人、传统技术人工物和传统技术知识这三种载体在扮演传统技术社会角色时，其社会地位、权利与责任方面具有不同的表现形式。不同的传统技术社会角色载

---

① 陈凡：《技术社会化引论》，中国人民大学出版社1995年版，第8页。
② 王建设：《技术社会角色的三个类别及权责体现》，《洛阳师范学院学报》2005年第4期。

体在角色扮演上存在差异，且各具特点。

传统技术人作为传统技术的一种社会角色载体，主要指具有某种传统技能、技艺的人，主要包括技术工匠、传统技术生产过程中的劳动者、传统技术的发明者和创新者，是技术社会角色的现实体现。传统技术人在技术社会角色扮演中主要承担传统技术的传承、使用和创新，满足社会对传统技术的生产效率提升、生产技术进步、经济发展和促进社会进步的各种期待。任何技术的发明、使用和创新都离不开人，因此，传统技术人是传统技术社会角色的重要载体，离开技术人这个载体，传统技术的各种发明、社会应用和创新无从谈起。传统技术社会角色在传统技术人载体上的表现，体现在传统技术工匠、传统技术产业的劳动者和发明创新者的社会地位、权利和责任如何。这些传统技术人的社会地位、权利和责任，既体现了他们在社会中的收入多少、社会地位高低和社会声誉大小，也反映了社会对他们的期待与要求。从传统技术的发展来看，传统技术人在不同历史时期，社会地位存在差异，不同的传统技术人社会地位也存在较大差异，这是一个历史的发展过程。在奴隶社会和封建社会，技术工匠的社会地位卑微，即便是对技术知识进行总结或者从事科学技术活动的古代学者，其社会地位也比较低，从事数学、天文学、力学和实用科学技术活动的古代学者并不都是身居高位的贵族。我国古代只有极少数的天文学家曾当过"司天监"（从事制定历法和占星术的官职），但他们并没有多大的实权。总结农业和手工业实践技术的学者大都是地位较低的下层官员和失意文人。古希腊时期，工匠社会地位比较低，色诺芬尼（公元前565—前473年）说："人们称作的工艺在社会上被看成是一种耻辱，因此在我们的城邦里当然受到鄙视。"[1] 工艺是如此，连那些用工艺作为类比的自然哲学家也被人瞧不起。到柏拉图（公元前427—前347年）时，工匠传统与哲学传统已分离，但古希腊哲学家多数把从事手工艺看作是有失身份的事。柏拉图还提出神以各种金属造成不同等级的人的观点，认为具有统治能力的人是神用金子做

---

① ［英］斯蒂芬·F. 梅森：《自然科学史》，上海外国自然科学哲学著作编译组译，上海人民出版社1977年版，第25页。

成的，最为珍贵，而统治者的辅助者则是神用银子做成的，而农夫和手艺人是神用铜、铁做成的。① 显然，柏拉图认为有技能的手艺人天生要受统治者的统治，地位较低。

科学技术在奴隶或封建社会还不是社会的事业，更不是受到社会重视的事业。技术工匠的社会职责并非促进生产力的发展和提高人民的生活水平，而是满足权贵阶层的需要，无数技术工匠的血汗成为满足奴隶主和封建主奢侈生活或进行战争掠夺的技术手段，古代冶炼铸造技术的目的，最初不是用于制作铁犁，而是为了铸造兵器，用于战争和掠夺，古代最高超的建筑技术，是用于修建帝王及达官贵人的陵墓和宫殿，并非用于修造民房，"古代农艺技术中的相当一部分也仅仅是供达官贵人享用的。从古代流传下来的大量文物，就是奴隶主阶级和地主阶级霸占古代科学技术成果的见证"。②

传统技术人工物是传统技术社会角色的又一载体，指人类创造的以某种实物态存在的，具有某一功能的技术性器物，如劳动工具、生活器具、器物、手工艺品、产品等，又如体现盐业技术的食盐、盐业钻井工具、生产工具、各种输卤制卤器物等各种人工物，体现瓷业技术的瓷器、制瓷工具、瓷窑、运输瓷器的工具等。技术人工物体现了技术的价值和功用，承载了技术的影响，同时又反映了社会的需求。技术人工物在满足人类需求的过程中，既促进生产力进步和社会发展，又为人类造福，为人类福祉带来技术的贡献。这正是传统技术社会角色在技术人工物上的表现。

传统技术知识作为一种技术社会角色的载体，通常以理论、方法、思想和观念的形式存在，在现实中，传统技术知识的各种表现主要有技术原理、技术理念、技术方法、技术思想、技术标准、专利等。传统技术知识可以通过传承和传播获得发展，在传统技术知识传承和传播的过程中，实现了社会角色的扮演。拥有某种技术知识的人通过传授、教导、指导不具备该技术之人，可以让某种技术知识获得传承和传播。传

---

① 北京大学哲学系外国哲学史教研室编译：《古希腊罗马哲学》，生活·读书·新知三联书店1957年版，第232—233页。

② 李春花：《技术与社会问题研究》，辽宁师范大学出版社2005年版，第56页。

统技术知识的传承和传播是通过人的社会化进行的，在社会互动中实现。技术知识在传承和传播过程中，不断建构着人的社会化内容，建构着人的社会交往方式，建构着人与人的关系。

通过上述对传统技术社会角色的分析，我们要明确一点，传统技术人、传统技术人工物和传统技术知识并非单独存在，而是相互联系在一起，共同承载着传统技术的社会角色，以两种或三种载体表现着传统技术的社会角色。

（二）传统技术的地域社会角色

传统技术的地域社会角色是传统技术在特定区域或地方的社会角色表现，在实践中，传统技术的社会角色并非抽象的，而是与某一特定社会相连的，其角色规范总是具有地域性或区域性。传统技术的地域社会角色与其社会角色的关系是特殊性与普遍性、现实性与抽象性的关系，二者既有联系也有区别。传统技术的地域社会角色反映了特定社会对传统技术的要求和期待，也是传统技术在特定社会的地位和功能的体现，这种特定社会具有一定边界，可以是世界的某一特定区域，也可以是一个国家或一个国家的某个区域。

传统技术在地域社会的地位，可以从技术的承载者——技术工匠身上反映出来，技术工匠的地位映射出技术在地方社会的认可度和重要性。我们可从自贡盐业技术者和盐工的社会地位状况中感受到传统技术在地域社会中的地位和作用，从而更深刻地理解传统技术的地域社会角色。

在自贡井盐区，随着井盐开采技术的进步和盐业的发展，与盐相关的社会阶层不断分化，形成了盐官、盐商和盐工等社会阶层，其中盐工的地位最低。古代盐业劳动者社会地位低，无盐业技术者和盐工的专门称谓。"制盐多系农民和'以刑徒充之'"①，西汉时（公元前206—公元8年），盐业劳动者主要来自豪强大家招收的亡命流放之人和官家募民。唐代制盐劳动者主要为游民和刑徒。宋代

---

① 自贡市盐务管理局编：《自贡市盐业志》，四川人民出版社1995年版，第380页。

卓筒井的出现，自贡盐业劳动者的构成发生了变化，出现了专门以盐业为职业的劳动者，多系他州别县浮浪无根著之人，且专以为业，有从一家雇主换到别家雇主的自由。这些盐业劳动者被社会承认，"成为'习以为业'的'工匠'，并有了一定的'又投一处'的自由"。①

明清时期，随着盐业分工的发展，出现了大量具有丰富地质钻井知识和制盐技术的各种专门技术人才和盐工，总体上看，盐工的地位逐渐提高，同时盐工内部又因分工的差异地位也有区别。明清随着自贡盐业的进一步发展，促进了内部分工的日趋细密，盐业生产过程中存在"井、笕、灶各部门的分工，而各部门之间，又有复杂的技术分工"。② 盐业专门技术人员和盐工因技术的差异造成他们的社会地位和收入的差异，一般技术含量高的盐工的地位和收入高于技术含量低的盐工，"每一工种的工资数目，均按照技术的高低分别规定，带技术性的工资较高，非技术性的偏低"。③

在地域社会中，传统技术对地方经济发展起了重要作用，传统技术在扮演功利性角色方面比较明显，同时传统技术在表现社会秩序、满足人们需求方面也扮演了重要角色。我们从自贡井盐技术可看到传统技术在地域社会中的角色扮演情况，井盐技术在满足区域社会需求、维护社会秩序方面发挥了重要作用，很好地扮演了传统技术的表现性角色。

自贡盐业肇始于东汉章帝（76—88 年）时期，但直至宋初，均系人力挖掘盐井，且为大口浅井，技术落后，盐业生产力较低。如遇盐税较重，往往难以满足人们的需求，造成盐荒，引致社会动乱。例如，宋真宗时（998—1022 年），因自贡盐业生产技术水平低，且遇盐税较重，大量盐灶凋敝，不能满足人民生活需求，造成

---

① 自贡市盐务管理局编：《自贡市盐业志》，四川人民出版社 1995 年版，第 381 页。
② 自贡市盐务管理局编：《自贡市盐业志》，四川人民出版社 1995 年版，第 8 页。
③ 黄祖军、赵万里：《传统技术与地域社会的相互建构：对自贡井盐社区的技术社会学研究》，《科学与社会》2014 年第 4 期。

社会动乱。"富顺监盐井,岁久卤薄而课存,主者至破产,或鬻子孙不能偿","大口盐井的衰落,因盐荒而造成的社会动乱,致使朝廷对盐业政策实行调整"。到北宋庆历(1041—1048 年)年间,卓筒井钻凿技术出现,这是利用钻头(圜刀)、竹制套管和有单向阀门的汲卤筒进行钻凿。卓筒井的问世,推进了钻井技术的发展,使井盐钻凿技术实现了从人力挖掘到机械凿井的转变,盐井从大口浅井向新型小口盐井转变,也极大地提高了自贡井盐生产力。当时自贡的陵州、嘉州和荣州等地,"'亦皆有似此卓筒井盐井者颇多。相去尽不远,三二十里,连溪接谷,灶居鳞次'。……至南宋末,已'岁煮一百一十七万三千余斤'"。① 随着自贡井盐生产力的提升,产量大增,提升了满足人民生活需求的能力,解决了盐荒问题,为社会秩序的稳定发挥了重要作用。

二 传统技术对地域社会的影响

技术对社会具有重要影响。培根认为技术的发明创造是人类最崇高的活动,因为发明的利益可以扩展到全人类。② 笛卡尔也阐释过科学技术对社会的功能,他认为,科学技术能给社会带来各种好处,发展科学技术的真正目的是造福人类。他主张,技术在物理学方面的发现,用途很广,应该贡献出来,为社会谋福利。③ 技术对社会生产力具有巨大影响,技术作为一种力量,是人类认识自然并改造自然为自己谋福利的重要手段。技术不仅对自然产生影响,对人类社会也产生深远影响。J. D. 贝尔纳在归纳培根时代人们对科学技术的认识时,也认为科学技术对社会产生了多方面的影响,是人类的一种重要力量,技术的功能是普遍造福于人类。

科学技术对社会的影响主要有:"它延长了寿命、减少了痛苦、消灭了疾病、增加了土壤的肥力、为航海家提供了新的安全条件、

① 自贡市盐务管理局编:《自贡市盐业志》,四川人民出版社 1995 年版,第 3 页。
② [英]培根:《新工具》,许宝骙译,商务印书馆 1936 年版,第 113 页。
③ [法]笛卡尔:《谈谈方法》,王太庆译,商务印书馆 2000 年版,第 49 页。

向战士提供了新武器。在大小河流上架设了我们祖先所不知道的新型桥梁、把雷电从天空安全地导入地面、使黑夜光明如同白昼、扩大了人类的视野、使人类的体力倍增、加速了运行速度、消灭了距离、便利了交往和通信、使人便于执行朋友的一切职责和处理一切事务。"① 科学技术对人类社会的这些影响，不过是科学技术产生的部分影响，而且是部分初步影响。

传统技术对地域社会的影响，是传统技术对社会影响的区域体现。在实践中，技术的社会影响是从地域或区域开始的，技术对地域社会的影响很多，可从不同的角度来分析，主要影响有：传统技术对社区形态的建构，传统技术推动了地方社会生产力发展，传统技术满足地域人群的需求，传统技术建构地方社会的物质和精神文明。

（一）传统技术对社区形态的建构

实践中传统技术对地域社会影响的具体表现之一就是对社区形态的建构。在人类发展历史中，技术进步与社区形态变迁密不可分，在人类的采集、狩猎时期，人类树居或穴居在一起，群落较小，这是最原始的社区形态，人类劳动工具直接取材于自然界的石头、木材等，技术水平很低。随着人类制作、发明了相对简单的生产工具，对农业种植技术的掌握，可以相对固定居住，建筑技术也获得发展，可以在地上建筑房屋而定居以防御野兽与御寒，农村或村落社区形态逐渐形成，村落社区形态的技术中轴是以手工农具为主的技术。

技术的进一步发展催生了城市社区形态。最原始的城市社区诞生于公元前 3000 年左右，它是技术大革命的产物。谷物的种植、铁器的使用、犁的发明、炼铜术、制瓷、纺织技术、建筑术等技术促进了城市社区的发展。特别是随着村落加工食品和其他生活用品的手工技艺进步，出现加工作坊时，则为农村社区形态向城市市镇社区形态演化提供了动力和条件。当然在传统农业社会，受技术条件的限制，传统城市空间结构比较单一，大多具有共同特征。美国学者吉登·肖本概括为，传统社

---

① ［英］J. D. 贝尔纳：《科学的社会功能》，陈体芳译，商务印书馆 1982 年版，第 41 页。

会城市大多坐落在方便贸易、防御和农耕的地方，多数都有防御城墙，城市中心大多有广场，四周是政府机构和宗教场所，以广场为中心，中心区是统治阶层和社会名流居住区，城市边缘及城墙外则是平民与社会下层的居住区域。①

在城市社区形态中，有一类典型的手工业城市社区，这种城市社区形态以某种技术产业为主，该类社区围绕技术产业而发展兴盛，此种类型社区形态可称为传统技术社区。它是城市社区的一部分，是典型的手工业城市社区。传统技术社区形态更加明显地体现了传统技术对社区形态的建构，但传统技术社区的产生需要一定技术基础和前提。首先，农业技术的发展。农业技术提高了农业生产力，有了大量的剩余农产品，这为传统技术社区的人口消费提供了农产品。虽然传统技术社区的性质是生产性的，但其社区人口的农产品消费来自农业，大量技术产业材料或工具与农业密切相连，古代的手工技术还不能使传统技术社区摆脱对农业的依赖。其次，手工业技术获得发展并独立。手工业技术是传统技术社区产生的重要手段，随着传统手工业技术的发展，传统技术产业获得发展，传统技术产业的发展使手工业市镇的出现成为可能，传统技术社区是传统技术产业发展的必然产物。最后，建筑技术达到一定水平。建筑技术的发展改善了人们的居住条件，将人类从树居、穴居变为在地上建筑房屋而定居，为城市社区建设提供了条件，也为传统技术社区的房屋建设需求和防卫需要提供了条件，传统技术社区对技术有很多依赖，如社区地下排水系统所要求的建设技术，社区生产产品所需各类物资的运输技术，无不体现了技术对传统技术社区发展的影响。

（二）传统技术推动了地方社会生产力的发展

传统技术推动了地方社会生产力的发展。在古代，传统技术推动了社会进步。"古代的数学、天文学、力学和医学，古代的农艺技术、建筑技术、医疗技术和各种作坊的技术，对当时的生产、生活和社会发展都起了推动作用。"② 在原始社会，产生了萌芽形态的知识和经验技术，

---

① 胡俊：《中国城市：模式与演进》，中国建筑工业出版社 1995 年版，第 43—44 页。
② 李春花：《技术与社会问题研究》，辽宁师范大学出版社 2005 年版，第 56 页。

这些萌芽形态的知识和技能成为人类祖先赖以生存的武器，也是原始社会存在和发展的条件。当时，知识和技能受到原始人的尊重，那些生活阅历丰富、技能突出的人社会地位较高，可能被推举为祭司或酋长。古代技术工匠，被称为"百工"，主要是各种手工行业工匠的总称，这些工匠在长期实践、生活摸索中掌握了高超的传统技艺，促进了社会生产力的发展。在漫长的奴隶社会和封建社会，传统技术进一步促进社会分工，使传统手工业从农业中分离，提高了社会生产力，促进了社会发展。在近代资本主义社会的兴起、发展中，传统技术也起了重要作用。新兴资产阶级靠着金钱和知识的力量，靠着技术的武器战胜了封建贵族，马克思认为，火药、指南针、印刷术是预告资产阶级社会到来的三大发明。火药把骑士阶层炸得粉碎，指南针打开了世界市场并建立了殖民地，而印刷术则变成新教的工具。[1] 因当时的许多手工业者、商人手中不仅积累资本，还掌握着制造和运用火药、指南针和印刷术等方面的知识和技术，由此，促进了西方社会的生产力进步，推动了资本主义的发展。

　　传统技术对社会生产力的推动，并非从全社会整体层面推动，而是从区域、社区开始的。这是因为传统技术具有地方性特点，传统技术是地方化的技术。在古代，传统手工技艺植根于农业文明，其产生的文化运行机制，具有地方性和乡土性的特点。[2] 故而传统技术具有地方性特点，不同地方的传统技术存在差异，即便同一传统技术，在不同地方也各具特色，并没有统一的标准，如制瓷技术、井盐技术、传统农业技术、传统中医技术等，不同地方具有不同的技术特色，不像现代技术和今天的高技术，具有社会普遍性的特点。工业革命后，工业化所带来的现代技术和今天的高技术具有统一的标准与流程。传统技术的地方性决定了传统技术在推进生产力发展时，首先促进的是地域社会的生产力发展，再由各个地域生产力进步的叠加，进而推动整个社会生产力的发

---

① 中共中央马克思恩格斯列宁斯大林著作编译局译：《马克思恩格斯全集》（第四十七卷），人民出版社 1979 年版，第 427 页。
② 方李莉：《本土性的现代化如何实践——以景德镇传统陶瓷手工技艺传承的研究为例》，《南京艺术学院学报》（美术与设计版）2008 年第 6 期。

展。在中国传统社会，很多传统技术带有地域性，如制瓷技术，并非全国各地均有，只有少数符合制瓷条件，具备制瓷资源的地方才发展了瓷业，并促进了地方生产力发展，又如井盐技术，中国井盐生产大多集中于四川、重庆、云南一带，因数亿年前这些地域地壳变化，蕴藏了大量的盐卤资源，进而人们发现盐泉并凿井取盐，发展了井盐技术，促进了地方生产力发展。

传统技术对地方社会生产力的促进作用，是通过变革生产工具和提高人在生产过程中的地位来引发生产力革命而实现的。随着生产工具的制造工艺、材料质地的进步，改变了生产工具的结构功能，提高了人在生产过程中的地位和作用，从而开创了新的产业领域，使生产力得到发展。从火的使用可看到其对生产力发展的影响，既促进了生产技术的发展，也改变了人的生存、生活方式。"从生产技术发展的意义上讲，火能利用的伟大事件是火水结合技术——陶器的产生。有了陶器，人类不仅可以煮熟动物肉食，还可煮熟植物果实，促进了种植业的发展；有了制陶器技术，又为之后炼铜冶铁提供了技术思路。从此，火成了人类生活的、生产的永久性能源。"[1]

传统技术通过变革生产工具，推动地方社会生产力的发展。传统技术对生产工具的变革表现如下：一是制造工具材料的进步，推动了生产工具的发展，石器时代，制造工具的材料是石头、木头，而青铜器、铁器的产生，也使生产工具的材料变化到青铜和铁，这既是生产工具、器具材料质地的进步，也是不同经济社会时代的标志；二是制造生产工具工艺技术的进步，革新了生产工具，生产工具制造工艺的突破性革新，引起了生产工具结构功能的进步，推动了生产力的发展，就生产工具的工艺技术而言，因为磨制工艺的产生，使新石器的功能高于旧石器，而冶制与磨制结合的综合性技术工艺的发展，使冶炼制造的青铜器、铁器的功能高于新石器。

传统技术促进生产工具结构功能变革的同时，还提高了人在生产过程中的地位和作用，从而促进生产力的发展。因为人在生产过程中的地

---

[1]　李万忍：《科学技术的社会经济功能》，陕西科学技术出版社 2005 年版，第 183 页。

位和作用是测定生产力发展水平的一个重要尺度，是生产力发展的一个重要特点。[1] 人与动物的本质区别是人会制造和使用生产工具。人制造生产工具，不断革新生产工具，替代了人的体力劳动，解放了肢体功能，既提升了人改造客观世界的能力，也进一步丰富和提高人的智慧和技能，改造了主观世界。从而使人在生产过程中的地位和作用大大增强，促进生产力发展。

（三）传统技术满足地域人群的需求

传统技术因满足人类需求而产生，也为人类带来了福利。人类通过技术发明、改造生产工具、开发自然、生产产品以满足生存需要。农业耕种技术的发展使人类从狩猎采集生存方式发展为定居生活方式。建筑技术的发展改善了人类居住条件，并为城镇的发展和防卫创造了条件。医疗技术的发展，为人们的健康带来了福祉。各种生产技术的发展，丰富了生活产品的品种，也极大地提高了人们的生活水平。手工业技术的发展和工艺的进步为人类带来了福利，这些都是传统技术在满足人类需求方面的表现。

人的需求是多方面的，一般我们把人的需求分为物质需求和精神需求，物质需求是人在物质层面的需求，包含了马斯洛所谈的生存、安全需求，传统技术满足了地域人群多方面的需求，不论是心理方面、生活方面、生产方面，还是社会、政治、经济、文化方面，都发挥了重要作用。首先，传统技术在满足人生存和安全等需求方面，发挥了决定性作用。旧石器时代、新石器时代、青铜器时代、铁器时代，人利用技术来狩猎、采集果实、耕种农业、饲养牲畜以满足人的生存需求，也利用技术采盐、制作衣物、建筑房屋来满足生存需要，发展各种手工业满足生产生活需要，同时，制作各种武器以御敌和保护自己免受侵害。其次，传统技术也能满足人的爱、归属、尊重和自我实现的需求。例如，随着瓷器技术的发展，精美的瓷器造型和花色图案，满足了人的审美需求；丝绸织造技术的发展，绫罗绸缎满足了人的审美需求，同时也能体现人的身份、地位，满足了人的尊重需求。一些奢侈手工艺品对百姓生活无

---

[1]　李万忍：《科学技术的社会经济功能》，陕西科学技术出版社 2005 年版，第 186 页。

甚用处，却为富人所需，如《盐铁论·散不足篇》载："今民间雕琢不中之物，刻画无用之器，玩好玄黄杂青五色绣衣"，这些都是满足富人的需要。手工技艺的发展，制造的各种手工艺品也满足了人的审美或爱的需求。

更进一步，我们可从技术人工物来看传统技术对地域人群需求的满足。传统技术形成技术人工物，技术人工物从功用上可以分为三类。第一类技术人工物是仅仅满足人类的生活所需。例如，食用盐、食用醋作为生活的调味品，满足人们的生活所需。对人们生活所需的技术人工物，社会的期望是产量充足，产品质量过硬，对人体无害。第二类技术人工物是满足人类的生活与审美所需。例如，瓷器、丝绸等，这类技术人工物一方面满足人们的生活所需，另一方面满足人们对美的追求。在传统社会，瓷器既是普通百姓生活所需的器物，如盛水、装物，亦是皇室、达官贵族审美的追求和身份的象征。丝绸在历史上基本是皇室、达官贵族身份和地位的象征，也满足了他们对美的追求。第三类技术人工物是满足生产所需。这类技术人工物是人类为了改造自然环境，提高技术水平和生产力而制作的各种工具、器物和物品。社会对这类技术人工物的要求是技术先进、坚固耐用、效率高，其目的是最大化地提高生产效率，促进生产力和社会发展。可见，我们从技术人工物的功用和社会需求，看到传统技术在满足地域人群需求方面发挥了重要作用。

（四）传统技术建构地方社会的物质和精神文明

传统技术还建构着地方社会的物质和精神文明。文明的发展与技术的进步分不开，技术的进步必然引致物质和精神文明。古代人类在旧石器时代、新石器时代、青铜器时代、铁器时代创造了辉煌的物质和精神文明，不同技术时代留下了标志性的器物和文化符号，从而体现了社会的不同文明程度。

1. 传统技术建构地方社会的物质文明

传统技术建构着地方社会的物质文明。传统技术对地方物质文明的建构主要体现为传统技术丰富了地方社会的物质产品，并建构着地方社会物质文明的发达程度。

从总体上看，社会的物质产品随传统技术的进步而发展，不同技术时代物质文明发达程度不同。人们的衣、食、住、行、用等各种物质产品离不开技术，技术进步不断增加产品种类和建构产品的形态。人们掌握技术制造了劳动工具、建筑了居住的房屋、织造出了御寒的衣物，生产出了各种食物和手工艺品，这些物质产品都体现了人的智慧，是社会物质文明的表现。

旧石器时代的人类物质产品和文明程度比不上新石器时代。旧石器时代使用的是原始石头，且以自然形成的尖锥、刃锋可用形态为主，对石料质地不太讲究，种类少，以砍砸、削刮和尖利器物为主，且旧石器制作工艺技术落后，以粗石制器，以石击石，石头不打磨。而新石器时代制器技术进步很大，在中国，新石器时代发生在公元前 5000—前 3000 年，新石器对石料的取材较为重视，以硬质精细石料为主，兼选动物骨、角、牙和植物根茎为料。新石器时代制器技术取得突破，以磨制的制造工艺为主，雕刻技艺取得进步，可在骨器、陶器上雕刻制造图形或动物。新石器时代的物质产品种类繁多、类型分明。"主要有石斧、石刀、石镰、石犁、骨镞、骨钩、木棒、木叉、木犁，尤其产生了复合工具——弓箭"，[①] "既有射、钩、锥、刺之具，也有犁、割、铲、凿之器，还有贮粟熟食之陶皿"，[②] 这些都是技术工艺进步的结果。

青铜器时代较新石器时代文明程度发达。青铜器时代在公元前 2000—前 1600 年，冶铜铸器技术获得发展，传统技术进步带来物质产品的进一步丰富。中国在夏禹时就有了冶铜铸器技术。即夏王命菫廉到各地寻找铜矿石，运到昆吾冶炼铸器。夏末商初，中国冶炼技术更加完善，有相当高的工艺技术水平。例如，河南偃师二里头早商遗址出土的一个铜爵，铜爵的器壁较薄，铜爵制作规整、器壁厚薄匀称，已经采用复合范铸造，说明这一时期的青铜工艺已经达到一定水平。[③] 青铜器时代的冶炼铸造技术是石器时代制造技术无法比拟的，其制器的造型技术、配料合成技术和冶炼烧制技术，技术要求更加复杂，说明人们对矿

---

① 李万忍：《科学技术的社会经济功能》，陕西科学技术出版社 2005 年版，第 193 页。

② 李万忍：《科学技术的社会经济功能》，陕西科学技术出版社 2005 年版，第 194 页。

③ 中国社会科学院考古研究所编著：《新中国的考古发现和研究》，文物出版社 1984 年版，第 218 页。

石的物理和化学性质有了认识，同时掌握了两种以上的矿物合成技术工艺。青铜器技术时代的物质产品更加多样和复杂，青铜工具和木质工具大量出现且广泛使用，青铜器以祭祀用品和礼品居多，青铜质的刀、斧、凿、锛大量出现，这也导致大量木质器具被制作出来。例如，木车轮、木车、各种木质生活器具等。

铁器时代物质文明更加发达。铁器时代是冶炼技术突破性飞跃的结果，在春秋时代初期，出现了铁器的冶制。齐桓公时（公元前685—前643年），管仲建议齐桓公："美金以铸剑戟，试诸狗马；恶金以铸钼夷斤，试诸壤土。"[1] 这里"美金"指青铜，"恶金"指铁，说明当时已有冶铁技术。据文字史料记载，春秋中叶到战国末年，冶铁技术进一步发展并趋于成熟。当时，能在铁制器物上铸刻文字，如周毅王时期，晋国在铁铸刑鼎上铸刻范宣子所作刑书。[2] 在这一时期，铁制器具种类齐全，"铁器的种类有斧、锛、凿、刀、削、锤、钻、锥；犁、镬、锸、耙、锄、镰；剑、戟、矛、镞、甲胄、匕首；鼎、盆、盘、杯和带钩等等，包括生产工具、兵器、生活用具和装饰品等。"[3] 战国时期随着冶铁技术的进步，铁器使用的范围更加广泛，很多地方都有出土文物佐证。可见，冶铁技术进步建构着地方社会的物质文明。

2. 传统技术建构地方社会的精神文明

传统技术还建构地方社会的文化、艺术、宗教等精神文明。新石器时代的文化，从选料上，有学者把新石器的制作技术称为"细石文化"。新石器时代的"仰韶文化"，是新石器技术的重要标志，1921年首次在河南省仰韶村发现。该地出现了磨制的各种生产工具，且在烧制的细泥红陶上彩绘着各种几何图形或动物花纹，仰韶出土的陶器，"普遍发现彩陶，彩纹多绘于泥质红陶盆、钵、罐类的外壁上部，形成花纹带"。[4]

---

① （战国）左丘明：《国语》，（三国）韦昭注，胡文波校点，上海世纪出版股份有限公司、上海古籍出版社2015年版，第159页。

② 李万忍：《科学技术的社会经济功能》，陕西科学技术出版社2005年版，第198页。

③ 中国社会科学院考古研究所编著：《新中国的考古发现和研究》，文物出版社1984年版，第333页。

④ 中国社会科学院考古研究所编著：《新中国的考古发现和研究》，文物出版社1984年版，第41页。

故也有学者从陶器的特征上，将新石器时代的文化称为彩陶文化。不管何种文化命名，均体现了新石器时代的精神文明。新石器时代物质文明比不上青铜器时代，青铜器时代的文明因冶炼制器技术的进步而发展，从而出现了文字符号。文字的出现，成为人类进入文明时代的重要标志。从大量考古发现中我们可看到青铜器烧制的陶瓷上，刻画着多种符号文字。中华人民共和国成立前，在殷墟小屯村北地、东北地、村中和村南出土了甲骨文，侯家庄、后岗村也有少量甲骨文出土。中华人民共和国成立后，甲骨文出土的范围扩大，除小屯村及后岗村继续有所发现外，在四盘磨、大司空村、苗圃北地及郑州二里冈等地都发现了殷代的甲骨文。① 铁器时代推动了农业生产的空前发展，完成了农业革命，使人类全面进入农业时代，促进了农业文明。技术的进步推动社会制度从奴隶制向封建制发展，新兴地主阶级对发展农业生产有很大的积极性，利用先进的农业工具、使用畜力，进一步解放了生产力。社会生产力的发展和封建制度的确立也促进了文学、艺术、技术知识、宗教和社会思想的发展，大大推进了社会精神文明。从中我们看到不论是制度层面，还是文化心理层面，还是个人思维层面，都展现了传统技术对社区精神文明的建构。

三　地域社会的技术化

在技术不断发展的过程中，技术对社会的影响不断增加，社会很多方面都被打上了技术的烙印，社会越来越技术化。地域社会的技术化是传统技术对地域社会影响的表现，是传统技术与地域社会在互动过程中，地域社会受传统技术的实际影响，表明传统技术对地域社会的影响和建构。

（一）地域社会技术化

许多学者研究表明，社会技术化现象从古至今都存在，技术对社会的影响和建构在人类历史上长期存在，而且随着现代技术和高技术的发展，社会技术化更加明显。学者们的这些观点对我们分析地域社会的技

---

① 中国社会科学院考古研究所编著：《新中国的考古发现和研究》，文物出版社 1984 年版，第 244 页。

术化有一定启发。

埃吕尔认为社会越来越技术化了，现代社会是一个建构在技术之上的技术社会，在社会中，技术在人类的生存环境中必不可少，人类的技术活动已成为社会生活的中心，社会文化生活越来越按照技术原则运转。[①] 马克斯·韦伯认为，社会的发展是以工具理性为核心的社会技术化过程。他运用类比方法把分析产业技术的范式拓展到分析科层制，并认为科层制具有自身的技术特点及其优势，作为社会管理的技术化，科层制在技术层面更合理、完善。[②] 兹比格里夫·布热津斯基认为现代社会越来越受电子技术的影响，社会技术化越来越明显。电子技术越来越成为社会变革的动力，建构着社会结构和社会文化，对社会文化构成部分的社会习俗、社会价值观和社会心理产生越来越大的影响，社会正在被型塑成一个"技术电子社会"，[③] "一个文化、心理、社会和经济各方面都按照技术和电子学，特别是电子计算机和通信来塑造的社会。"王伯鲁在探讨社会技术问题时指出，许多学者"对社会组织及其运行机制合理化、体制化、现代化等过程的分析和描述，都不自觉地揭示了社会技术形态或社会技术化过程的许多属性与特征"。[④]

从学者们对社会技术化的研究可看到，社会技术化有两种状态：一种是动态的，是技术影响社会的动态变化过程；一种是静态的，是技术影响社会的变化结果。作为一个动态历史过程的社会技术化表明，随着技术的不断发展，技术对社会的影响越来越大，技术对社会的建构越来越强，技术在社会有机体中嵌入范围越来越广。传统社会的技术化程度有限，因传统社会的技术发展水平有限，技术对社会的影响和建构作用有限，是从小范围、小区域和小领域开始的，因此，传统社会的技术化主要是地域社会的技术化。我们从景德镇城市的瓷业化来看地域社会技术化的过程。

---

① Ellul J., *The Technological Society*, New York: Vintage Books, 1964, p. 253.

② ［德］马克斯·韦伯：《经济与社会》，林荣远译，商务印书馆1997年版，第248页。

③ ［美］兹比格涅夫·布热津斯基：《大失控与大混乱》，潘嘉玢、刘瑞祥译，中国社会科学出版社1995年版，第134页。

④ 王伯鲁：《社会技术化问题研究进路探析》，《中国人民大学学报》2017年第3期。

明代之前，景德镇还不是一个以瓷业为主要特征的手工业城市，由于瓷业生产规模小，瓷器烧造窑场零星分散在周边山区。随着瓷器烧造技术的进步和发展，明代景德镇制瓷技术有了很大进步，景德镇的瓷器生产逐渐摆脱地形的限制，特别是朝廷在景德镇设立官窑，推动了分布在各乡的民窑向镇区集中，因景德镇市镇所在地方地理区位相对便利，有水路运输，便于瓷器的销售和原料的运输，有利于瓷业的发展。明代，朝廷在景德镇设立官窑生产瓷器，"明洪武二年（1369 年）就镇之珠山设御窑厂"。① 随着官窑的建立，推动了景德镇瓷业的发展和制瓷技术的进步，明朝中后期出现了分工细致的民营制瓷工场，瓷业生产技术的分工相当精细，有淘泥工、拉坯工、印坯工、旋坯工、画坯工、舂灰工、合釉工、上釉工、挑槎工、抬坯工、装坯工、满掇工、烧窑工、开窑工、乳料工、舂料工、砂土工等技术分工。②

瓷业技术的发展，使景德镇成为以瓷业为特征的手工业市镇，瓷业技术对景德镇的影响巨大。景德镇的城市格局、产业布局、社会分工、人口职业、文化信仰、政治设置等都被打上了瓷器技术的烙印。随着明清时期景德镇瓷业技术的发展，促进了瓷业的繁盛，景德镇也产生了多种神灵信仰，以窑神信仰为中心，形成了复杂的神灵信仰体系。景德镇瓷业最初崇拜的窑神是赵慨，赵慨被奉为景德镇瓷业生产的始祖，传说赵慨将自己所掌握的瓷器技术传给景德镇人，使他们有了生存的技能，受到人们的尊敬和传颂，因此被尊奉为景德镇瓷业技术的行业神。③ 瓷业技术的发展，促进了景德镇经济贸易的发展和地方社会的兴盛。

同时，景德镇的社区结构也因瓷业技术而具有地域特色，使景德镇不同于以政治为中心的城市社区结构，呈现出瓷业技术对社区结构的建构。与传统政治中心城市相比，景德镇没有修建城墙，也

---

① 傅振伦：《〈景德镇陶录〉译注》，书目文献出版社 1993 年版，第 5 页。
② 刘朝晖：《明清以来景德镇的瓷业与社会控制》，博士学位论文，复旦大学，2005 年。
③ 李松杰：《近代景德镇瓷业与社会变迁研究（1903—1949）》，博士学位论文，华中师范大学，2016 年。

没有常设性的行政管理机构，是一个单纯从事瓷业生产的经济和商业区域。① 这种开放性的地域社会结构有利于吸引外来人口移民于此，外来人口只要拥有生产技术就能在景德镇生存下来。可见，随着瓷业技术的进步和瓷业的发展，景德镇地域社会瓷业化了，使得景德镇成为驰名中外的瓷都，这是景德镇地域社会技术化的表现。

景德镇的瓷业化表明地域社会深受传统技术影响，被烙上了传统技术的特性，呈现出技术化的地域社会。这种现象在中国传统社会有大量实例，许多手工业城镇或传统技术社区都呈现出这种状况。例如，自贡盐都、景德镇瓷都、南充绸都等都被不同的传统技术影响，表现出地域社会的技术化。

从景德镇瓷业化过程，我们可看到地域社会技术化表现在多个层面，包含了经济生产、社会生活、地域文化、政治制度、社会结构等。地域社会生产的技术化主要表现为因技术影响社会分工、产业结构、经济效应等。地域社会生活的技术化表现为技术对人们生活的影响和建构，人类从茹毛饮血、而衣皮苇发展到用棉、麻、丝等天然纤维织成衣料的时代，再进入了以涤纶、锦纶等合成纤维为主的时代，日常生活用的器物，居住的房屋都是技术的产物。地域文化的技术化则表现为技术对地方信仰、语言文字、社会规范、风俗习惯的建构。制度的技术化则是技术对地方管理政策、行政设置、法律规章的影响和建构。地域社会结构的技术化则表现为技术对社会各组成部分、各构成要素、社会各组成部分之间关系等的建构和影响，以及技术对社会变迁的影响等。

（二）地域社会技术化中的技术价值

在地域社会技术化过程中，体现了技术的价值和社会效应。地域社会技术化既是一种客观事实存在，同时又是一种价值存在。一方面，从社会来看，地域社会技术化反映了技术对社会的建构和影响这一客观事实，即反映了社会的状态。另一方面，从技术来看，也反映出技术的社

① 李松杰：《近代景德镇瓷业与社会变迁研究（1903—1949）》，博士学位论文，华中师范大学，2016年。

会功能和作用，即技术的社会价值与效应，社会技术化即技术价值的本质表现。所谓价值，一般指事物对人的作用，"是客体作用于主体对主体产生的实际效应，即对主体生存、发展、完善产生的实际效应"。① 就传统技术的价值而言，就是社会与传统技术在相互建构过程中，传统技术对社会产生的实际功用，以及技术对社会的影响和建构。

任何事物的价值从类型上看，可分为显性价值、潜在价值、积极价值和消极价值。罗伯特·K.默顿曾在整理功能主义思想的基础上，将功能主义进一步发展完善，提出正功能、反功能、显功能和潜功能的概念范畴。默顿分析功能主义理论时，认为以往功能主义存在缺陷，因为对功能本身的概念范畴不清晰，为此他提出事物都具有功能，但功能又有不同类型，既有正功能，也有负功能，既有显功能，也有潜功能。②

传统技术具有正功能、反功能、显功能和潜功能，这是传统技术价值的反映。传统技术的正功能是其对社会（人）具有的促进和积极作用，如传统技术促进社会生产力发展，带来经济繁荣，为人类带来福祉等。传统技术的反功能则是其带来的社会风险或危害，破坏了社会秩序，损害了人的利益和福祉。例如，武器制造技术的进步虽然带来先进武器有利于防卫野兽伤害和敌人入侵以保护自己，但也带来危害，引发部落、民族或国家之间血腥残酷的战争掠杀，破坏社会秩序，阻碍社会发展，危及个人生命安全。传统技术的显功能是能看到的正功能，是传统技术显性的价值体现。传统技术的潜功能主要指传统技术未被认识的客观效果。传统技术在每一个历史发展时期，其产生的效果不会被人类完全认识，很多是当时未能认识到的。传统技术潜功能之所以存在，源于人类认识的局限性，人类的认识能力是逐渐发展的，具有时代局限性。每一个时代的认识都受当时历史条件和社会发展水平的制约，人类无法完全把握和认识传统技术的功能。要么有些功能未被认识，要么认识不全面，要么形成错误的认识，这些都导致传统技术潜功能的存在。

---

① 颜士刚、李艺：《论有关技术价值问题的两个过程：社会技术化和技术社会化》，《科学技术与辩证法》2007年第1期。

② ［美］罗伯特·K.默顿：《社会理论和社会结构》，唐少杰、齐心等译，译林出版社2008年版，第130页。

例如，历史上冶铁技术出现时，人们并不能认识到铁器能推动农业生产的发展，冶铁最开始主要是制造武器和各类兵器用于战争，但人们将其技术用于制作农具和铁犁，则大大促进了农业生产的发展。

第二节　地域社会对传统技术的型塑

传统技术与地域社会互构共生，在传统技术对地域社会建构的同时，地域社会也型塑着传统技术。地域社会型塑着传统技术的地方特色，对传统技术具有社会选择，建构着传统技术的风格和特点。地域社会还为传统技术的发展提供动力，地域社会需求、地方经济、地方政治和地域文化从各层面为传统技术的发展提供了动力，共同推动了传统技术的发展。

一　地域社会型塑着传统技术的地方特色

地域社会对传统技术地方特色的型塑，首先表现为因自然地理因素和社会因素的差异，不同地域社会形成了不同的传统技术，这是地域社会对技术的选择。例如，中国很多传统手工技艺只存在于特定区域，即便是织造技术、瓷业技术、缎制技术和井盐技术也并非传统中国社会各地普遍存在，也只是在特定的地方存在。其次，地域社会对传统技术地方特色的型塑，还表现为同一传统技术在不同地域存在差异，各具不同技术风格。在不同地域的影响下，技术的材料来源、工具类型、生产工艺方面都存在差异。

（一）传统技术的地域社会选择

技术并非伴随人类社会一出现就有，而是经历了从无到有、从简单到复杂、从低级到高级的演化历程。技术的出现和发展需要条件，这些条件既包含自然资源条件，也包括社会环境条件。技术的产生、发展要受环境条件的影响，修斯认为，自然地理条件是形成技术的重要因素之一。[①]

[①] Hughes T. P., "The Evolution of Large Technological Systems", Bijker W. E. and Hughes T. P, eds., *The Social Construction of Technological Systems: New Directions in the Sociology and History of Technology*, Cambridge MA/London: MIT Press, 1987, p. 68.

仓乔重史在其《技术社会学》一书中也指出，技术的发展要受社会环境的影响，"也就是说技术并不由于具体某人的能力而得到发展，而是在社会、经济、文化环境中发展起来的"。① 传统技术的产生、发展也要受自然地理因素和社会环境的影响。

特定地域形成某种独特的传统技术，是地域社会选择的结果，一方面地域社会为某种技术的产生提供了自然资源条件，另一方面地域社会为该技术的产生、发展提供了合适的社会土壤。就地域社会而言，之所以发展出某种传统技术，并使该区域打上了某种技术的烙印，就是因为地域社会为某种技术的发展提供了自然资源条件和合适的社会土壤，正是地域社会对技术的社会选择结果。

第一，地域社会为传统技术的产生、发展提供了自然资源条件。自然资源条件就是地理环境的总和。一定的地域社会是独特的地理空间和人文社会的总和，因此，地域自然资源环境为技术的发展提供了条件，也型塑着技术。一些比较重要的技术，总是与一定的地理环境相关。② 一般来说，沿海国家和地区丰富的海水资源为航海技术的出现与发展提供了条件，也为海盐生产提供了条件，寒带地区较低的自然气候因人们需要保暖才发展了防冻技术，地震多发国家催生了防震技术，炎热地区的防暑降温技术获得了运用。可见，技术的出现、发展需要一个合适的地理环境。

自然资源为传统技术的产生、发展提供自然资源条件。沿海地区的海盐生产比较普遍，因为海水为海盐生产技术的发展提供了丰富的海盐资源，内陆因地壳运动和地质变迁的影响，在富含地下卤水资源的地方为井盐生产技术的发展提供了自然资源条件，在蕴藏丰富煤炭资源的地区为煤炭采掘技术的发展提供了条件。从历史上英国因丰富水资源对水磨技术的发展，以及煤炭资源与蒸汽机的关系，可窥见自然资源条件对技术产生、发展的作用。

---

① ［日］仓桥重史：《技术社会学》，王秋菊、陈凡译，辽宁人民出版社 2008 年版，第212 页。

② ［法］贝尔纳·斯蒂格勒：《技术与时间》，裴程译，译林出版社 2000 年版，第 65 页。

　　英国水资源丰富，促进了对水资源利用技术的发展，其中水磨技术的发展就是其中最重要的技术。"首先是水驱动的动力，水磨的数量极其众多。1086 年，《最终税册》列出了英国南部赛文河上的 5624 个水磨，或者可粗略地概括为每 50 家拥有 1 个水磨"。① 英国人用水磨完成了很多繁重的体力劳动工作，中世纪的男人和妇女周围到处都是水力机器，这些机器有助于为他们完成更加费力的工作。② 如用水磨完成抽水、磨碎谷物、碎布制浆、敲打兽皮等体力劳动。水磨技术也有利于英国社会形成依靠非人力因素从事体力劳动的社会文化传统，这为其他技术的发展提供了社会文化条件。

　　此外，英国之所以会出现蒸汽机，是因为蕴藏了丰富的煤炭资源，推动了蒸汽机的发明创新。"在考察蒸汽机为什么会出现时，不仅要看到商业社会的来临、降低产品价值和提高产量的需要等等非自然性的原因，也要看到当时的英国在自然条件上的特点，如丰富的燃煤资源"。③ 英国社会对煤炭的需求，促进了采煤技术产业的发展，而采煤业的发展，既为蒸汽机提供了燃料，又对蒸汽机产生了需求。"采煤业的发展，需要机械化蒸汽泵为矿井抽水，又为蒸汽机提供燃料。这种需要和可能，促进了蒸汽机技术的不断革新与完善。"④

　　自然环境影响对某一技术的采用。"如水轮机只在北纬 42 度至北纬 15 度地区被推广，也就是从葡萄牙的特茹河北部及中国的长江流域至近东尼罗河与印度恒河的南部。在所有这些地区中，居民都从事定居的农业，且使用水轮机。"⑤ 这说明自然环境为技术发展提供了条件。因此，自然与气候环境可直接影响技术的适应。

---

① 李春花：《技术与社会问题研究》，辽宁师范大学出版社 2005 年版，第 135 页。

② Mokyr J. , *The Lever of Riches: Technological Creativity and Economic Progress*, New York: Oxford University Press, 1990.

③ 李春花：《技术与社会问题研究》，辽宁师范大学出版社 2005 年版，第 134 页。

④ 李春花：《技术与社会问题研究》，辽宁师范大学出版社 2005 年版，第 205 页。

⑤ ［加拿大］C. 德布雷森：《技术创新经济分析》，王忆译，辽宁人民出版社 1998 年版，第 159 页。

巴络佳在《西班牙民间技术》一书中论述了工艺地区史，[①] 说明了自然气候环境造成不同地区技术的异同，以及技术适应的原则。"他着重写了从古代到中世纪出现在地中海沿岸、西欧——主要是西班牙和葡萄牙——的风磨、水磨及犁的进化。"[②] 巴络佳对不同类型的犁进行研究，比较了不同犁使用的不同种类的材料及其效用，比较了拉犁的动物、降水量、土壤、轮种等，分析了不同犁的地理分布和来源，发现自然地理影响犁的制造材料采用和使用用途。

地域社会对传统技术的型塑除表现为提供资源条件催生相关技术外，传统技术的发展还需利用特殊的自然条件，使传统技术表现出当地自然条件的特征。例如，不同的地区有不同的建筑选材和风格，这是自然条件对建筑技术的制约，也体现了人与自然的融合。从这个意义上说，在有利的资源条件下促进了某种技术的发展，以及在不利的资源条件下为了克服不利而发展某种技术，都体现了资源条件对技术的影响和制约。这样，资源条件的制约往往成为追求技术进步的国家在技术发展上的突破口，也成为其技术飞跃的出发点和激励因素。

例如，在自贡盐都社区，传统井盐技术的产生、发展无不与自贡独特的盐卤资源相关。自贡因盐成邑，因盐卤资源聚集了人，因人的聚集而采盐炼卤，因盐而促进了盐业生产技术的发展，并形成独具特色的井盐生产技术体系，如卓筒井钻凿技术、篾盆采气技术等。

第二，地域社会为传统技术的产生和发展提供了社会环境条件。某种传统技术能在某地发展，也是地域社会选择的结果，这种选择包含了

---

① Baroja J. C. , *Tecnología popular Española*, Editora Nacional, 1996.

② ［加拿大］C. 德布雷森：《技术创新经济分析》，王忆译，辽宁人民出版社 1998 年版，第 159—160 页。

技术发展的政策、社会环境、文化对技术的影响、调节和支持。社会对技术具有选择，这种选择体现了社会对技术的建构，只有某种技术能满足社会的需求，且功能适用、效率高、操作简便，才能获得人们的使用和推广；反之，某种技术就不会被社会发明和推广，甚至遭到淘汰。[1]地域社会对传统技术的选择并非侧重于某一方面，而是立体的、全方位的，不管是技术发生、发展，还是技术消亡过程的各个环节都存在社会选择。因此，一部技术史就是一部技术的社会选择史。

从系统论的观点看，任何传统技术都是在具体的社会文化环境中孕育和发展起来的，这个具体社会就具有地域性。其中，社会需求和市场是技术发展变革的基本动力，社会需求推动人们进行技术活动，促进技术成果的应用。当然，不同的历史阶段、国家、地区和社会风土文化的需求程度存在差异，影响着技术的发展规模和速度。技术的发展有利于创新活动的制度安排，反过来创新活动的制度安排促进了技术的变革，保障了技术的发展。

我们也要看到，传统技术的社会环境与自然环境条件密切联系在一起，并非完全独立。自然资源影响国家或地区的技术发展政策与模式，为实现技术的社会选择提供政策条件。历史上，绝大多数国家或地区都以资源为基础发展技术，进而发展技术产业。很多时候国家的技术发展模式受资源影响，是资源导向型的，国家所拥有的资源类型影响该国的技术发展道路。[2] 这是一种成本最小、最合理的政策。生产力不发达的传统社会依靠自然资源来满足人们的生活需求，推动经济社会发展，因此，以自然资源为基础的技术必然受到重视，国家也会制定相关政策来促进该类技术的发展。即便是今天，这种技术发展政策依然在许多国家或地区被实施。例如，石油资源丰富的产油国，其技术发展政策基本以石油资源为基础。

（二）地域社会型塑传统技术的风格

地域社会对传统技术地方特色的型塑，还表现为同一传统技术在不

---

[1] 李春花：《技术与社会问题研究》，辽宁师范大学出版社 2005 年版，第 108 页。
[2] 刘仲：《发展技术论》，学苑出版社 1993 年版，第 243 页。

同地域存在差异，不同地域各具不同技术风格。在不同地域的影响下，技术的材料来源、工具类型、生产工艺方面都存在差异。许多学者对技术风格与地域环境关系做了研究，认为传统技术的风格是地域环境影响的结果。

约翰·劳以葡萄牙人海上扩张的例子说明了环境对技术风格的影响，他认为葡萄牙人将造船技术与地理自然因素、社会因素结合起来，增强了其扩张优势。葡萄牙人海上扩张的原因不是纯粹技术的或是军事的力量，而是将技术与各种各样的环境因素的结合，包括自然环境（海风、水流、天象）、社会环境，葡萄牙人把这些事物和技术连接起来，从而具有力量上的优势。葡萄牙战舰不能仅以船舰本身的技术发展史来解释，还应考虑技术与环境因素的结合。[①] 修斯认为影响技术的因素很多，技术与历史发展阶段和地域有关。他认为技术特色受地域社会影响，技术风格的形成和特定地域相关，技术风格的出现是因为技术适应环境的结果。[②] 修斯研究发现，不同地区、国家由于管理体制的差异形成了不同的电力技术系统。英国的伦敦、法国的巴黎、德国的柏林和美国的芝加哥等地的供电系统在发电、输电和配电方式上迥然不同，存在较大差异。[③] 修斯还发现，不同地区和国家的历史经验也形成了不同的电力技术风格。第一次世界大战中，德国因缺少铜，故电站就设计为规模大但数量较少的发电机，以此节约铜的用量。虽然后来缺铜的危机过去，但这种历史经验和设计风格一直延续到第一次世界大战后。第一次世界大战德国战败后，《凡尔赛条约》规定将德国的无烟煤产区割让以作为补偿，故此后电力技术系统就设计为有烟煤技术，这一

① Law John, "Technology and Heterogeneous Engineering: the Case of Portuguese Expansion", Bijker W. E. and Hughes T. P., eds., *The Social Construction of Technological Systems: New Directions in the Sociology and History of Technology*, Cambridge MA/London: MIT Press, 1987, pp. 111-132.

② Hughes T. P., "The Evolution of Large Technological Systems", Bijker W. E. and Hughes T. P., eds., *The Social Construction of Technological Systems: New Directions in the Sociology and History of Technology*, Cambridge MA/London: MIT Press, 1987, p. 68.

③ Hughes T. P., "The Evolution of Large Technological Systems", Bijker W. E. and Hughes T. P., eds., *The Social Construction of Technological Systems: New Directions in the Sociology and History of Technology*, Cambridge, A/London: MIT Press, 1987, p. 69.

特征一直被德国保留着。要理解鲁尔和科隆地区的电力技术风格在战后为何依赖褐煤和大电力单位，只有从历史缘由中去寻找解释，才能有说服力。[①]

　　就中国传统社会而言，历史上的农具因南北方地理环境的差异，形成了不同风格，如"唐代江南的农具和当时北方的农具，在名称、形制上大多基本相同。但是，南方以水田为主，北方以旱地为主，这又决定同样的农具在南北方有所差别，譬如南方更小型化，或在某些方面有所改进"。[②] 从井盐技术也可窥见地域社会对传统技术风格的影响。

　　就井盐技术而言，在四川、重庆、云南一带，历史上因盐卤资源丰富而产生并得到发展，因此形成了不少井盐产区，又因不同井盐产区自然地理、社会环境的不同，各地的井盐技术又存在差异，各具风格。例如，自贡井盐产区特定的地理地质条件促进了该地井盐工具的发展，与其他井盐产区相比，自贡井盐生产工具更复杂、更精巧。自贡地区因地质复杂，地质断层多，加上岩石较硬，而开采的盐层较深，一般的钻凿工具不适合此地，于是对钻井工具的种类、规格和制作都提出了特殊的实践要求，这为促进井盐钻凿技术和工具的制作提供了动力。自贡特殊的地质条件对"钻井、打捞、补腔等工具，不仅要求制作精巧，而且还要形制多变，种类齐全，才能适应地下诸种岩石的变化情况"。反观其他井盐产区，如四川的蓬溪、大英、南充，其他如重庆、云南等井盐产区因地质结构简单，地层比较单一、岩石硬度较低，盐层很浅，就没有出现自贡盐区这么复杂和精巧的钻治井工具。可见，自贡井盐生产技术的工具特色离不开自贡井盐产区的地质条件，即"自贡井盐钻治井工具的

　　① Hughes T. P. , "The Evolution of Large Technological Systems", Bijker W. E. and Hughes T. P. , eds. , *The Social Construction of Technological Systems*: *New Directions in the Sociology and History of Technology*, Cambridge MA/London: MIT Press, 1987, p. 70.
　　② 郑学檬、徐东升：《唐宋科学技术与经济发展的关系研究》，厦门大学出版社 2013 年版，第 60—61 页。

高度发展和完善，主要与自贡地区特定的地质条件有关"。①

此外，自贡井盐生产技术体系中，发明了独特的𥕢盆采气技术，即一种独特的天然气开采利用技术。自贡盐井的天然气最开始是盐卤开采中无意发现的，发现之初并不能利用。随着对天然气认识的深化，发现其可用于燃料。于是"自贡盐场工匠们以竹、木、泥、石创造了一系列独具特色的天然气采输和测试设备，形成了一套以裸眼、敞口、无阻开采为特点的𥕢盆采气工艺，成为举世闻名的低压天然气开采技术并沿用至今"。②𥕢盆采气技术使天然气成功用于自贡井盐生产的燃料，并能一边采气，一边采卤，实现了卤气同采之效。𥕢盆采气技术是自贡独特的井盐生产技术，这与自贡的天然气资源和盐业生产环境分不开。

二　传统技术发展的地域社会动力

地域社会是传统技术发展的动力，其中地域社会需求推动着传统技术发展，地域社会需求是传统技术发展的根本动力。从历时性看，从古至今人类的需求是不断变化发展的。伴随人类需求的发展，人们对传统技术的需求促进了技术的进步。地方经济、地方政治和地域文化也是传统技术的发展动力，与地域社会需求一起，共同推动着传统技术发展。

（一）地域社会需求：传统技术发展的根本动力

地域社会需求推动着传统技术的进步。在人类社会之初，人类利用自然界的石头、木棍等自然工具来满足生存需要，开启了技术发明之路，人成为制造和使用机器的动物，能制造工具成为人与动物根本区别的标志。随着技术的进步，人类可以通过简单的打磨技术选择石头、木材、动物骨头等材料来制作一些更精细的工具，也从旧石器时代进入新石器时代。伴随人类认识并了解火，掌握了火的技术，是因为有熟食的需求，人类利用火来煮制食物。正因人类对饥一顿饱一顿的不满意，对

---

① 黄祖军、赵万里：《传统技术与地域社会的相互建构：对自贡井盐社区的技术社会学研究》，《科学与社会》2014 年第 4 期。

② 自贡市盐务管理局编：《自贡市盐业志》，四川人民出版社 1995 年版，第 12 页。

相对稳定和固定食物来源的需求，人类才不断尝试和种植谷物，从而促进了农业生产技术的发展，也促进了建筑技术的发展，将人类从穴居、巢居和树居的居住方式发展到择地建筑房屋以定居。御敌和自卫的需求促进了武器制造技术和金属冶铸技术的发展，加上人类对自然的恐惧和敬畏而衍生的祭祀的需求，也促进了各种祭祀器物制造技术的发展。正因人类深感人体力有限，有希望借用外来力量来推动更大更重的工具持续劳动的需要，促进了人类利用畜力、水力、风力的技术，如用牛拉动铁犁耕地，用水推动水磨来劳作等。近代工业革命后，发明各种机器劳动工具以满足生产生活和解放人类体力的需要。机器是一种与手工工具有本质区别的技术形态。马克思认为，"所有发达的机器都由三个本质上不同的部分组成：发动机、传动机构、工具机或工作机。发动机是整个机构的动力。它或者产生自己的动力，如蒸汽机、卡路里机、电磁机等；或者接受外部某种现成的自然力的推动，如水车受落差水推动"。[①]普遍使用机器的结果，就是使人的体力从各种繁重的劳动中解脱出来，使"人的肌肉充当动力的现象就成为偶然的了，人就可以被风、水、蒸汽等等代替了"。[②]

人类的需求虽然是普遍的，但在传统社会，因信息闭塞、交通不便，故社会需求的信号是通过地域或区域传递的，实践中是具体到各个地域的，有具体的区域呈现，而不是抽象的整个社会或抽象的人群。因此，满足地域社会的需求成为传统技术发展的动力。这也反映了传统技术与地方社会生产之间的关系，地方社会生产是生产技术发展的最强大动力。"正如日本著名技术论专家星野芳郎所阐明的，技术体系就是社会目的和劳动手段有机联系的体系"。[③]地域社会需求为技术的发展不断提出新的目的，当旧的技术无法满足新的需求时，就需要进一步改进技术，由此产生新的劳动生产过程，新的技术发明出现。技术与社会生产

---

① 中共中央马克思恩格斯列宁斯大林著作编译局译：《马克思恩格斯全集》（第二十三卷），人民出版社 1972 年版，第 410 页。

② 中共中央马克思恩格斯列宁斯大林著作编译局编：《马克思恩格斯选集》（第二卷），人民出版社 2012 年版，第 217 页。

③ 李春花：《技术与社会问题研究》，辽宁师范大学出版社 2005 年版，第 118 页。

之间的关系，我们可以这样来看，社会对技术的需求只有通过社会生产才能实现，社会生产是技术满足社会需求的桥梁，同时技术又为社会生产提供动力，在技术不断革新以满足社会需求的过程中，技术革新不断推动社会生产的发展进步。① 这实际上反映了社会需求、社会生产和传统技术三者之间的关系。通过社会生产，传统技术满足了社会需求，社会需求通过社会生产，促进了传统技术发展，如图3-1所示。

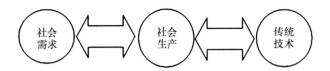

图3-1　社会需求、社会生产与传统技术关系

我们从自贡井盐技术的发展来看社会需求、社会生产和传统技术的具体关系。盐作为人们的生活必需品，从古至今人类都对此存在需求。皮埃尔·拉斯洛说："对盐的需求无处不在，而且十分稳定。只是到了近些年，到了20世纪，盐才显得十分普遍。在此之前，它是一种珍贵而稀有的商品，因此，它也被称作'白金'。"② 而在内地，食盐大多来自井盐，因此井盐技术对人们食盐需求满足作用巨大。巨大且稳定的需求，促进了井盐技术的千年发展而不衰，且技术不断创新。从自贡井盐技术的发展中我们可看到地域社会需求对传统技术的推动作用。

　　清朝对盐业的政策采取专商引岸制度，盐商认领销案，以销案确定产地，根据所领盐额售盐，政府以盐引确定盐税。这种盐业制度将食盐生产与销地限制于一定区域内。自贡井盐历史上有两次"川盐济楚"，这两次巨大的地域社会需求对自贡井盐生产和井盐技术带来了机遇，促进了自贡井盐技术的发展。历史上的湖北、湖南及其相邻州县，在清代前期和中期，一直由淮盐垄断。但在清咸丰

---

① 陈昌曙：《技术哲学引论》，科学出版社1999年版，第130页。

② 杨甫旺：《千年盐都——石羊》，云南民族出版社2006年版，第5页。

三年（1853 年）太平军占领南京，阻断了淮盐到湖北、湖南的水道，造成两湖一带千百万人民无盐可食。在这一历史背景下，清政府破例允许"川盐济楚"，允许商民均可自由销售。食盐需求的急剧增加为蕴藏潜力的自贡盐业带来发展动力，促进了盐业技术的发展。社会需求的增加刺激盐业生产技术革新，对凿井、治井的工具，盐业生产技术和工艺提出了更高要求。盐业技术工匠根据社会需求，结合钻凿井面临的实际情况和不同工序要求，研制改进钻井、治井生产工具，增加了凿井、治井工具的种类，使种类繁多，更趋先进，为现代钻井技术的发展奠定了基础。这样，自贡井盐生产的凿井技术、治井技术和盐业生产技术获得发展，取得突破性发展，也提高了自贡盐业开发地下盐卤资源的能力，使得开采了大量新井，盐井的数量也出现激增。"仅十余年间，新凿井百余眼，其中井深达千米以上者屡见不鲜"。① 随着盐井数量增加，煎盐之灶也增加，盐产量急剧增加，且因盐业生产工艺技术进步，所产之盐质量也提升了。"自流井地区盐场挟其有利资源，革新技术，改进经营，煎盐之灶增至 1700 口之多。自流井盐色白质高，成本低，利润高，一时畅销楚岸……年产盐大体保持在 3 亿至 4 亿斤左右，最高年产量曾高达 6 亿斤，……盐产量占全国所需产量的五分之一。"②

第二次对自贡井盐的巨大地域社会需求发生在抗日战争时期，抗日战争爆发后，沿海地区相继沦陷，海盐生产遭受破坏，运输道路被截断。湖南、湖北等省对食盐的需求剧增，这一次食盐需求再一次成为自贡盐业发展的动力，促进了自贡盐业生产和技术的发展。湖北、湖南巨大的食盐需求，使得自贡盐场将大量已关闭的旧废弃卤井起复，不断增加盐灶，改革钻井技术和汲卤设备，"促进了盐业生产的发展，也加快了采用机器生产的步伐"。在采卤过程中实现机器生产，改革传统的盐业生产技术。1938 年久大盐业公司

---

① 钟长永、黄健、林建宇：《千年盐都》，四川人民出版社 2002 年版，第 31 页。
② 钟长永、黄健、林建宇：《千年盐都》，四川人民出版社 2002 年版，第 32 页。

自贡制盐厂就开始改革传统盐业生产技术，采用了平锅制盐方法，出现了枝条架、塔炉灶和废气利用制盐等盐业生产新工艺，同时也尝试进行真空制盐。①

（二）地方经济：传统技术发展的基础动力

经济对技术具有重要的推动作用。人们的利益观念、经济分工、经济组织、经济制度都有利于推动传统技术进步，经济是传统技术发展的动力，恩格斯认为，"虽然经济上的需要曾经是，而且越来越是对自然界的认识不断进展的主要动力"，② 认识自然的目的还是改造自然，为人类谋福利。罗伯特·金·默顿对经济促进技术发展也有分析，他发现17世纪英国经济发展提出的问题对技术进步有明确的关系，经济发展促进了特定领域内的技术发明，经济需要带来技术上的需要。③

第一，利益观念对传统技术进步的推动。在推动技术进步的经济因素中，其中一个重要因素是利益观念。趋利避害是人类的天性，人类认识自然、改造自然也是为了自身的福利。正是利益的驱动，促使人们不断改进生产工具以提高效率，增加物质产品以满足生产生活需要。亚当·斯密曾在《国民财富的性质与原因研究》中指出，人们对利益的考虑，促使人们对效率的重视和对产品性能与质量的重视，这促进了劳动分工，提高了技术的专业化程度，因为劳动分工和技术专门化提高了劳动者在单项劳动中的技巧和熟练程度，也减少了劳动者在不同劳动形式之间转换花费的时间，从而促进了技术进步，也因此提高了效率。亚当·斯密认为商品中凝结着不同阶段的专门劳动制造出的产品，如纽扣、铁钉、剪刀、毛衣等，不管是技术工艺粗糙的产品，还是未成形的半成品，都体现了劳动分工和技术的专门化，如铁皮、铁块对于剪刀虽是半成品，但铁皮、铁块也存在技术分工和技术专门化，在铁块冶炼过

---

① 钟长永、黄健、林建宇：《千年盐都》，四川人民出版社2002年版，第13页。

② 中共中央马克思恩格斯列宁斯大林著作编译局编：《马克思恩格斯选集》（第四卷），人民出版社1995年版，第703页。

③ ［美］罗伯特·金·默顿：《十七世纪英格兰的科学、技术与社会》，范岱年等译，商务印书馆2000年版，第196页。

程中，甚至之前的铁矿石采集过程中都存在劳动分工和技术专门化。经济生产中的劳动分工和技术专门化推动了技术进步，而其缘由则来自人们对利益的追求。[1]

从原始社会到传统农业社会，正是利益追求推动了传统技术发展。为了更好地狩猎和采集，古人选择天然的锋利石头做工具割兽皮、攻击野兽，用天然的木棍或石块采集果实。为了摆脱食不果腹、衣不蔽体的状况，更好地生存，原始人利用兽皮御寒遮羞，利用骨针缝合兽皮，并利用火来烤煮食物，饲养牲畜，将植物种子和野果果实用来栽种，促进了农业种植技术的发展，房屋修建技术的进步。总之，利益追求的目的是更好地满足人的需要，使人更好地生存、发展和完善，正是在利益追求的过程中，促进了传统技术的不断进步。

第二，经济组织对传统技术的推动。在推动传统技术进步的经济因素中，一个重要因素是经济组织。在传统社会，经济组织主要有三种类型：第一种是以家庭为组织形式，属于家庭副业性质；第二种是以国家或官府为组织形式，即官办性质；第三种是以民间私营为组织形式，不同的经济组织形式，各具特点，对传统技术的促进作用存在差异，我们不能笼统论之。

传统社会重要经济组织形式是官营手工业，即官办性质的经济组织形式。官营手工业由王室或贵族直接控制，任命官吏直接监督，并且由官府供给手工业原料，生产品直接交给王室贵族或官府。这种经济组织形式在中国历史上比较常见，官营手工业一般涉及国家经济命脉，一些重要的行业，如国家税收、各类重要资源和关系国计民生的技术产业，"其中最具代表性的行业有丝织业、军器制造业、矿冶业、铸钱业、造船业、酿酒业、制盐业等"。[2]

中国历史上的井盐生产，早期很多是官办的。西汉时，盐业生产要么是豪强大家，要么是官家。"豪强大家得管山海之利、采铁

---

① ［英］亚当·斯密：《国民财富的性质和原因的研究》，郭大力、王亚南译，商务印书馆 1972 年版，第 16—17 页。

② 胡小鹏：《中国手工业经济通史·宋元卷》，福建人民出版社 2004 年版，第 12 页。

石、鼓铸、煮盐……二是官家募民煮盐：'陛下不私，有大农佐赋，愿募民自给费，因官器作煮盐，官与牢盆。''牢盆'即由官府准备煮盐器具，雇民煮盐。"五代十国时期，一般技术先进、大盐井皆为官办，如在四川自贡的荣州井盐产区，大盐井皆为官办，"蜀中官盐有荣州之公井监，皆大井也。"不仅如此，盐业销售也是官方专卖。"'官自鬻盐'，实行专卖。"北宋庆历（1041—1048 年）年间，因井盐开采技术发明了小口径盐井——卓筒井，推进了井盐私有制的发展。"卓筒井技术的推广，在一定程度上促进了盐井从官有制向私有制的转化"。①

瓷业也有官办的。例如，景德镇瓷业技术发展历史上，明代官府在景德镇设置御窑厂，为皇家生产官窑瓷器。在明代洪武二年，官府就在景德镇设立御窑厂，并派遣官吏监督烧制。官窑无论是原料，还是制瓷技术人员的数量与技术水平，都非民窑能比。例如，景德镇的御窑厂，长期拥有最好的瓷器烧制原料，垄断麻仓土，将其作为官窑的制瓷原料，后来在万历初年时，因为麻仓土的长期开采，出现了枯竭，官窑于是把高岭土作为瓷器的原料，高岭土也是仅次于麻仓土的优质制瓷原料。景德镇官窑拥有的优质原料，技艺精湛的制瓷工匠，促进了官窑瓷器的生产发展，生产了大量精品瓷器，也带动了景德镇瓷业的生产发展，并使景德镇成为中国瓷器的一张名片，不可否认的是，官窑对推动景德镇瓷业发展和制瓷技术进步发挥了重要作用。

传统社会官办经济组织对传统技术进步发挥了重要作用。官办经济组织以满足王公贵族的需求，追求生产效率或产品质量为目的。官办经济组织在传统社会有几大优势。一是有利于供应优质原材料。因为官府掌握各种自然资源，普天之下莫非王土，一切都是皇室的，所以为产品生产或技术发展提供了资源条件。二是可以大规模生产。一般官办经济组织可以大规模招募人员，具备大规模生产的条件。官府一般招募游民

---

① 自贡市盐务管理局编：《自贡市盐业志》，四川人民出版社 1995 年版，第 3 页。

或以刑徒充任生产所需劳动者。例如，自贡井盐的盐工，西汉时，招收亡命流放之人煮盐，"唐代盐业劳动者有两种：一为游民。……游民业盐者为亭户，免杂徭，……另一来源是刑徒。'益州盐井甚多，……役作甚苦，以刑徒充役'。宋代将官井中的劳动者称为'盐井役'"。① 三是官办产业招收技术工人容易，且水平较高。官府在招收技术工人方面具有优势，这为技术革新和进步奠定了人才基础，一般官办产业中聚集大量能工巧匠，有利于技术交流商讨，为技术革新提供了条件，如汉代官家产业中技术工艺水平相当高，《汉书·宣帝纪赞》记载，"技巧，工匠，器械，自元成间鲜能及之"。官办产业技术水平高，因为有雄厚的财力为后盾，《汉书·贡禹传》记载贡禹说："方今齐三服官，……一岁费数钜万，蜀、广汉主金银器，岁各用五百万，三工官官费五千万。东西织室亦然。……臣禹尝从之东官，见赐杯案，尽文画金银饰。"② 四是官办组织在技术革新和发明上能承担较大的风险，且技术革新有动力。技术革新一般都会伴随风险，而一般的家庭作坊规模小，承担风险的能力弱，民间经济组织在传统农业社会规模也有限，在承担技术革新风险方面也存在局限。家庭作坊和民间经济组织承担风险能力弱，也使得他们的技术革新动力不足，而政府在承担风险方面的能力强。再者他们也有技术创新的动力。他们为了提高生产效率或产品质量，就会发明新的生产工具、不断革新生产工艺，改进经营管理技术。因此，这对传统技术的进步是有利的。当然，官府作为经济组织进行生产也存在很多弊病，对工人的管理往往比较简单粗暴，存在劳动者与官府的对立。这在某种程度上不利于技术的发明与革新，但从历史的眼光看，官办经济组织在使用当时的最新技术成果或工具方面总是走在前面，也推动着传统技术的发展。

家庭是传统社会的基本单位，也是经济组织的另一种重要形式。家庭与技术进步的关系，不同学者的观点存在争议。一种观点认为，家庭对技术并无促进作用，因家庭的相对封闭性和其自给自足的特征，且多数学者认为传统社会家庭虽然承担一定的经济功能，但其主要功能并非

---

① 自贡市盐务管理局编：《自贡市盐业志》，四川人民出版社 1995 年版，第 380 页。
② 童书业编著：《中国手工业商业发展史》，齐鲁书社 1981 年版，第 41 页。

追求经济利益。"……家务重在人事，不重无生命的财物；重在人生的善德，不重家资的丰饶，即我们所谓的财富"。① 在传统农业社会，农户作为农业社会家庭的重要代表，其行为反映了传统社会家庭的某种特征。另一种观点认为，农户作为家庭福利最大化者，追求经济利益的最大化，只要有利于增加农户的经济利益，他们就会使用先进的农业技术或生产工具，从而促进农业技术进步。

从技术角度看，可将家庭分为创新发明技术的家庭和使用技术的家庭。在传统农业社会，以技术发明、创新为主的家庭一般是制造工具或生产产品的各种家庭作坊，而使用技术（工具）的家庭以农户为主。当然，这种划分只是为了分析的需要，并不绝对。从农户是理性经济人这种观点出发，无论是家庭手工作坊还是农户，只要使用技术、制造工具有利于他们获利，他们都会千方百计地使用先进工具、革新生产工艺以获利，这从客观上推动了传统技术进步。

第三，经济制度对传统技术的推动。经济制度是推动技术进步的重要经济因素。社会经济制度可以在宏观的层面为技术进步提供动力。当然在现实层面，经济制度为技术发展提供动力，需要通过适宜的经济体制才能实现，通过一定的经济体制或社会安排，激发人们主动革新技术，通过技术发明以获得更多利益。经济体制就成为技术发展的直接刺激因素，成为激发技术发展的动力，如专利制度，就是一种直接刺激技术发明创新的经济体制，它以个人利益驱使技术不断得以创新并获得保护。道格拉斯·诺斯、罗伯斯·托马斯认为，人们通常认为产业革命和技术进步是经济增长的推动因素，实际上真正的经济增长的推动力是经济制度，即产权制度。产权制度为技术发展起到了激励作用。② 传统社会的经济体制总体上是重农抑商，这刺激了中国历史上农业生产技术、灌溉技术、治水技术和河渠修治技术的发展。中国丝绸技术之所以长期在历史上远远领先于世界，也因重农的经济制度刺激了桑蚕缫丝业的发展。

---

① ［美］丹尼尔·贝尔：《资本主义文化矛盾》，赵一凡、蒲隆、任晓晋译，生活·读书·新知三联书店1989年版，第279页。

② ［美］道格拉斯·诺斯、罗伯斯·托马斯：《西方世界的兴起》，厉以平、蔡磊译，华夏出版社1999年版，第213页。

第四，地方经济发展中提出的问题促进了技术进步。在地方经济发展过程中，不断面临许多新问题，而解决这些问题为技术的发展进步提供了动力。罗伯特·金·默顿在研究17世纪英国的科学、技术与社会时就指出了经济发展提出的问题与技术上的努力之间存在明显关系。罗伯特·金·默顿发现当时英国的采掘业是最重要的经济产业之一，即对煤、铜、铁和锡的开采。在对煤、铜、铁等进行采掘的过程中，带来了一系列新的技术问题。这些主要问题中，包括矿井渗水、如何提供新鲜空气，以及如何方便地将矿石提升到地面等问题，这些采矿实践中遇到的问题，促使采矿主和矿工不断探索，通过创新来解决这些问题。罗伯特·金·默顿发现，从当时英国的发明专利就可看出这一问题吸引着大家的注意，并发明了多项与这些问题相关的技术专利，在统计的317件专利中，有75%与采煤的某个方面相关，其中有43%是与采煤直接相关，32%则与采煤间接相关。① 因此，在经济发展过程中出现的实践问题促进了技术进步，经济发展提出的问题与技术进步的关系密切，是确定的，不可置疑的。

事实上，经济发展过程中存在的问题一方面为技术发明带来需求，另一方面也吸引着技术发明家的注意，在传统社会，农业、纺织业、采矿业、造船业、制瓷业和军械业基本上是社会的主要产业，这些产业在发展过程中遇到的问题促进了技术的发明和创新。这种实践问题推动下的技术发展是技术进步的一个重要模式。

（三）地方政治：传统技术发展的制度动力

政治对技术具有促进作用。政治属于上层建筑，会对技术发展产生重要影响。马克思主义认为，一种新的社会政治制度通常能为技术的发展创造条件。恩格斯认为奴隶制对科学技术的发展比原始社会具有更大的推动作用："只有奴隶制才使农业和工业之间的更大规模的分工成为可能，从而使古代世界的繁荣，使希腊文化成为可能。没有奴隶制，就没有希腊国家，就没有希腊的艺术和科学。"② 列宁认为资本主义制度比

① ［美］罗伯特·金·默顿：《十七世纪英格兰的科学、技术与社会》，范岱年等译，商务印书馆2000年版，第196页。

② 中共中央马克思恩格斯列宁斯大林著作编译局编：《马克思恩格斯选集》（第三卷），人民出版社1995年版，第524页。

封建制度更好地促进了技术发展，"资本主义生产创造了无可比拟的超过以往各个时代的高度发展的技术"。① 事实上，政治制度可以解放生产力、解放思想、促进技术发展。

地方政治影响传统技术发展。地方政治涉及国家对地方的行政区划、地方政策、地方法律法规和管理措施等，这些影响传统技术的发展。在中国历史上，很多地方因技术产业发展而设置新的行政区划或变更行政区划，新的行政区划便于对产业的管理，有利于产业发展和技术进步。而地方政策、地方法律法规和管理措施又会形成传统技术发展的地域政治环境，这种地域政治环境对地方秩序影响极大，和谐的地方秩序会推动传统技术的发展。此外，如果地域政治环境鼓励技术发展多于限制，则会促进传统技术的发展与进步。

第一，地方行政区划对传统技术的推动。地方行政区划是传统技术发展的重要政治环境，也是传统技术政策的一部分。在中国古代，地方行政区域划分的依据要么因地域相邻，要么因文化相同，要么因同属某一民族，要么因经济发展。其中，经济发展或某一技术产业发展是地方行政区域划分的重要依据之一。一方面经济发展形成了集聚效应，为了便于管理和税收，国家会设置为一个统一的地方行政区域；另一方面一个统一的地方行政区域又促进了地方经济发展，客观上促进了技术产业进步。我们可从很多传统手工业市镇的发展来看地方行政区划对传统技术发展的影响。

盐都自贡的发展历史表明，盐业发展是自贡地方行政区划的重要依据，同时，地方行政区划又进一步推动盐业发展和盐业生产技术进步。在东汉章帝时，崔骃在《博徒论》中提到"江阳之盐"②，当时江阳管辖后来设置的富世县（今富顺县）和公井县（今贡井区）。西晋时期，在江阳县城的西北部开发了新的盐井，南北朝时，将江阳县西北部的盐井改为"富世盐井"，因为该井出盐最多，促

① 中共中央马克思恩格斯列宁斯大林著作编译局编译：《列宁全集》（第一卷），人民出版社1955年版，第72页。

② （隋）虞世南撰：《北堂书钞》卷一四六，天津古籍出版社1988年版，第725页。

进了自贡盐业的繁荣，老百姓为了长期保持富饶繁荣状况故而命名富世盐井。① 与此同时，在今自贡贡井地区又开凿了著名的大公井。北周统一四川后，因军需、税赋和民食需要，以富世盐井为中心，划出江阳县西北部，设置络原郡，郡下以富世盐井命名设富世县，郡与县治均在今富顺县城关镇。又因大公井而设公井镇（今自贡贡井区），唐武德元年（618 年），公井镇改公井县而置荣州。② 宋太祖乾德四年（966 年），因富义县为重要产盐经济区，升县为监。元代升监为州。可见，在唐代以前，富世盐井和大公井在四川已很著名，以致因盐设镇、设县而载入史册。唐宋时期，沿革之前，两地或为县，或为监，或为州，代有变化。明嘉靖时期（1522—1566年），改公井为贡井，后发展为今天自贡的贡井区。明代嘉靖年间，富顺盐业生产中心西移，新开自流井等盐井，富顺县自流井盐区与荣县贡井盐区形成。民国 28 年（1939 年）8 月因盐设市，③ 取自流井和贡井第一字合称自贡市。可见，井盐生产影响自贡井盐名称和行政设置，同时行政区划和设置也进一步促进了井盐技术发展。

第二，地方政策促进传统技术发展。传统社会，国家的地方政策往往与地方的资源或地理相联系，如果某地出产某独特资源或某地地理位置便利，对发展某种产业或技术比较有利，则国家的技术产业政策就会趋于某种资源或利用当地地理便利条件。例如，历史上沿海地方富含海盐，因此国家就在沿海实施海盐发展政策，同时沿海具有大量水资源，水域宽广，其造船航运技术比较发达，这也与国家有意识地在该地实施造船航运产业政策分不开。内陆某地如果蕴藏煤炭、地下盐卤等资源，则国家就会在该地实施相关的煤炭产业和井盐生产政策。地方政策之所以能促进产业及其相关技术的发展，是因为政策刺激了人们对利益的追

① （宋）王象之撰：《舆地纪胜：全八册》卷一六七《富顺监·古迹注》，中华书局 1992年影印本。

② （唐）李吉甫撰：《元和郡县志》："公井县，西北至荣州九十里，本汉江阳县地，属犍为郡，周武帝于此置公井镇。隋因之，武德元年于镇置荣州，因改镇为公井县。县有盐井十所。又因大公井，故县镇因取之名。"

③ 政协自贡市委员会编：《因盐设市纪录》，四川人民出版社 2009 年版，第 399 页。

求，激发了人的主动性和创造性，从而能极大地解放生产力。因此，在产业发展的过程中，相关的技术也随之发展进步。

第三，地方法律法规或管理措施促进传统技术发展。地方法律法规或管理措施是国家通过强制且规范的方式来调节社会团体或人与人之间的利益关系，约束团体或个人行为的社会规范，具有强制性。在中国传统社会，社会的正式规范相对比较薄弱，地方法律法规并不完善，因此很多时候需要官府强制管理，对违反法律或规定的人严刑峻罚，对违反法律或规定的行为重惩。法律这一正式社会规范与舆论、风俗、习惯等非正式社会规范一起，为社会秩序形成和稳定发挥了重要作用。地方法律法规或管理措施是地方社会秩序形成和稳定的保障，对调节地方团体、个人及其相互之间关系，约束他们的行为至关重要。地方性法规或管理措施对传统技术发展的促进，要么直接调节涉及传统技术及其产业发展的利益矛盾和纠纷，或者直接对其进行管理，这有利于传统技术的健康发展，保护传统技术发展；要么在形成良好社会秩序和社会稳定基础上，间接促进传统技术发展。

地方性法规对传统技术矛盾与纠纷的直接调节，有利于保护传统技术及其产业发展。中国传统社会地方性法规在技术产业纠纷化解中发挥了重要作用，保障了技术产业的健康发展，如历史上景德镇地方性法规在瓷业生产中土客矛盾化解方面的作用不可低估。

景德镇最初从事瓷业生产者多为本地人，但到了明清时期，本地人在景德镇从事瓷业生产和经商的逐渐减少，随着外来人口大量迁入，外地人逐渐主导了景德镇的瓷业生产，其中都昌人在景德镇的地位逐渐突出。都昌位于九江鄱阳湖地区，距景德镇不远，且水路交通非常便捷。而都昌常年水患，地少人多，因此都昌人成为最早到景德镇从事瓷业生产的外来移民。原本属于土著人的瓷业生产被都昌人取代，经常发生景德镇本地人与外来迁入人之间的利益冲突。其中一个较有影响的事件是在靖三十二年（1553年）饶州七县民众与都昌人之间发生大规模械斗，"靖三十二年（1553年）饶七邑民共与都昌人为斗，怨彼地善讼也。鸣锣攘臂以逐都昌为辞",① 对此，官府依据地方性法规处理纠纷与调解矛盾，避免了饶州七县民众与都昌人之间的大规模冲突发生，保障了瓷业生产正常进行。

围绕景德镇瓷业生产的原料供应，曾发生了著名的"星子白土案"，该案审理时间长，且多次反复，实际上反映了地方性法规与瓷业生产（技术）之间的微妙关系，地方性法规在判案过程中要考虑瓷业生产的正常运行。发生在道光十七年的"星子白土案"比较复杂，起因于在庐山因为发现有白土，即高岭土，可以用于制瓷，于是一位本地人夏锡忠开始开采，将开采的高岭土卖到景德镇获利，外地都昌人徐坤牡等人听闻消息后也效仿肆意开采，引发星子本地人的不满。本地人认为这种滥采对当地破坏严重，堵塞河道，污染水源和农田，甚至迷信地认为伤害龙脉，影响风水。② 于是向官府上告，申请禁止采挖。当时的知府审理此案后批准并勒石示禁。禁止采挖星子高岭土，使得景德镇瓷器的原料受到一定影响，造成一定程度上的原料短缺。于是开采者和窑户据此呈请重新审理此案，理由是原料短缺影响御窑瓷器的供应，造成景德镇瓷业生产危机。此案历经三任知府方有结果，因为官府担心案件草率审理会影响景德镇瓷业生产供应，虽然最后官府考虑到星子高岭土只是景德镇原料供应的一部分，且只能用于粗瓷，对景德镇瓷业影响有限，故禁采星子高岭土，但此案审理过程中政府官员担心影响景德镇瓷业生产的考虑确切表明地方法律需要考虑技术产业的健康发展。

（四）地域文化：传统技术发展的隐性动力

地域文化是传统技术发展的隐性动力。之所以说地域文化是传统技术的隐性动力，是因为其对传统技术的推动不如经济、政治、社会需求那样明显，而是潜在地发挥促进作用。虽然地域文化对传

---

① 道光《浮梁县志》卷二《景德镇风俗附·陶政》，道光十二年刻本。
② 同治《南康府志》卷四《物产·附白土案》，第 88 页。

统技术的推动是隐性的，但作用不可低估。"文化可以说是技术发展的遗传基因。"① 地域文化对传统技术的推动表现为通过价值观念、信念与信仰促进传统技术的发展。

价值观念是地域文化的内核，其对传统技术具有导向作用。价值观念是人在事物选择过程中的内心评价和观念导向，对科技发展的影响作用不可低估。文化价值观念通过影响技术价值观来促进技术发展。西方文艺复兴运动反映出的文化价值观念是主张人性，宣扬个性解放，崇尚理性和科学精神，对近代科技革命影响巨大，西方文艺复兴所带来的价值观变化为西方社会的科技发展提供了动力。罗伯特·金·默顿在研究17 世纪英国科学、技术与社会时，发现英国的科技发展与清教所倡导的功利主义价值观分不开。英国在 17 世纪时，清教主义是一种占主导地位的社会文化价值观，这影响了科学技术价值观念，促进了科技发展。罗伯特·金·默顿研究后认为清教主义的价值观念与科技价值观念存在很多一致的地方，如功利主义、对世俗社会的兴趣、持之以恒的行动、经验主义、反传统主义、崇尚自由研究。② 可见，文化的价值观念对科技发展具有导向作用。近代西方出现的技术乐观主义价值观对技术发展的推动，也证明了这点。技术乐观主义的主要倡导人培根强调"知识就是力量"，他在《新大西岛》中描绘了一个理想国，其中技术繁盛且技术专家负责国家的行政管理。③ 霍布斯提出"人类最大的利益，就是各种技术"的口号，圣西门认为大多数社会问题可通过科技来解决，他认为工业社会与之前社会不同，主要在于工业社会以知识为基础，以实业为后盾，这一思想成为科技治国论的根源。④ 西方学者恩斯特·卡普提出"人体器官投影说"，认为传统社会各种技术的出现与发展，与人对自身身体器官的认识密不可分，是人对自身观念的物化。各种劳动工具中，都能看到人的器官的影子，如钩状工具是手指弯曲的形

---

① 李春花：《技术与社会问题研究》，辽宁师范大学出版社 2005 年版，第 126 页。

② ［美］罗伯特·金·默顿：《十七世纪英格兰的科学、技术与社会》，范岱年等译，商务印书馆 2000 年版，前言第 19 页。

③ 余丽嫦：《培根及其哲学》，人民出版社 1987 年版，第 100—101 页。

④ ［美］罗伯特·唐斯：《影响世界历史的 16 本书》，缨军编译，上海文化出版社 1986年版，第 22—23 页。

状，碗的形态就如凹陷的手，刀、矛、铲、耙、桨、锹和犁等劳动工具，都表现出臂、手和手指的各种姿势。① 这表明传统技术与人本质性的关系，带有精神性的创造与投影，是对人的观念和身体本质认识的物化。

地域文化中的信仰与信念对技术发展也有一定促进作用。传统社会，人们对自然现象感到神秘，对雷电、飓风和其他自然现象没有充分认识，于是产生了巫术。另外，各行各业都有自己的行业信仰和行业神，将各自行业或领域的始祖或杰出古人作为行业神崇拜或信仰，这些行业神代表了该行业或领域的精神和技术境界。例如，农业一般将后稷尊为农业始祖，并对其信仰，传说后稷从小喜欢农艺，长大后遍尝百草，掌握了农业知识，在教稼台讲学，指导人们种庄稼，传播农耕文化，成为远古时的一位大农艺师，后稷创建了光辉灿烂的农耕文化，被尊称为农业始祖。建筑行业中一般尊崇鲁班为行业神，代表了建筑技术精神和高超的技艺。知识分子常将孔子奉为圣人和楷模，其教育方法和人格精神为后世知识分子崇拜。特别是传统技术产业中，大量存在神灵信仰。在冶铁、制瓷、井盐生产、桑蚕缫丝、酿醋等技术产业中，我们可见各技术分工的劳动者们都大量存在神灵信仰。我们在考察自贡井盐生产、景德镇瓷业生产等传统技术的过程中，均发现生产各技术环节中的劳动者都有自己的行业神，并因之形成行业组织，以凝聚各行业劳动者，形成行业规范，指导技术生产。

　　景德镇瓷业生产技术分工环节众多，所涉行业较多，每个行业、技术各环节几乎都有自己的行业精神。因为传统社会瓷器生产全是手工操作，全凭经验和直觉。瓷器的烧造，结果不可预测。瓷业工匠们在做坯烧窑时，常祈求神的保佑，瓷业行业神也随之诞生了。历史上景德镇无论官窑、民窑，都有窑神崇拜。景德镇陶瓷行

---

① ［美］卡尔·米切姆：《技术哲学概论》，殷登祥等译，天津科学技术出版社 1999 年版，第 5—6 页。

业有较多的行业神信仰，主要的行业神有师主神赵慨、风火仙师童宾、华光神、钱大元帅、天后娘娘等。不同行业神信仰的意义不同。例如，景德镇的师主庙，神庙面对东方，象征瓷业发展如东方太阳蒸蒸日上，面对御窑厂，象征受朝廷管理和庇护，神龛内供有赵慨的坐像，赵慨像的两边有其他工序师傅的神位，如做坯、打杂、利坯、印坯、剐坯、剁合坯等制瓷工序师傅的神位，① 坯房几乎所有技术分工的工种全列入了。可见，师主神赵慨是坯房技术工人共同敬仰的行业神，瓷器的制作依靠他的庇护。风火仙师童宾又称广利窑神、陶神、火神，是明代以来景德镇瓷业所奉的又一窑神菩萨，祭祀童宾的神祠在景德镇被称为"佑陶灵祠"，也叫"风火神庙"。庙中供奉风火仙师童宾为主神，在风火仙师神的配位有各种工种的自然神，如风神、水神、火神、柴木神、金属神、土神等神，这些神并非主神。② 可见风火仙师在瓷业信仰中的地位较高。

不仅景德镇瓷业生产技术中大量存在行业神信仰，在自贡井盐生产技术中，也大量存在神灵信仰。神灵信仰对传统技术的发展起着重要推动作用。一是各行各业的行业神信仰往往代表着该行业的技术精神和技术人格，对后世从事该行业技术的人具有精神丰碑的作用。二是对从事行业技术的劳动者具有心理安慰作用，特别是在某种生产技术实践中，为了避免失败，祈求成功具有心理慰藉和稳定情绪的作用，能让技术工匠们静心从事技术生产实践，为技艺达到某种高度发挥了很好的心境保障。三是对技术发展具有一定规范作用。通过行业神信仰，规范人们的技术实践活动或生产活动，并通过众人的信奉，以达成技术行为共识，在舆论层面实现了对人们行为的约束，因此对技术发展具有规范作用。

---

① 邱国珍：《景德镇瓷俗》，江西高校出版社 1994 年版，第 69 页。
② 唐英：《火神童公小传》，里村童氏宗谱卷六，清同治七年九修，民国戊辰年镌本。

第三节 传统技术社区：实践中传统
技术与地域社会互构共生

　　我们在实践中考察一些传统技术社区，发现了几个独特的现象。一是这些传统技术社区都有明显的地域特色，同时又被打上了深深的传统技术特征。二是这些传统技术社区都发展了上千年，甚至几千年的历史，尽管发展过程中有过多次兴盛衰败的更替，但总体上在历史上都是相当繁荣的地方，富甲一方，成为中国知名的手工业市镇。三是这些传统技术社区呈现出技术与社会共同演进、共生发展的现象。这让我们不得不思考几个问题：传统技术社区繁荣上千年的动力何在？传统技术为何能在上千年的历史变迁中不断创新发展，其持续创新的动力在哪？地方社会为何被打上了这么多的技术烙印？这些问题都指向一个核心主题，传统技术社区背后的"技术—社会"关系问题。因此分析传统技术社区，为我们在实践中考察传统技术与地域社会的互构共生关系提供了很好的范本。

一　传统技术社区的相关研究

　　关于技术社区研究的文献，主要集中于一些学者有关科研机构、高科技社区、虚拟技术社区和工业社区的研究成果。最早对技术社区的研究，可追溯到一些人类学家、科学社会学研究者对研究所、研究中心的研究。他们运用人类学方法，把研究所或研究中心作为田野调查点，作为一个微型社区来分析。研究内容主要涉及研究机构内科学家和技术人员的社会身份、科技论文的生产，科研机构与顾客、科技政策和社会经济组织等关系的探讨。特拉维克（Sharon Traweek）运用人类学方法对美国和日本的高能物理学社区进行了研究，探讨了社区结构、研究机构的环境、技术仪器设备、科学家的理论知识和观念、科学家行为等，把高能物理学研究机构这样的小社区纳入更广的社会情境，认为美日两国科学家的科研合作行为，深受美日两国社会文化的影响。①

一些学者探讨了以高新技术企业为主体的高新技术社区。影响较大的有美国圣何塞大学人类学系 C. Darra、E. Leuk、J. Freeman 等对硅谷社区的研究，他们负责的硅谷文化研究项目，从 1991 年开始，将硅谷作为高技术社区进行为期 15 年的研究。他们认为硅谷社区集中了高技术企业，成为商品和服务的出口地，同时也是文化多元社区，具有独特的硅谷文化。技术成为影响硅谷文化的关键因素，硅谷社区中的人置身于由笔记本电脑、移动电话、个人电子记事簿、寻呼机等编织而成的复杂的通信网络之中。硅谷社区的居住、交通、教育和娱乐等都成为技术发展的一环，被塑造为"增值"因素以招商引资和吸引技术人才。硅谷社区具有多重属性和特点，是一个地理空间社区，同时又是一个科技符号社区，还是一个技术创新社区，也是很多普通人生活的社区。②

国内一些学者也探讨了高技术社区的功能、发展和管理等。任宗哲对高新技术社区的管理进行了探讨，③ 张珺在分析中国台湾地区技术社区形成的基础上，论述了其对当地高新技术产业发展的推动作用。④ 赵建吉和曾刚从技术社区角度分析了中国台湾地区的高技术社区的特点以及对新竹的 IC（integrated circuit，自发明集成电路）产业的促进作用，归纳出上海张江的技术发展模式，构建张江、新竹、硅谷之间技术和商业的互动发展模式，以加快 IC 产业的升级和创新。⑤

陈凡和张明国在《解析技术：技术—社会—文化的互动》一书中探讨了传统技术社区的特征、衰落与发展，其认为传统技术社区是工业社区，这种社区一般都是在产业化或工业化的过程中形成的，遵循原料、运输、人力等因素的工业布局而运行、发展，并认为传统技术社区具有

① Traweek S., *Beamtimes and Lifetimes*: *The World of High Energy Physicists*, Cambridge: Harvard University Press, 1992, pp. 157-162.

② 杨立雄：《从实验室到虚拟社区：科技人类学的新发展》，《自然辩证法研究》2001 年第 11 期。

③ 任宗哲：《高新技术社区管理初探》，《当代经济科学》1999 年第 4 期。

④ 张珺：《技术社区在中国台湾高新技术产业发展中的作用》，《当代亚太》2007 年第 4 期。

⑤ 赵建吉、曾刚：《技术社区视角下新竹 IC 产业的发展及对张江的启示》，《经济地理》2010 年第 3 期。

两个特点：一是传统技术社区对自然区位的依赖性较强，当这些老工业基地的自然区位发生变化时，这些传统技术社区的生存便面临严重威胁，即面临难以避免的衰退局面。二是传统技术社区的社会区位惰性比较强，比较保守，运行惯性比较大，社区结构不易改变，价值观念不易更新。①

二 传统技术社区的特征

综合学者的研究，我们可以看到，目前人们对传统技术社区还缺乏明确统一的科学界定，我们把握传统技术社区，还需要了解传统技术社区的特点，通过分析和研究，我们可以把传统技术社区的特点归纳为如下几点。

第一，传统技术社区的地域空间特征。传统技术社区是传统技术生存和发展的地理区位空间，包括了地理、资源、经济、政治、文化和社会等多种要素。传统技术社区首先是一个地域区位，在空间上具有地理位置。毕竟传统技术社区是一个社区，作为社区，从词源上看，社区一词具有区域、地域的内涵。社区的英文 community，通常包含有团体、共同体、公社、社会、公众等多种解释，一般 community 常被社会学者作为团体或地域共同体的含义使用，中文"社区"是舶来品，从英文意译而来，社区含有地域的意思，强调一定的人群生活共同体建立在一定地理区域之上。传统技术社区作为一种独特的社区类型，自然也具有一定的地理区域，但这种地理区域又因技术而出现不同于一般意义上的社区，不仅仅是人群居住、生活的共同体，这种社区还是传统技术生存和发展的地理区域。

传统技术的形成、发展离不开其生存的地理区域。技术的产生并不是凭空而降，首先它离不开人、离不开人类活动。技术哲学家卡尔·米切姆说："技术的基本范畴是活动过程"②，即技术通过人类的活动出现

---

① 陈凡、张明国：《解析技术：技术、社会、文化的互动》，福建人民出版社 2002 年版，第 99—102 页。

② Mitcham C. and Mackey R., *Bibliography of the Philosophy of Technology*, Chicago：University of Chicago Press, 1973, p. 322.

和产生，离不开人类活动，离不开人类的劳动过程。人类在劳动过程中，通过技术不断控制和掌握世界，为人类服务。

传统技术社区为传统技术生存和发展提供了地域环境条件。中国传统技术的生存、发展与独特的地域环境相关。例如，井盐技术、陶瓷技术、桑蚕缫丝技术、酿醋技术等传统技术无不与独特的地域环境联系在一起。这种独特地域环境包含了地理、资源、经济、政治、文化和社会等因素在里面，通过他们复杂的互动与相互作用，最终形成独特的传统技术。试想如果自贡地区没有盐卤资源，也很难出现井盐技术，如果景德镇没有独特的瓷器资源，也很难出现景德镇陶瓷技术。

第二，传统技术社区的传统技术特征。传统技术社区从技术形态看，它是传统技术形成的社区，而非现代技术形成的社区，故其与现代技术社区、高新技术社区存在差异和区别。传统技术社区之所以如此称谓，就是因为其以传统技术为基础形成的社区，从社区结构看，传统技术建构了社区结构，社区的经济产业、政治设置、文化、习俗、信仰和人群活动都围绕传统技术展开，以传统技术为中心。在我们的研究中，发现自贡盐都社区、景德镇瓷都社区、南充绸都社区等传统技术社区都呈现出这种特点，传统技术社区的结构因传统技术而定型，被传统技术所建构。

例如，在自贡井盐社区，盐业的开采和生产技术建构了自贡井盐社区的街道、市场、村庄的名称，这些名称往往以井、灶、笕、桶、盐号命名。据统计，自贡以盐命名的居民社区有18处，如盐店街、火井沱、尚义灏、进盐坝、大生笕、大榫等地方。而街道、小巷以盐命名的则多达235处，往往以盐、井、笕来命名，如盐水沟、高山井、天花井、骑坳井、余庆笕等。[①] 自贡井盐社区的经济产业也与井盐技术密切相关，围绕井盐的凿井、汲卤、笕运、制盐、售盐等各个生产技术环节，形成了相关的经济产业，如井、

---

① 黄祖军、赵万里：《传统技术与地域社会的相互建构：对自贡井盐社区的技术社会学研究》，《科学与社会》2014年第4期。

灶、笕、竹木、油麻、仓储、船运等相关产业，这种产业结构也反映了自贡井盐社区的技术特征。

景德镇作为一个独特的瓷器技术社区，瓷业对城市社区格局产生过相当大的影响。在明代景德镇街道主要有"正街。从御厂东门起向北伸展，经龙缸巷、邓家岭、三角井、徐家街，把御厂和五龙山西首之民窑联成一直线，这是当时最繁荣的市区"。[①] 在清代《浮梁县志》中，可以明显看出景德镇城市格局以御窑厂为中心。周围有县公馆、巡司署、各地会馆等。景德镇有不少街道（弄巷）的命名与陶瓷行业相关，如瓷器街、龙缸弄、窑弄等就是直接以瓷器命名。景德镇还有一些街道与陶瓷业的工人、商人等相关，以外乡人到景德镇业瓷、经商的会馆命名，如景德镇前街43条弄堂中以会馆命名的就占25条。[②] 景德镇还有专门销售瓷器的瓷器街，"瓷器街颇宽广，约长二三百武，距黄家洲地半里余。街两旁皆瓷店张列，无器不有"。[③]

在中国，存在不少的传统技术社区，如自贡井盐社区、景德镇瓷都社区、南充绸都社区、镇江香醋社区、阆中保宁醋社区等，都是因井盐技术、陶瓷技术、桑蚕缫丝技术、酿醋技术等传统技术而形成的传统技术社区。

传统技术社区与工业革命后出现的许多老工业基地存在差异，如东北老工业基地、煤炭基地、石油城等。国外也有煤铁复合中心、机械工业中心等老工业区，如英国的杜汉—克里佛兰，美国的大潮—宾州，德国的台尔，俄国的克里弗洛—顿巴斯工业区，美国的新英格兰、大西洋中部和东北中部等机械工业中心。[④] 严格来说，上述这些工业社区与传统技术社区还是存在一定区别的，因为这些工业社区的技术虽然与现代

---

① 李建毛：《中国古陶瓷经济研究》，湖南人民出版社2001年版，第134页。
② 《景德镇》课题组：《景德镇》，当代中国出版社2011年版，第9页。
③ 梁洪生：《江西公藏谱牒目录提要》，江西教育出版社2002年版，第36页。
④ 陈凡、张明国：《解析技术：技术、社会、文化的互动》，福建人民出版社2002年版，第99页。

电子技术、信息技术相比，要落后陈旧一些，但这些工业社区的技术却是工业革命之后出现的工业技术，与本书的传统技术相比，却属于现代技术之列，因为本书所考察的传统技术是农业社会的技术，并非工业社会的技术。

第三，传统技术社区的传统社会属性。因为传统技术本身既是时间上的划分，也是传统社会的产物。我们应该从技术与社会结合的角度去把握传统技术社区的内涵，即以它的社会性为主，兼顾其传统技术特征。我们所考察的传统技术社区，从社区类型上看，属于传统社会中的一部分，与传统农业社会紧密相连，从农业副业成为独立行业。当然，传统技术社区不是传统社会的农村社区，而是手工业兴盛的城市社区，它因盐业、制瓷业、缫丝业、酿造业等传统手工业兴盛繁荣，且因这些行业的技术工艺而著名。

景德镇技术社区发源于制瓷技术，自汉代以来有 2000 多年历史。在漫长的历史变迁中，景德镇因瓷业发展而兴盛。宋代瓷器是景德镇重要的土产，已跻身全国名窑前列。元、明时期，景德镇瓷业与农业分离，从农业的副业变为独立。"当地瓷工远离了土地，至少是季节性从农业中分离，在景德镇窑场做工，大量外来的瓷工更是早已脱离了农业生产，与土地没有依附关系。瓷业生产内部分工也更趋细致，专业制瓷的手工业者不断增加，原来作为农村副业的瓷业生产开始了与农业生产分离的进程。"[①]

自贡井盐技术社区自东汉章帝时期以来，历史悠久。北周武帝时（543—578 年），自贡井盐业生产已粗具规模。当时富世盐井与大公井著称于蜀中盐井，并因此以富世盐井为名置县，并于大公井所在地设公井镇。隋唐时期，自贡地区的盐业进一步发展并闻名巴蜀。直至宋元时期，自贡井盐生产也还附属于农业，也是耕凿并举，为一家一户的小规模生产。"宋元时期的井盐业仍是手工作坊式的小生产，多数盐工仍是尚未脱离土地的农民。……也是耕凿并

---

① 《景德镇》课题组：《景德镇》，当代中国出版社 2011 年版，第 22 页。

举，处于一家一户为单位的小规模井盐生产时期。"① 宋代著名诗人陆游在任自贡荣州（今自贡荣县）州事时，曾写诗"卖蔬市近还家早，煮井人忙下麦迟"② 以描写荣州农户井盐生产与农耕并举的繁忙景象。

南充绸都也是因桑蚕缫丝而闻名，南充桑蚕有 3000 多年历史，早在西周南充就有桑蚕的文字记载。据《华阳国志·巴志》记载，公元前 1100 多年，是为巴国，"巴西郡、属县七，其中包括南充国、西充国等，土地山原多平，有牛马桑蚕"。唐代南充丝绸发展兴盛，列为朝廷贡品，广销长安，远输日本。"唐代诗人贾岛路经南充在《题嘉陵驿》中写道：'蚕月缫丝路，农时碌碡村'。"③ 宋、元、明时期，有家种桑而人养蚕之说。陆游在《岳池农家》诗中写有："一双素手无人识，空村相唤看缫丝"来描绘南充农村的缫丝盛况。可见南充桑蚕缫丝与传统农业密切相关。到清朝末年，农民开始一些小手工业生产，集资开办车房生产缫丝，丝绸质量进一步提升。

从上述景德镇瓷都社区、自贡井盐社区和南充绸都社区可见，传统技术社区与传统农业社会密切相连，其产业是脱胎于农业，从农业副业成为独立产业。

第四，传统技术社区的实体社区特征。传统技术社区是实体社区，而非虚拟社区，不同于虚拟技术（网络）社区。传统技术社区本身就是传统社会的一部分，是实体性社区，与现代虚拟技术社区是不同的。虚拟社区因网络的发展而出现，虚拟社区由莱恩格尔德提出，他在《虚拟社区：电子边界的家园》一书中，阐述了这一社区的形成和特点，这些都是他观察、体验和思考的结果，他认为因为网络中一些人长期探讨某一共同的话题，结成了人际关系，产生了人际感情，从而构成了一个社

---

① 自贡市盐务管理局编：《自贡市盐业志》，四川人民出版社 1995 年版，第 1 页。

② （宋）陆游：《剑南诗稿校注》（全八册），钱仲联校注，上海古籍出版社 2005 年版，第 53 页。

③ 《当代四川》丛书编辑组编：《丝绸名城南充》，四川人民出版社 1991 年版，第 52 页。

会集合体，只不过这一社会集合体是在网络中，并非现实中存在，因此是虚拟社区。[①] 在虚拟社区中，人们讨论公共议题、表达情感，也形成了一种社会性集聚，故可称为社区。当前，随着中国互联网的发展，网络虚拟社区发展迅速，出现了包括电子公告板（bulletin board system，BBS）、群组讨论、贴吧、聊天室、微信群等很多形式的网上交流空间，网民规模越来越大。

从社区结构和功能、成员构成、社区空间、规则和规范、社区凝聚力等方面来看，实体传统技术社区都不同于网络虚拟技术社区。从社区结构和功能看，传统技术社区属于中国传统社区，其社区结构被费孝通表述成是一种"差序格局"的结构，以个人为中心，以关系的亲疏远近来决定社区成员的行动取向。[②] 传统技术社区居民的人际联系纽带主要有血缘、地缘和业缘关系。网络虚拟社区不同于传统技术社区"差序格局"的同心圆结构，社区的结构是条线或块状的，其构成成员是登录社区浏览帖子或者发表言论的网民，其人际联系的纽带主要是趣缘关系，建立在网络使用者的共同爱好和兴趣的基础之上，网络社区的居民在交流信息和知识、发泄情感的过程中通常都是基于自身的好恶、价值取向和兴趣爱好。从社区的空间结构看，传统技术社区的空间结构不同于虚拟网络社区，传统技术社区的空间是现实的，具有自然地域特征，也存在地域边界，其构成要素有土地、建筑、自然景观等，而虚拟社区的空间结构是虚拟的，由计算机、网络、存储器等电子元器件构成。[③] 此外，网络虚拟社区规则和规范是现实社区规则的延伸和翻版，虚拟社区的各种管理规定、管理制度、社区奖惩条款、人员津贴及版块基金管理办法等，都与现代社会的现实社区规则密切相关。而传统技术社区的各种规范和规则是传统型的，与传统社会密切相关，规范的形式和内容均与虚拟社区不同。

---

① Rheingold H., *The Virtual Community：Homesteading on the Electronic Frontier*，Cambridge，MA：The MIT Press，1993，p. 3.

② 费孝通：《乡土中国》，上海人民出版社 2013 年版，第 23—29 页。

③ 王俊秀：《虚拟与现实——网络虚拟社区的构成》，《青年研究》2008 年第 1 期。

三 传统技术社区的技术与社会因素

通过考察自贡井盐社区、景德镇瓷都社区、南充绸都社区、阆中保宁醋社区等传统技术社区，我们发现传统技术社区的形成绝非偶然，具有必然性。传统技术社区的形成与发展和独特的地理资源、传统技术的发展、技术产业的兴盛和社会需求密不可分，是传统技术和地域社会相互建构与共生的结果。

（一）传统技术社区形成的自然资源条件

传统技术社区的形成离不开独特的资源条件。因利聚人、因人成邑是人类生活共同体形成的重要形式。传统技术社区的形成离不开独特的地理资源，以丰富的自然资源为基础，因资源聚人而成邑。下面我们从一些典型传统技术社区的形成过程来透视这一点。

自贡井盐技术社区的形成以丰富的盐卤资源为基础。盐对人的生存和人类社会的发展产生过重要影响，因为盐是人体组织中不可缺少的矿物质，人的生存离不开盐。早期人类的盐分主要从动物体内摄取，随着人类社会的发展，人们开始从裸露的岩盐、盐泉或盐渍泥土中获取盐分，围绕有盐资源的区域而聚集生活，"原始人类重要的嗜好品是食盐，进而便围绕天然盐湖、盐池、盐泉或裸露的盐岩聚集"。① 四川自贡地区远古曾是汪洋大海，因地壳的多次运动变化，逐渐成为大量盐卤沉积的地区。自贡地区丰富的盐卤资源引来了早期居民，出土的"资阳人"头骨化石证明了这点。② 随着盐业资源的开发，自贡井盐社区因盐而设镇、置县、设市。可见，因丰富的盐卤资源推动和影响了自贡井盐社区的形成与发展。

景德镇是举世闻名的瓷都社区。景德镇拥有丰富的陶瓷土矿藏，制瓷所需的瓷石、高岭土、耐火土、釉果等原料蕴藏丰富。景德镇藏量十分丰富的制瓷原料为瓷都技术社区的形成奠定了基础。

---

① 政协自贡市委员会编：《因盐设市纪录》，四川人民出版社 2009 年版，第 5 页。
② 王仁远、陈然、曾凡英编著：《自贡城市史》，社会科学文献出版社 1995 年版，第 31 页。

在漫长的自然地质发展过程中，景德镇形成了优越的自然地理环境，为人们生息、瓷业生产提供了有利的条件。景德镇瓷都社区独特的地域风貌和土壤，为陶瓷的烧制提供了丰富独特的瓷土矿藏资源，促进了制陶工艺和技术的发展。从地理位置和地质上看，景德镇境内分布着大量的花岗岩体，岩体中多为中粗粒花岗岩及细粒二云母花岗岩，主要蚀变为有钠长石和绢云母化，其裂隙发育及纳长石风蚀后形成高岭土矿石，成为制瓷的重要矿产原料。此外，景德镇还有丰富的制瓷燃料资源，拥有良好的气候条件，以及便利的昌江河流交通，这些都为景德镇陶瓷业的发展提供了天然的自然资源供给条件，成为景德镇瓷业生产发展的独特优势。

景德镇丰富的制瓷资源为瓷业的发展提供了重要条件，也为瓷都技术社区的发展奠定了基础。考古资料表明，早在华南中更新时期，景德镇境内已有了人类活动。汉献帝建安十五年（210 年），景德镇地属鄱阳郡鄱阳县。汉惠帝元康元年（291 年）景德镇地属新平，"陶侃后擒江东寇于昌水之南，遂改昌南为新平镇，隶江州"。[1] 早在汉代，景德镇的劳动人民就靠山筑窑，伐木为薪开始烧制陶器。史载"新平冶陶，始于汉世。大抵坚重朴茂，范土合埴，有古先遗制。"[2] 宋代景德元年（1004 年），更名为景德镇，一直延续至今。

由此可见，自然资源为传统技术社区的形成提供了重要条件。为何自然资源能促进传统技术社区的形成呢？因为自然资源因利聚人，也因人而获得开发，还型塑了技术社区的技术形态。

首先，自然资源因利聚人。因为自然资源能为人的生存、发展提供条件，能满足人的生产生活需求，因此聚人。上文看到的自贡盐卤资源能满足人的生存需要，人的生存离不开盐，因此吸引人类迁居于此，早期人类聚合体形成。加之盐卤能获利，能给所在地的人们提供丰厚收

① 张海国、万千编著：《千年瓷都景德镇》，上海大学出版社 2005 年版，第 6 页。
② 乾隆：《浮梁县志》卷二，建置。

益，进一步吸引各地人向此地迁移，为资源聚集地的社区发展提供了动力。景德镇的瓷土资源并不是早期人类生存所需之物，但随着人类社会的发展、生产力的进步，将陶土制成器物以满足人们生活、生产需要。加之随着人们审美情趣的提升，陶器也成为人们欣赏的艺术品。这促使人们开发陶土资源以制作成器，而景德镇独特优良的陶土资源逐渐为人们所认识。从这里我们也看到，同样是自然资源，有的侧重满足人的生存之需，有的侧重满足人的生活之需，有的侧重满足人的生产之需，有的侧重满足人的审美之需，或者兼具满足人类多元复合需求。这都促进了人类开发利用自然资源，在开发利用自然资源的过程中，也促进了资源所在地域的发展，形成了独特的社区，许多学者也将这类社区称为资源型社区。

其次，自然资源因人而获得开发，并促进技术社区的形成发展。因利驱使，人们开发自然资源，在开发过程中，不断想尽办法提高资源利用率，不断拓展资源用途。正是如此，促进了资源开发和生产技术，技术反过来又促使更多人参与资源的开发和生产，从而使资源所在地聚集越来越多的人群，社区居民增加，社区面积扩大。加之资源生产出的产品在外销满足更多人需要的过程中，也为资源所在地带来了越来越多的财富，进一步促进资源的开发和生产，促进资源所在地社区的经济发展，促进社区繁荣。无论是自贡盐卤资源的开采生产，还是景德镇瓷器的烧制，还是南充蚕桑缫丝的发展，都使这些地方形成技术社区并繁荣兴盛。

最后，自然资源型塑了技术社区的技术形态。独特的自然资源，形成了独具特色的技术形态。不同的自然资源，其开采的难易程度不同，使得开采利用所需的工具和器物存在差异，也造成技术体系千差万别。例如，自贡井盐成熟的生产技术体系包括了井盐钻凿、盐井修治、深井采卤、竹笕输卤、卤水提炼制盐等技术过程，每一生产过程包含更细的技术环节。景德镇瓷器制作技术总体上看包括原料和燃料的加工与运输、瓷坯制作与烧造、白胎彩绘与烧制、瓷器包装运输等过程，但具体的技术分工更多、更复杂。例如，按照瓷坯制作中的具体工序，就包括练泥工、拉坯工、印坯工、镟坯工、画坯工、舂灰工、合釉工、上釉工等，① 这些不同工序所需的工艺、技术不同。此外，资源生产中的旧工艺不断改进，新工艺、新技术不断问世也离不开自然资源的推动。

(二) 传统技术社区发展变迁的技术因素

传统技术社区发展变迁主要表现为人口增长、地域空间扩大、社区经济繁荣、社区政治行政设置的发展及文化的变迁等。从技术角度来看，传统技术社区的发展变迁离不开传统技术的推动和影响，传统技术的发展变迁是传统技术社区发展变迁的重要推动力。

传统技术社区的发展与传统技术密切相关，传统技术是技术社区发展的重要因素。可以说，传统技术社区属性之一就是其技术特性。早期人类聚集地都是因有丰富的自然资源能满足人的生存才聚人成邑。在生产力水平低、技术落后的古代，人类对自然资源的开发和利用都是有限的，也仅能满足一小部分人的需要。但随着生产技术的进步，对自然资源的开发效率提高，利用更充分，所生产的产品能满足更多人的需要，除了满足资源所在地社区的需要，还能远销他处，满足更大规模人群的需求。伴随更多人对资源的需求，激发了对资源的更大规模开发利用愿望，也进一步改进了资源生产技术和工艺，生产技术分工更加精细，需要更多技术工人，吸引越来越多的人迁移到资源所在地，资源所在地人群规模进一步增加，人们居住地域空间扩大，促进了社区的发展。通过研究发现，自贡盐都社区、景德镇瓷都社区和南充绸都社区等技术社区都是经历上千年的发展变迁，传统技术是这些传统技术社区发展变迁的重要因素。

我们从历史上景德镇社区人口的迁移，可看到瓷业生产技术的发展与社区人口增长之间的关系。历史上浮梁地区人口数量的明显变化，主要因为景德镇瓷业生产技术提高带来的瓷业生产的繁荣。宋朝初年，由于瓷业生产力发展，景德镇社区人口迅速增加。宋大观二年 (1108 年)，景德镇所辖人口达 6.1 万人。北宋末年，大量

---

① 傅振伦：《〈景德镇陶录〉译注》，书目文献出版社 1993 年版，第 21 页。

工匠南迁景德镇，到了嘉定乙亥年（1215 年），社区居民达 12.2 万人，咸淳己巳年（1269 年）人口增加到 13.7 万人，元朝景德镇制瓷技术进一步发展，浮梁人口数量急剧增长，至元庚寅年（1290 年），人口增加到 19.2 万人。[①]

南充绸都社区的历史发展也更能体现技术的推动作用。南充因桑蚕缫丝的发展而成为著名的绸都，技术对社区影响巨大。早在西周时期，南充就有桑蚕的文字记载。秦汉时期，国家比较重视桑蚕生产，促进了桑蚕技术的发展。秦代时，"皇室十分重视蚕业生产，后妃以身作则，带头采桑养蚕，并要求妇女专心养蚕。且当时已经有专用桑园，即'公田'，还有按桑园面积摊派的茧税。"[②] 虽然秦汉时期南充蚕业技术发展难以考证，但丝绸技术已经得到发展。汉初设安汉县，为南充设县之始，汉高祖开始的休养生息政策，使安汉县农业获得发展，桑蚕业也得到发展，汉武帝初年，以纺织业为主的手工业随之发展起来，丝绸成为当地重要的土产。"丝：南充、营山、渠县、广安、蓬州俱出"。[③] 唐代时，随着丝绸技术的发展，南充丝绸成为朝廷贡品，并远销日本。"当时的果州绫'较为疏松'，'最适于书画'，丝织品'胜苏杭品质之优，享天宝物华之誉'，被列为朝廷贡品，广销长安，远输日本，日本皇室珍为国宝"。[④] 南充丝绸技术的发展，促进了品种花色的增加，已能生产绫、罗、绸、绢等品种，除按规定纳贡之外，还供达官贵人享用。丝绸技术的发展，促进了南充丝绸业的兴盛，带动了纺织业为主的手工业的繁荣，促进了南充城市社区的发展，并赋予南充绸都的美誉。

从上述实例中可见，传统技术是传统技术社区发展变迁的重要因

---

① 景德镇市地方志编纂委员会编：《景德镇市志》，中国文史出版社 1991 年版，第 73—74 页。

② 蒋猷龙：《秦汉时期的蚕业（上）》，《蚕桑通报》2018 年第 1 期。

③ 刘泽许编：《南充地方志·蚕丝资料汇编》，吉林出版集团、吉林文史出版社 2014 年版，第 2 页。

④ 《当代四川》丛书编辑部组编：《丝绸名城南充》，四川人民出版社 1991 年版，第 52 页。

素。传统技术社区从最初的少量人口增加到人口众多、繁荣兴盛的局面传统技术功不可没。在研究中，我们也要认识到经历几百上千年的发展变迁，传统技术已经深深型塑了传统技术社区，传统技术社区被烙上了传统技术的特征。

（三）传统技术社区发展变迁的社会因素

传统技术社区的发展变迁也离不开相关社会因素的推动，这些社会因素包括人口、产业发展、社会需求、政治因素和社会环境等。这些社会因素从不同方面共同推动社区发展。

一是技术产业发展吸引了一大批劳动者、技术工人或商贾聚集社区。在传统农业社会，传统手工业从一开始并非独立，而是附属于农业，从一开始手工业并没有专门的工人或固定的劳动者，只是由当地或附近的农民在农闲时兼做手工业生产，或者来自罪犯。但随着生产力的发展和技术进步，传统手工业规模扩大，需要大量劳动者时，更远地方的农业生产者或无土地的农民迁移于此，便出现了固定的产业劳动者，传统手工业逐渐从农业中独立出来。传统手工业吸引大批劳动者和技术工人，既增加了社区人口，也刺激了社区消费，促进了社区发展。传统手工业还刺激大量商贾云集以逐利。哪里有利益，哪里就能吸引商人。这些本地或外地的商人带来了大量资本，投资于传统手工业，将生产的产品运往附近省市，为社区繁荣发展提供了条件。

例如，自贡盐业在清代获得大发展，吸引了全国各地的商人和劳动者到自贡。特别是随着"蜀盐始蹶而复振"，[①] 来自陕、晋、闽、粤、黔等地的商人和劳动者较多，这些地方的商人带来了大量的资金，要么投资于盐井开凿或盐灶生产，要么投资开设钱庄，或者经营盐业销售。而这些地方的劳动者也带来了先进技术，从事盐业生产。外来人口的大量涌入，促进了盐业的发展。随着自贡盐业的发展，盐业劳动者也增加。乾隆时期，"自贡盐场的'灶户、佣

---

① 自贡市盐务管理局编：《自贡市盐业志》，四川人民出版社1995年版，第5页。

作、商贩'有十万之多"，① 乾隆以后，出现了"王三畏堂""李四友堂""颜桂馨堂"等为代表的一批盐业资本集团，所雇佣的盐业劳动者多达 1000 人。"李四友堂亦曾拥有盐、气井一百余口的主要日分和锅口，仅雇佣挑卤水的工人即达 1200 人。"② 在清代的道光、咸丰（1821—1861 年）年间，据统计，多达三四十万人直接和间接从事盐业。③ 自贡盐场的盐工队伍空前壮大，工场内部分工越来越细，专业化技术越来越强。这带动了自贡井盐社区商业和其他行业发展，"一批专门经营竹、木、炭业的富商大贾应运而生，专营布匹、豆粟、油、牲畜等物资的商行店号多至数千家。商店和井灶鳞次栉比，延绵四十余里"。④ 社区呈现百业兴旺，市场繁荣的景象。

二是产业发展带动了传统技术社区繁荣变迁。产业发展推动了技术社区的繁荣变迁。在技术社区，传统技术产业的发展为社区积累了大量财富。社区富有的商贾增多，普通民众也因产业发展增加了发财致富的机会，抑或在产业中劳作以获取生活所需，产业发展也为外来人口提供了就业的机会。传统技术产业的发展也带动了相关产业的发展兴盛。传统技术产业的生产环节，需要社会供给，会形成产业链条，如燃料、原料、器具、加工工具等需要其他产业提供。传统技术产业的包装、运输和销售，也会带动相关产业发展，如包装材料、水陆运输业、钱庄金融业等。

三是市场需求促进传统技术社区繁荣。市场需求是传统技术产业发展的不竭动力，也是社区繁荣的重要因素。市场需求为传统技术产业的发展带来了动力，既集聚了资本，带来了财富，也推动了传统技术革新，旧的生产技术和工艺不断被新技术取代，这些都是社区繁荣的重要条件。通过研究我们发现，因海内外市场对景德镇瓷器的需求，促进了景德镇瓷业的发展；因川、滇、黔省份对盐的大量需求促进了自贡井盐

---

① 钟长永、黄健、林建宇：《千年盐都》，四川人民出版社 2002 年版，第 42 页。
② 自贡市盐务管理局编：《自贡市盐业志》，四川人民出版社 1995 年版，第 8 页。
③ 钟长永、黄健、林建宇：《千年盐都》，四川人民出版社 2002 年版，第 42 页。
④ 钟长永、黄健、林建宇：《千年盐都》，四川人民出版社 2002 年版，第 32 页。

的发展，也为社区带来了巨大财富，特别是自贡井盐史上两次因湖北、湖南盐荒带来的市场需求为自贡井盐社区发展提供了条件。

四是稳定的政治社会环境，为技术社区的发展提供了条件。宽松的技术产业政策，影响传统技术产业的发展。其中，最为重要的是赋税，赋税的轻重影响技术产业利润的高低，影响人们对技术产业投资，自然影响产业发展。而稳定的地方秩序也为产业发展和社区繁荣奠定了基础。我们从自贡井盐社区可看到这种现象。

　　自贡井盐技术社区的发展离不开稳定的地方秩序和宽松的盐业赋税政策。自贡盐业发展的历史表明，凡是地方秩序稳定，盐业政策宽松，盐赋较轻，井盐业发展就比较快，地方经济繁荣。凡是地方社会失序，盐税过重，盐业发展就会停滞甚至遭受破坏，严重影响社区发展。历史上，元朝末年官府的盐税很重，加上战争对盐业生产、销售的影响，自贡的盐业遭到严重破坏，灶井减少，从事盐业生产的盐工逃亡。明朝统一全国后，针对元朝盐税过重和战争对盐业造成的破坏，朱元璋采取了一系列恢复盐业生产和扶持的政策，对煎盐成本进行合理规定，利用囚徒来补充盐工短缺，对灶户实行补贴政策，实施"官支工本"政策。[1] 这些政策有利于自贡井盐业的恢复。明朝中期，统治者改变明初的盐业政策，巧立各种名目，增加盐税，造成灶户、灶丁无钱纳税，也难以维持正常生产。在政府的压榨之下，自贡井盐的灶户和灶丁逃亡现象普遍。[2] 严重影响盐业生产和社区经济发展。由此，在明朝后期，政府不得不重新调整盐业政策，实行鼓励盐业生产的政策，这又促进了自贡井盐生产的发展和技术进步，这种技术进步最明显的是钻井技术获得大发展，井盐生产工具获得发展，如大铁钎、小铁钎出现，盐井的打捞和淘井工具也获得发展。[3] 这促进了盐业生产力的发展。明末清初的多年战乱，使得四川的盐井盐灶几乎全部遭受破坏，自贡的井

---

① 刘淼：《明代盐业经济研究》，汕头大学出版社1996年版，第90页。
② 刘德林、周志征：《中国古代井盐工具研究》，山东科学技术出版社1990年版，第97页。
③ 刘德林、周志征：《中国古代井盐工具研究》，山东科学技术出版社1990年版，第74页。

盐生产也破坏严重。据统计研究，在自贡的富义厂原有 492 眼盐井，但明末天启年间破坏多达 458 眼，清朝建立之初，只剩下 34 眼，战乱对自贡盐业的破坏相当严重。① 清初，面对四川盐区"井圮灶废"的状况，清政府"'诏免四川商民盐课'，'任民自由开凿'，'听民自领自卖'，'照开荒事例，三年起课'"，② 使自贡井盐生产很快从战乱的凋敝中得以恢复并发展，井盐技术社区得到发展。可见，自贡井盐技术社区的发展离不开稳定的地方秩序和宽松的盐业赋税政策。

---

① 彭泽益：《自贡盐业的发展及井灶经营的特点》，《历史研究》1984 年第 5 期。
② 自贡市盐务管理局编：《自贡市盐业志》，四川人民出版社 1995 年版，第 5 页。

第四章
传统技术与区域经济互构共生

从传统技术与地域社会的关系分析中我们看到二者互构共生，区域经济作为地域社会系统的一部分，与传统技术也存在互构共生的关系。这种互构共生关系可从传统技术产业、传统技术与区域经济制度互构共生、传统技术创新与区域经济发展互构共生等方面来分析。无论是中国或是中国的某一地方，都是世界的一个区域，其经济都可称为区域经济，因此，本章在分析中国的传统技术与经济互构共生的关系中，来更深入地把握实践中传统技术与区域经济的互构共生关系。

第一节　传统技术产业：传统技术与区域经济的互构共生纽带

我们从传统技术产业来分析传统技术与区域经济二者的互构共生关系。从传统技术的内部属性看，传统技术产业具有技术与经济特性，是传统技术与区域经济互构共生的纽带，表现着传统技术与区域经济的互构共生关系。

一　传统技术产业的技术特性

传统技术产业是传统技术而形成的产业，与现代高技术产业相对而言。传统技术产业存在时间长，经历了上千年的发展历史。传统技术产业主要包括采掘业、冶金业、制盐业、陶瓷业、建筑业、丝绸业等传统手工业和传统农业、畜牧业,其领域十分广泛。当然,传统技术产业也是相对的,相对于今天的现代技术产业和高技术产业而言,在历史上,很多传统技术产业也是当时的高技术产业。从技术与经济的关系看,传统技术产业中蕴含了技术与经济的互动与互构,具有技术与经济的特性,是技术与经济互构的产物。

（一）传统技术的产业化

传统技术产业因传统技术而产生和发展变迁,没有传统技术就没有传统技术产业。传统技术产业是传统技术产业化的结果,传统技术从发明到产业化是一个动态的过程,在这个动态过程中,传统技术内嵌于产业中,成为传统技术产业的重要内在组成部分,转变成产业技术。产业技术是技术在产业中的存在形态,"它一方面作为'产业中的技术'联系着技术,另一方面作为'产业的技术'联系着产业,其同时具有技术和产业两个方面的规定性"。[①] 从技术演化的角度看,产业技术作为技术的一种特殊形态,是从观念形态的技术发明、构思和设计,经过形态转化进入产业,成为"产业中的技术"。从技术与产业之间关系的角度看,产业技术从作为观念形态的技术转化为产业形态的技术,技术就成为产业的组成部分,具有了产业的一些规定性,技术嵌入产业中,技术成为"产业的技术"。因此,产业技术是技术与产业二者之间发生关系的中介,技术产业化或产业技术的形成就是技术与产业之间相互作用的过程。

考察传统技术产业的技术特性可从动态过程和静态结果两个方面来看。从动态过程来看,传统技术产业的技术特性包含了技术产业化过程,是一个动态过程,是技术的演化过程,技术经过形态转化,从观念形态转化为产业形态,变为产业技术。从静态结果来看,传统技术产业的技术特性表明了技术嵌入产业,技术成为产业的组成部分,产业也变为技术的产业,无论是技术产业,还是产业技术,都反映了技术与产业的互动关系,是技术与产业互构的结果。传统技术产业的技术特性主要通过产业技术来体现,产业技术呈现了技术观念和技术知识的物化,反

---

① 远德玉、丁云龙、马强:《产业技术论》,东北大学出版社 2005 年版,第 50 页。

映了各种技术的整合以及技术价值的社会实现。

第一，传统技术产业化表现了技术观念和技术知识物化的过程。技术源于观念和构思。米切姆将技术起源划分为构思、设想、制作和实验四个阶段，认为构思是一种思考，这种思考是抽象形态的，设想则是构思的具体化，是思考的具体形态，制作实际上就是生产，是对构思和设想进行的生产，是它们的物化，实验是操作和观测，是对生产的结果进行检验和校正，如图4-1所示①。

图4-1　技术起源过程

技术在观念和构思阶段还只是设计，即技术发明的观念层面。技术发明成果还需要经过技术的物化，通过制作实现设计的产品化，而技术的产品化实现了技术从观念形态到物化形态的转变。技术观念的物化过程正是产业技术的形成过程。

产业技术还内蕴了技术知识的整合与物化。在技术知识层面，传统技术产业中的知识是一个系统，它作为解决产业中技术问题的方法和程序，是各种技术知识的集合体，包括了一般知识和专门知识，也包括了理论层面的知识、实践层面的知识。传统技术在技术产业化过程中，技术知识嵌入产业中，这种嵌入既包含对原有技术知识的重构，也包含对多种技术知识的整合。一项突破性技术的发明离不开原有技术知识，是对原有技术知识的重构，表现为在完善原有知识系统的基础上，建构了新的技术知识系统。例如，新石器技术是在旧石器技术基础上的突破，冶铁技术是在冶铜技术基础上的延续和发展。在技术产业化过程中，新的技术知识嵌入产业后，会整合不同的技术知识，形成完整的产业技术知识系统。在器物层面，产业知识物化为技术人工物。从产业的存在意

---

① Mitcham C., *Thinking Through Technology：The Path Between Engineering and Philosophy*, Chicago：The University of Chicago Press，1994，pp. 220-221.

义与目的看，产业就是将技术观念、构思和技术知识转化为技术人工物，将观念层面的技术转为实物形态的技术，实现技术物化，满足社会的生产、生活需求。

第二，传统技术产业化反映了技术的整合过程。产业技术是体系化的复合技术，是多种单一技术的组合。例如，传统农业社会中，农业技术是由多个单一技术构成的技术体系，包含了耕地技术、播种技术、施肥技术、灌溉技术、除草技术、收割技术等。人类社会在每一个历史发展时期，都有标志性的技术体系，"原始社会的石器技术体系、奴隶社会的金属技术体系、封建社会的手工技术体系、近现代的机器技术体系等"。[①] 这都从总体上揭示了某一历史时期技术的整体水平和特征。马克思在描述人类从手工技术体系到工业机器体系的发展历程时，提出了机器技术体系思想。其认为人类社会从简单的工具、工具的积累、复合的工具到有一个发动机的机器体系，再到有自动发动机的机器体系[②]。在产业中，对某一项技术发明而言，其在产业化过程中，生产技术系统各专门化层面之间需要互相匹配、相互耦合，整合为技术的连续统一体。一般而言，产业技术中几乎所有产品都是由多种技术整合而成的，不存在单一技术的产品。某一技术与其他技术相互关联，整合在一起，从单项技术变为复合技术，形成了复杂的产业技术系统。

第三，传统技术产业化反映了技术价值的社会实现过程。技术满足社会需求是技术的价值体现，但作为观念形态的技术无法直接满足社会需求。技术是一个动态的过程，技术发明只是技术的初始状态，技术还需要通过不断创新使其产业化，变为一种产业技术，使技术进化为最终状态，技术只有变为物化的技术，才能真正满足人类需要，促进经济和社会发展。因此，技术只有从观念形态的技术转变为实物形态的技术，从技术发明到技术生产，才能体现技术的价值。技术价值一般有多种形式，主要有技术的经济价值、政治价值、文化价值和社会价值等。不同

---

① 姜军、李晓元、王大任：《产业技术与城市化——技术与人、自然、社会》，辽宁人民出版社 2003 年版，第 37 页。

② 中共中央马克思恩格斯列宁斯大林著作编译局编：《马克思恩格斯选集》（第一卷），人民出版社 1972 年版，第 132 页。

技术侧重于体现技术某方面或几方面的价值，如军事技术侧重体现出技术的政治价值，手工技艺主要反映出技术的文化价值，煤矿采掘技术折射出技术的经济、社会价值。

技术价值源于人类的生存方式，人类并非生存于天然自然环境中，而是生活于人工自然环境中。为了更好地适应环境变化和更好地生存，人类需要技术，需要技术创造的技术人工物，因此满足人类对技术人工物的需要就成为技术的价值。人们通过社会性生产活动来制造各类技术人工物，而产业技术正好契合了人类对技术人工物的需要，通过产业技术生产出满足人类需要的技术产品，从而实现了技术的价值。

（二）传统技术产业发展的技术动力

传统技术产业的技术特征内含技术与产业的作用关系。从传统技术的产业化我们看到了技术在形态变化过程中与产业的互构共生关系，一方面，技术是产业中的技术，产业具有技术性；另一方面，技术是产业的技术，技术具有产业规定性。从传统技术的产业化我们看到技术是产业的灵魂，传统技术产业的发展，离不开技术的推动。这种推动是技术与产业互构关系的反映，技术对产业的推动，表现在技术进步促进产业发展与分化，技术分工促进产业发展，技术问题推动产业发展等。

第一，技术进步促进产业发展与分化。技术进步引起产业活动的变化，也引起产业技术的变革，促进产业发展与分化。人类生产活动，反映了人类劳动和技术的发展。人类生存方式和居住条件，与劳动技术水平相对应。采集狩猎是人类早期的生存方式，反映了人类的劳动技术水平。采集狩猎是由于人类没有掌握控制自然环境的生产技术，工具技术水平比较低，筑房技术也很低，这就造成人们依赖自然获取食物，居住随自然环境和季节而迁徙，生活必需物品、衣、食、住和劳动工具都很原始与初级。随着古代农业技术的产生，人类可以控制调节食物源的再生产，拥有了可以定居的生产技术手段。在人类定居过程中，随着生产技术的发展，引起产业的分化，城镇开始出现。城镇的出现是传统技术产业发展的结果，根源在技术发展对传统技术产业的推动。对于技术进步促进产业发展与分化，我们可从农业和手工业的发展来分析。

一是传统技术的发展，推动了农业的发展。传统农业的发展，是随着水火技术结合和农业生产工具进步而发展的。水火技术的结合，人们以陶器取水，并利用火将陶器中的水烧开，煮熟食物，不仅可以烤食动物肉，还可以煮熟植物果实，从而增加了食物的种类和范围，促进了农业种植业的发展。在水火技术结合前，人类熟食主要限于动物之肉，而水火技术结合，大大增加了人类食用的食物范围，从生存的需求层面为农业发展提供了动力。

农业技术的发展离不开农业生产工具的进步。在人类认识并运用火之后，原始农业是刀耕火种，但那时的刀是石刀，旧石器时代直接取材于自然，以石头天然的尖锥、刃锋、大小为选取标准，以打制技术为主。新石器时代，石刀才真正意义上有了质的飞跃。新石器时代以磨制技术为主，使工具的性能有了质的飞跃，同时工具的形态更加多样化，出现了多种农业生产工具，"新石器就多了，主要有石斧、石刀、石镰、石犁、石凿、骨镞、骨钩、木棒、木叉、木犁"。[①] 冶铜技术的出现，农业生产工具进一步得到发展。青铜工具和木质工具广泛运用后，促进了对畜力的利用和发展，也推动了社会结构性变化，一方面，食物结构从饲养牲畜食肉过渡到"务农食粮"阶段；另一方面，社会产业结构从以畜牧业为主转变为以农业为主。这样牲畜就有了剩余，加之务农食粮的需求拉动，促使人们思考如何促进农业生产力。青铜工具和木质工具的结合，就为畜力驱驾拽引提供了可能，人们逐渐将农业生产过程中的拉拽、运载以畜力替代，畜力既减轻了农业生产中的劳动负担，也促进了农业生产技术的发展，进而大量剩余农产品出现。随着农业技术的进化，农业成为独立的产业，从原始的刀耕火种式农业发展为精耕细作的农业，农业成为社会最大、最重要的产业。

中国古代的农业发展，也与水利技术进步密切相关，水利成就了农业。战国时期著名的水利工程都江堰，灌溉了成都平原万亩良田，成就了富庶的成都平原。唐宋时期，各地因地制宜的水利工程支撑了农业发展。例如，唐宋时期，中国南北各地的水利工程因地制宜，各具特色，南方治田治水与纳清泻卤同步。"太湖地区自唐至宋，治田治水工程取

---

① 李万忍：《科学技术的社会经济功能》，陕西科学技术出版社 2005 年版，第 193 页。

得重大成就，奠定了以苏常湖为中心的太湖地区经济的繁荣；唐宋时期，在浙江、福建、广东，有纳清泻卤功能的水利工程颇多，如唐代泉州沿海的堤塘也有纳清泻卤作用；五代钱镠再筑捍海石塘，不但使用竹笼木桩固堤技术，而且使石塘有纳清泻卤作用"。北方主要是治理黄河、疏通水利以保护农田，"宋代北方以治黄工程为人所首肯，加固河堤，行水刮淤，保护农田"。①

农业耕种技术的进步，也推动了农业生产的发展。西周实行垄作、除草技术，春秋战国时期出现了深耕熟耰技术，汉代实行不同农作物之间混作、连作、间作和轮作技术，西晋稻田栽培绿肥苕子，唐宋时期出现了双季稻、三季稻和水稻小麦间作，明代棉花和水稻轮栽，棉花与小麦套种，清代江南农业精耕细作，这些农业技术的进步促进了农业生产的发展。

二是技术的进步，推动手工业的发展与分化。首先，技术发展推动了农业副业的发展。农业生产技术发展推动了农产品加工储藏技术的进步，如在唐代农产品加工技术就有葡萄酒酿造技术、酱油储存技术、茶叶种植和茶叶加工技术。这就促进了食品加工业的发展，如酿酒、制茶、酿醋、制糖业等。在宋代，农产品加工业进一步发展，因菜油提炼技术获得发展，菜油因"入蔬，清香"② 而广泛用于烹饪，榨油成为一个行业。此外，宋代养蜂酿蜜也成为一个行业，宣州、亳州等地均有蜂蜜出产和酿制的记载。③ 随着酿酒、制酱、制糖、榨油等农产品加工业的发展，也引发了相关产业的发展。"如酿酒业带动制药业的发展（宋代闽北药酒生产），制糖业带动糕点业的发展，榨油业带动烹饪业的发展，制酱业带动食品和烹饪业，等等。一种行业的发展及其连锁效应，形成了互为市场的环境，推动了商品经济的发展"。④ 其次，农业技术的

---

① 郑学檬、徐东升：《唐宋科学技术与经济发展的关系研究》，厦门大学出版社2013年版，第5页。

② （清）张宗法：《三农纪校释》卷一二《图经本草》，邹介正等校释，农业出版社1989年版，第406页。

③ （宋）唐慎微撰：《证类本草》卷二〇，机械工业出版社1993年版，第490页。

④ 郑学檬、徐东升：《唐宋科学技术与经济发展的关系研究》，厦门大学出版社2013年版，第10页。

发展推动了手工业的发展。随着农业的发展，劳动工具的重要性进一步凸显，为劳动工具不断改进提供了需求，与此对应，服务于农业的手工技术逐渐获得发展并独立，成为重要的产业部门。原始社会，伴随人类定居，需要固定的房屋修筑和建造，建筑技术水平不断发展，建筑技术的发展，为城镇建设和大型防卫建设提供了条件，也为建筑技术产业的发展奠定了基础。当然，在这些技术中，传统手工业技术是城镇创建发展的重要技术手段。传统技术类型决定了古代城镇社区的产业性质和特征。城镇产业性质由传统技术在产业中的地位所决定，在手工业城镇中，传统手工业技术起主导作用，决定和引导城镇的产业发展。一般在交通便利的沿江、临海地区，造船技术和航运技术发达，产业主要以商业贸易为主。在一些矿产资源丰富的地区，矿产采掘和矿业冶炼技术比较发达，产业主要以该类型矿产采掘生产业为主。例如，以制瓷技术产业为主的瓷都景德镇、以井盐产业为主的盐都自贡、以桑蚕缫丝业为主的绸都南充等都是传统技术对产业结构影响的结果。

第二，技术分工促进产业发展。人的需求是多元的，且随着社会的发展，需求不断增加，当自己无法满足自己的所有需求时，便需与他人合作，合作就是社会分工。社会分工包括不同劳动类型之间的分工和同一劳动类型内部的分工，反映在产业中，就有产业之间的劳动分工和产业内部的劳动分工。社会分工有重要的社会功能，在社会大生产活动中，劳动分工提高了生产效率，推动了生产力进步，促进了经济发展。埃米尔·涂尔干认为社会分工增加了生产能力和工人的技艺，因此为社会精神和物质财富的发展提供了必要条件，成为人类文明的源泉。[①]

在原始社会，劳动分工很简单，主要是男狩猎、女采集，或者老人、小孩参加采集劳动。在奴隶社会中，也基本上按照年龄和性别进行简单分工，脑力劳动和体力劳动的分工还比较少。在封建社会，社会的劳动分工进一步发展，分工更加复杂，农业生产中主要是男耕女织，但社会脑力劳动和体力劳动明显分化，特别是手工技术的发展促进了产业

---

① ［法］埃米尔·涂尔干：《社会分工论》，渠东译，生活·读书·新知三联书店 2000 年版，第 14 页。

分化。传统社会因没有技术产权，加之技术比较简单，人们不经授权和特许就可模仿制作简单的工具，很容易掌握其生产制作技巧。一旦某种技术或技巧成为社会的普遍性需求，最早掌握这些技术和技巧的人，便从农业、畜牧或其他劳动中分离出来，成为手工艺人或技术工匠，也促使手工业从农业中分化出来。

在技术产业中，技术分工使一些人专门从事一种技术劳动，这样可专注于一类工具的改造和使用，有助于积累技术经验。因此，技术分工有利于提高生产效率，降低了生产成本。威廉·配第认为，在一只手表的生产过程中如果将制造齿轮、制造发条、刻表面、制造表壳由不同的技术工人完成，那么手表的制造比整只手表所有部件由一个人做会更好也更便宜。同样，布匹的生产如果由不同的生产者完成，如梳棉、纺纱、织布、熨平和包装由不同人分工完成，那么布匹也一定比所有工序都由同一个劳动者完成更便宜，质量更优。[①] 在生产效率提高且成本降低的条件下，产品利润更高，同时生产出的产品质量更高，为产业进一步发展提供了条件。

技术分工也使产业之间的关系变得更加紧密，相关的产业之间形成了相互依赖、相互依存和相互促进的关系，某一产业的发展会引发与之关联的产业发展，不同产业之间的相互依赖关系因技术分工而进一步强化。例如，古代中国矿冶业的发展引发其他手工业的连锁反应，从而促进各种相关产业发展。古代中国的矿冶业为器皿、农具、兵器、铸钱、造船等产业发展提供了条件，也为以各种金属及其产品为原料的手工业的发展奠定了基础。有学者在研究了宋代矿冶业后认为，宋代的采矿、冶炼技术发展使得矿产品的生产效率提高，产量大幅度增加，为其他相关手工业的进步提供了基础。[②] 宋代采矿技术的进步促进了矿冶业的发展，宋代已能够开凿很深的矿井。"取矿皆穴地而入，有深及五、七里处"[③]。

---

① ［英］亚·沃尔夫：《十六、十七世纪科学、技术和哲学史》（下册），周昌忠等译，商务印书馆 1997 年版，第 742 页。

② 郑学檬、徐东升：《唐宋科学技术与经济发展的关系研究》，厦门大学出版社 2013 年版，第 129 页。

③ 杨时撰：《龟山集》卷四《论时事》，明万历刻本。

韶州采铜，掘地深"至七八十丈"①。钢在唐代以前，主要用于武器制造以满足战争需要，农具中很少使用钢刃熟铁冶炼，到了唐宋时期，熟铁钢刃冶炼的农具得到大量推广，这也是中国历史上铁农具的第二次重要革命，② 其大大推动了相关产业的发展。例如，在宋代，工具生产、兵器制造行业的发展离不开炼钢技术的进步，同时对使用钢铁生产工具的手工业发展也起到较好的推动作用。③ 圜刃作为一种井盐生产的凿井工具，使用钢材制成，钢制的圜刃为宋代井盐卓筒井技术的突破起了关键作用，因圜刃可凿透岩石，成为小口深井的卓筒井必不可少的开凿工具，卓筒井技术的发明是井盐生产技术的重大突破，影响深远，这对推动四川井盐业的发展起到促进作用。

技术分工可促进技术创新，因产业中一些人专门从事某一种技术劳动，可长时间专注于一类工具的改造和使用，积累技术经验，实现技术的革新。同样，在技术产业中，技术分工也促进了技术更加精细专一化，从而促进了技术进步。持续的技术进步使产业内部因生产环节的专门化，进一步加深了产业内部的技术分工，促进产业内部进一步分化，推动产业发展。此外，在技术进步的基础上，劳动生产率提高，一部分富余劳动力产生，他们有能力从事与某一产业相关的生产领域或环节，推动与该产业相关的产业的发展。可见，通过技术分工促进技术创新，提高劳动生产率，从产业内部和外部推动产业分化，促进新的相关产业诞生，使产业之间的关系也更加紧密。新产业的出现与发展，形成新的技术分工，新的技术分工又推动产业新的分化与发展，新产业的发展又进一步深化技术分工，这就形成了技术分工与产业发展的良性循环圈。

技术分工影响产业发展模式。在不同的城镇类型中，产业的发展模式存在差异。历史上的政治中心城镇和商业中心城镇，它们的产业更多是消费型的，靠人口的消费带动经济发展，产业发展动力更多靠外在力量，而手工业中心城镇的产业发展模式是技术产业的带动，产业发展动

---

① 孔平仲撰：《谈苑》卷一，民国景明"宝颜堂秘籍"本。
② 杨宽：《中国古代冶铁技术发展史》，上海人民出版社 1982 年版，第 302—303 页。
③ 郑学檬、徐东升：《唐宋科学技术与经济发展的关系研究》，厦门大学出版社 2013 年版，第 129 页。

力是内生型的，主要靠产业技术的发展。这些城镇产业发展模式的差异，与它们相连的技术分工不同有关。对政治中心城镇而言，与之相连的技术主要呈现为建筑技术、军事防卫技术；对于商业中心城镇而言，与之相连的技术主要是造船技术和航运技术；不管是政治中心城镇，还是商业中心城镇，其主要产业还是商业型的，以消费型为主，故经济发展依靠人们的消费推动，城镇规模的大小受商品供应能力约束。而手工业中心城镇，与之相连的是各种手工业生产技术及其产业，产业是生产型的，故经济发展动力是内生型的，城镇规模大小受技术产业的发展状况影响。

第三，技术问题推动产业发展。技术问题是指在技术人工物生产过程中或应用过程中出现的各种问题。在产业中，技术问题是产业技术改进的动力，当一个技术问题得到解决时，就会使产业技术有所发展。正如马克思所说的矛盾促进事物发展，当矛盾得到解决时，事物就得到发展，旧有的矛盾获得解决，又会出现新的矛盾，新矛盾的解决，使事物又获得新发展。同理，在某一技术问题获得解决后，又会出现新的技术问题，从而形成技术问题的连锁发展。技术问题的连锁性，促进产业技术发展，从而推动产业发展。正因为石器工具易碎且只能选择自然界石料磨制石器，人们为了解决工具性能和形态问题，发明了冶铜炼铁技术以铸造工具，促进了铜器、铁器制造产业发展。在唐宋时期，陶瓷烧造过程中面临的燃料改变所造成的技术问题的解决，也推动了瓷业的发展。唐代，瓷器烧制多用柴作燃料，柴燃烧时火焰长，为了充分利用燃料温度，形成了长形馒头窑。但在北宋时期，因陶瓷烧制改用煤作为燃料，而煤在燃烧过程中，火焰短，长形馒头窑的窑室过长，造成后位火力不达，引起陶瓷生烧。这一陶瓷烧造过程中的问题影响了陶瓷产业的发展。为了解决煤炭火焰短这一问题，通过工匠们的实践探索，后来改进窑炉，缩短并加宽窑室，扩大窑室火膛，增加火力，集中瓷坯。这种改革解决了陶瓷烧造过程中因煤炭火焰短而引起的生烧问题，是一种巨大的技术进步。该技术易于控制燃料升降温速度，还易于保温，可以烧造厚壁的器件。① 近代纺织产业的发展，就是因织与纺内部技术的矛盾问题引发的，在 1733 年，随着工程师凯伊（J. Kay）发明飞梭法，织工生产效率提高，1 个织工的用纱，需要 8—12 个纺工才能供给，这打破了织与纺之间的平衡。为了解决产业中存在的这一技术问题，1735 年淮亚特设计出纺织机，提高了纺工的生产效率，但因纺纱机质量差，采用较少，无法从根本上解决问题。1764 年珍妮纺纱机发明后，才彻底解决了织与纺之间的技术矛盾，从而大大促进了纺织产业的发展。

二 传统技术产业与经济发展

产业与经济关系密切，二者相互影响、互为条件、互为因果。产业既是经济的组成部分，也是经济发展的必然产物，经济发展是产业发展的社会效应，也是推动产业发展的重要动力。库兹涅茨在《各国的经济增长——总产值和生产结构》中就指出经济增长和产业结构变化之间的互动关系。他在深入挖掘世界各国历史资料的基础上，利用现代经济统计方法对产业结构变动与经济发展的关系进行了彻底考察，得出产业结构的变动受人均国民收入变动的影响，这被称为库兹涅茨人均收入影响论。产业结构和经济发展相互建构、互为对方的条件，产业结构是经济发展的结果，同时又为经济发展提供动力。经济发展与产业结构共同演进，经济发展影响产业结构的变化，为产业结构的优化提供条件。

传统技术产业的发展，是商品经济发展的产物，原始社会实行劳动产品原始公有制，人们头脑中没有利益、没有交换概念。随着剩余产品增多，私有制出现，从而出现了以物易物的原始交换经济，这是商品经济的萌芽。人们的交换源于需求的差异和利益的差别，为了满足需要，出现以交换为目的的商品经济，商品的出现和发展促进产业部门的形成。产业形成后，成为经济发展的重要动力。

（一）传统技术产业演化的经济动力

产业结构的变化是产业演化的重要内容，产业的演化无不与经济发展相关，经济是产业演化的重要动力，一定时期的经济发展目标和发展

---

① 陈丽琼：《四川古代陶瓷》，重庆出版社 1987 年版，第 128—129 页。

水平会通过多种方式影响技术产业的发展，产业结构的变化程度和变化范围不仅受经济发展影响，还受经济发展水平的制约，不能超越经济发展水平，因为一定的经济发展水平为产业发展提供的资源总量是有限的。

经济学理论对经济促进产业发展研究较多，从而也形成了丰富的研究成果。经济增长的结构主义理论认为，经济增长的一个重要内容是产业结构的转变，经济结构的变化需要产业结构与之相适应。例如，克拉克、罗斯托、钱纳里等经济学家都研究过经济发展对产业结构的影响，认为产业结构的转变与经济发展密切相关，特别是人均收入增长对产业结构变动和资源在产业中的再分配起了重要作用。克拉克研究了经济发展对产业演化的影响，指出经济增长导致劳动力在不同产业间转移，从而引起产业结构演化，这被称为产业结构演化的"配第—克拉克定理"。克拉克认为随着经济发展，劳动力会在不同产业之间转移，从而影响产业结构。当人均国民收入增加时，劳动力先从第一产业转向第二产业，如果人均国民收入水平再一次提高，劳动力向第三次产业转移，出现劳动力在各产业之间的转移和分布的变化，是由于经济增长引起各产业之间的相对收入出现差距。① 库兹涅茨从经济总量变化的角度来分析产业结构的变化趋势。库兹涅茨认为，在产业结构与经济发展的关系中，重要的是经济发展，特别是经济总量的增长，产业结构变化的主要因素还是经济总量的高速增长，如果经济总量没有明显增加，则产业结构的变化可能性就比较小，甚至受到限制。②

第一，经济资源影响传统技术产业演化。产业的演化离不开经济资源，社会中任何产业的生产必然要消耗原材料、能源等物质资料，也需要基础设施，任何一个产业都不可能自己生产所需要的全部生产、生活资料，必须依靠其他产业部门提供所需的物质资料，但其他产业部门提供的生产资料的质量、性能和数量都受经济发展水平影响，因此经济发展水平影响产业生产资源，必然影响产业的演化速度、规模和程度。经

---

① 孙智君主编：《产业经济学》，武汉大学出版社 2010 年版，第 63 页。
② 张小梅、王进主编：《产业经济学》，电子科技大学出版社 2017 年版，第 60 页。

济资源主要包括自然资源、劳动力资源、资金和技术资源等。

自然资源是产业形成和发展的基础，直接影响产业演化。各国各地拥有的自然资源禀赋不同，产业结构特征也存在差异，各有特色。在中国传统农业社会，自然气候、水资源和土地资源是农业发展的重要自然资源。气候适宜、水源丰富、土地肥沃的地方，往往有利于农业生产发展。其中，土地资源又是农业发展的重要条件，农业的发展离不开土地资源的开垦利用。虽然中国在青铜器时期就进入了农业时代，但受青铜器制造的生产工具结构性能局限，土地开垦数量有限，土地资源不能被有效开发利用。随着生产力的进步，生产工具从青铜器发展到以铁器为主，铁制生产工具可对土地资源大量开垦和利用。

农业劳动力资源是农业发展的重要经济资源，农业劳动力资源的数量、质量及其流向，直接影响产业的变动方式。在中国古代，一方面，农业人口增长促进了农业发展。例如，周武王建立周王朝，实行"力役地租"公田制，将奴隶释放为农民，大大增加了农业劳动者的数量，且农民的生产积极性比奴隶大得多，因他们有自己的私有经济和生产工具，"蚤出暮入，强乎耕稼树艺，多聚菽粟而不敢怠倦"。① 战国时期的秦国实施鼓励人们从事农业生产的政策，规定凡一户有两个及以上成年男性，必须分居，以便充分发挥劳动者的作用，扩大垦荒面积，否则加征赋税，而对于努力耕种，生产量超过他人者，则可免徭役。并且招募邻国农民到秦国开荒种地，给田宅，免兵役以专力耕种。另一方面，畜力的大量使用，扩大了动力资源，促进了人力资源的延伸，也推动了农业发展。商末周初已出现牛耕，战国时期更是普遍采用畜耕。畜耕提高了农业生产效率。因此，战国时期，农业耕地面积大幅度增加，这与当时生产工具革新和人力资源增长有关。

劳动者的流动也引起产业的变化。例如，中国的桑蚕生产唐代以前以黄河流域、四川盆地为主，虽然长江流域蚕桑生产历史悠久，但不如黄河流域，随着北方人口南移，蚕桑生产技术传到江浙一带，促进了长

① （战国）墨翟：《墨子》，（清）毕沅校注，吴旭民校点，上海古籍出版社 2014 年版，第 167 页。

江中下游桑蚕业的发展，如唐代有关北方织妇迁居浙江越州，促进当地桑蚕发展的记述就表明了这点，"初，越人不工机杼，薛兼训为江东节制，乃募军中未有室者，厚给货币，密令北地娶织妇以归，岁得数百人，由是越俗大化，竞添花样，绫纱妙称江左矣"。① 特别是一些技术工匠的迁移流动更会促进技术的传播，也有利于相关技术产业的发展传播。

第二，经济需求影响传统技术产业结构演化。经济需求决定了某一产业存在的必要性，当需求方式变化时，就会影响产业结构，使其发生变化。人们的生存和发展，必然通过需求来反映。社会生产的目的就是满足人们的物质和精神需求。从物质需求来看，人们的衣食住行诸方面的需求，是经济需求的反映。经济需求表现为消费需求和投资需求，不论是哪一种需求发生变化，都会影响产业结构的变化。

就消费需求而言，一些经济学家已经证实了消费需求对产业结构的影响，这也成为经济学的共识。库兹涅茨认为，消费者的需求结构与经济发展状况直接联系，经济总量的变化会引起消费者需求结构的变化，而消费者需求结构的变化又直接引起产业结构的变化，人均产值的增长率越高，消费者需求结构的变化也就越大。德国社会统计学家恩格尔在《萨克森生产与消费的关系》中提出，随着收入的增加，总支出中用于食品的开支就越小，这被称为恩格尔定律，恩格尔定律表明随着人们收入水平的增加，居民消费将从消费食品为主转向消费享受资料为主，因此第一产业农业在国内生产总值中的比例将下降，第二产业工业的比例将上升。而随着居民收入的进一步增加，人们的消费将呈现多样化，第三产业的比重将上升。可见，随着经济的发展，消费需求结构会出现变化，促进产业结构的演进。

就投资需求而言，投资需求导致资源对不同产业的投入与分配量发生变化，因而影响了产业结构的形成和变化。投资需求说到底还是消费者消费需求的反映，因为一个社会的经济资源总量是有限的，某一产业或某些产业资源配置多了，势必影响其他产业的资源配置及其他产业发

---

① （唐）李肇：《唐国史补》卷下《越人娶织妇》，浙江古籍出版社 1986 年版，第 356 页。

展。因此，投资需求通过对有限资源的配置来影响产业结构。中国历史上实施以农立国的政策，农业产业的投入资源占了社会资源的大部分。即便在元代，尽管蒙古诸汗、皇帝都出身于游牧民族，但大多数统治者都认为农业关系到稳固和维持政治统治，是国家财政收入的重要来源，故元代统治者都有重农之举，颁布实施全国的农桑制度，鼓励发展农业。对水利、农具、农耕技术都有详尽具体的规定，并规定如果民贫不能制造水车，则由官造。"农桑之术，以备旱暵为先。凡河渠之利，委本处正官一员，以时浚治。或民力不足者，提举河渠官相其轻重，官为导之。地高水不能上者，命造水车。贫不能造者，官具材木给之。"① 此外，政府经常官造农具，低价或免费发给农户，"始开唐来、汉延、秦家等渠，垦中兴、西凉、甘、肃、瓜、沙等州之土为水田若干，于是民之归者户四五万，悉授田种，颁农具"。② 甚至将中原地区先进的农具、耕作方法和种子推广到边疆，使边疆地区农业生产从无到有，并改进耕作和灌溉技术。至元七年（1270年），诏遣刘好礼为吉利吉思撼合纳谦州益兰州（今俄罗斯境内）等处断事官。"即于此州修库廪，置传舍，以为治所。先是，数部民俗。皆以杞柳为杯皿，剜木为槽以济水，不解铸作农器，好礼闻诸朝，乃遣工匠，教为陶冶舟楫，土人便之"③。至元二十二年（1285年）秋七月，"给诸王阿只吉分地贫民农具牛种，令自耕播"④。

中国传统社会以农立国的政策使资源绝大多数都投向农业及其相关产业。因此，其他（如畜牧、手工业、商业等）产业资源就配置少，这些产业的发展就很缓慢。农业的发展影响畜牧业的发展，草原、草地开垦为农田，使得畜牧业衰落，影响畜牧业相关的食品加工业，也影响奶类产品的生产，中国传统农业社会牛羊肉、奶类产品并非主要食品（一些少数民族聚居地区除外），造成肉制品加工技术和奶酪制作技术落后。

中国传统社会的手工业资源配置也偏于与农业密切相关的产业，如

---

① （明）宋濂等修撰：《元史》（中），阎崇东等校点，岳麓书社1998年版，第1345页。
② （明）宋濂等修撰：《元史》（下），阎崇东等校点，岳麓书社1998年版，第1961页。
③ （明）宋濂等修撰：《元史》（上），阎崇东等校点，岳麓书社1998年版，第921页。
④ （明）宋濂等修撰：《元史》（上），阎崇东等校点，岳麓书社1998年版，第108页。

农产品加工业或与农业相关产业因资源配置较多，发展较快，而与农业关联度低的手工业资源配置少，发展缓慢。中国传统社会手工业的产业体系，基本与农业及其副业的生产技术相关，这是中国传统技术的特色，但也是后世技术的一大缺陷。因中国社会从农耕开始，农产品需要蒸煮，于是促进了制陶业的发展，制陶技术的发展，为青铜、冶铁技术的发展提供了条件，因农耕的需要，进一步促进了冶铁技术的进步。制陶业的发展为制瓷业提供了基础。因农产品加工的需要，促进了制盐业、制糖业、酿酒业、酿醋业的发展。与农业相关的另一大产业是丝织业。丝织业在中国历史悠久，早期先民以兽皮树叶遮盖御寒，后来随着农业种植技术的进步，特别是桑蚕技术的发展，以丝绸为原料织衣，造就了中国辉煌的丝绸之国的世界地位。丝织业的发展，也促进了麻葛毛棉织业的发展。

第三，经济发展促进传统技术产业结构优化。产业结构改善是经济发展的重要组成部分，经济发展有一些主要指标，如经济数量增长、经济结构改善和生活质量提高等，其中经济结构改善主要表现为产业结构优化，因此，产业结构状况成为衡量经济发展状况的标准，其中产业结构优化程度是经济发展水平高低的直接反映。例如，农业社会、工业社会和后工业社会的区别就在于经济结构的差异和发展程度的高低，农业社会的产业结构是以农业为主，工业社会的产业结构以工业为主，而后工业社会的产业结构则以生产、传播知识为主。因此，经济增长本身就包含了产业的发展、产业结构的优化。经济发展为产业发展创造了有利条件，也有助于产业结构的优化升级。

（二）传统技术产业发展的经济效应

产业发展促进经济发展，产业发展产生社会经济效应。美国学者丹尼森曾通过实证研究发现，在欧美各国经济发展过程中，产业结构占有相当大的比重。"1950—1962年，美国经济平均每年增长3.3%，结构因素造成的为0.7%，占21.2%"。[①] 经济学家罗斯托提出主导产业扩散效应理论，其认为，无论哪个时期的经济体系，经济增长能得以保持，是

---

① 张寿主编：《技术进步与产业结构的变化》，中国计划出版社1988年版，第30页。

社会为数不多的主导产业迅速扩散的结果，这种扩散促进了其他产业部门的发展，也推动了经济增长。

中国传统社会，产业发展对地方经济发展的促进作用有许多实例，不同历史时期都能看到。例如，西汉时期的吴地有冶铜业，吴王刘濞的炼铜业规模很大，对吴地的地方经济发展影响巨大。"三江、五湖有鱼盐之利，铜山之富，天下所仰"。[①] 铜矿业使得吴地富庶，成为天下向往之地。此外，铜矿业的发展，在促进地方经济发展之时，还使当地百姓无赋税之苦，并进一步使吴国富裕。根据《汉书·地理志》的记载，当时汉代商业较盛的区域有周、鲁、南阳、巴、蜀、粤等地，其中巴、蜀、粤因相关产业发展而物产丰富，故商业比较繁盛。"（巴、蜀、广汉）南贾滇、僰僮；西近邛、笮马旄牛。" "（粤地）处近海，多犀、象、毒冒、珠玑、银、铜、果、布之凑，中国往商贾者多取富焉。"[②]

不同产业的结构状况和演进程度会影响经济不同程度的增长。经济的持续发展依赖产业发展和结构演进，而产业结构的演进又推动经济发展。唐宋时期，福建炼铜、炼银和铸钱业比较发达，对地方经济发展起了重要促进作用。在北宋时期，福建铸钱业发达，在全国占有重要地位。"北宋熙宁年间（1068—1077 年）全国有 26 所钱监，福建有丰国监。它和池州永丰监、江州广宁监、饶州永平监并列，号称江南铸钱四大监。"[③] 福建各炼铜场所所产之铜，主要用于福建铸钱。铸钱、炼铜业的发展大大推进了福建地方经济发展，使福建成为两宋时期商品经济发达地区，既促进了福建当地的经济结构变化，也促进了海上贸易繁荣。

产业之所以能对经济发展产生重要的影响，是因为产业的结构效应。产业在内部具有产业关联效应，即某一产业扩散、辐射和带动与其相关联的产业发展，一种产业的发展可带动前向、后向、环向产业的发展，一种产业的新技术能够广泛用于其他产业，提高整个社会产业总体的技术水平，产业结构关联效应表明一种产业发展会影响其他产业发

---

① （汉）司马迁撰：《史记》，中华书局 1959 年版，第 2116 页。

② 童书业编著：《中国手工业商业发展史》，齐鲁书社 1981 年版，第 55 页。

③ 郑学檬、徐东升：《唐宋科学技术与经济发展的关系研究》，厦门大学出版社 2013 年版，第 189 页。

展，共同促进经济繁荣。对传统技术产业而言，传统技术产业对经济发展的结构关联效应不能忽视。我们从中国夏商时期的手工业发展对军事、农业和人们生活等方面的影响就可看到产业在经济发展上的关联效应。

中国历史上夏商时期手工业发展对促进夏商的经济、生活和社会文明产生了巨大的作用，尤其是石器、骨器和青铜冶铸业的发展，对军事、农业生产、商品交换和人们生活方式都产生了重要影响。

夏商时期，青铜业的发展，为军事武器的改进提供了条件，之前由石质、骨质、木质制造的武器性能差，攻击力不强，而青铜冶铸业的发展，为战争提供了更尖锐、性能更高的武器。青铜兵器的制造，发展于夏代，在商代青铜兵器大量制造。商代兵器成批在手工作坊中生产。"在安阳殷墟所发现的铸铜作坊中，就有许多戈、矛等武器的陶范出现，在孝民屯村西的铸铜手工业作坊遗址中，发现的陶范中以銎内式戈的内范数量最多。"① 这一规模较小的作坊都以生产武器为主，至于王室、贵族所控制的大规模生产作坊，更是专门生产武器。商代军事武器不仅数量多，还形态多样、种类齐全。"从出土的青铜武器看，当时生产的武器既有格斗攻击型武器，如戈、矛、大刀、钺，射击型武器弓箭，还有防御型的胄（头盔）、盾等。"② 商代已能制造弓箭，且工艺水平较高，"在殷墟墓地中，有些大墓中出土了安装在弓箭两端的铜、玉、象牙3种质地的弭，反映了商代制造弓箭的水平与技艺已相当高"。③ 例如，弓箭的制造需要木工、皮革工、冶铸工共同完成，即需要木材加工、皮革、冶铜业的分工与协作，其是由一个集合多个产业且分工非常专业的部门共同完成的。

夏商时期手工业生产发展，尤其是制作农具技艺的改进，为农业提供了数量足够的、较之新石器时代更为先进的农业生产工具，有利于开垦荒田，提高了劳动效率。特别是农业中翻土、耕种、收割等农业劳动环节生产工具的改进，无疑对夏商农业生产的发展具有促进作用，因为

① 蔡锋：《中国手工业经济通史·先秦秦汉卷》，福建人民出版社2005年版，第144页。
② 蔡锋：《中国手工业经济通史·先秦秦汉卷》，福建人民出版社2005年版，第145页。
③ 蔡锋：《中国手工业经济通史·先秦秦汉卷》，福建人民出版社2005年版，第146页。

农业的发展离不开农业生产工具制作水平的提高与改进。夏朝时，农具主要是石器，有石铲、石镰，还有木质或骨质的耒耜。商朝时，由于青铜冶制业的发展，用青铜铸造的生产工具有斧、锛、凿、锥、锯等，农业用生产工具有耜、铲、镬、锸、镰、犁等，这已为考古发现所证实。在江西新干商墓中出土的 10 类 137 件青铜生产工具中就有青铜锸、镬、镰、犁等农具。① 在江西清江吴城，出土了一些浇铸斧、锛、刀、镞等工具的石范。② 虽然商代青铜农具不能完全替代石质农具，但青铜农具在农业生产中发挥了重要作用，提高了耕种效率，增加了粮食产量，可见商代青铜业对农业发展的影响。

夏商时期，一些手工业还对人们的生活产生了重要影响，提高了人们的生活质量，促进了经济的发展。夏商时期的纺织业、印染业、木器业、制骨业、玉器业、酿酒业已经比较发达，促进了商业的繁荣和经济发展，我们可从商朝社会的奢靡之风窥见社会经济的繁荣。因夏商纺织印染业与玉器、骨器加工业的发展，织物与衣料种类增多，且服饰的颜色多彩化，衣服装饰品增多，穿着打扮多样化，人们的服饰出现奢侈风气。据研究，商代服饰至少有 11 种类型，如交领右衽短衣、交领右衽长衣、交领右衽素小袍、交领长袖华饰大衣等。③ 贵族衣服特别华丽奢侈。商代养蚕业的发展使得丝织业得到发展，丝绸产量和丝织品种类增多，为贵族服饰的奢侈华丽提供了物质条件。此外，玉器业的发展也为华丽服饰提供了条件。商代酿酒业发达，超出了家庭、个体生产的范围，出现了许多酿酒作坊，商代饮酒风气盛行，从商王到大小贵族及一般平民皆嗜酒，《尚书·酒诰》说普通人"厥父母庆，自洗腆，致用酒"。商代奢靡之风和饮酒风气的形成是农业、手工业和商业发展所致，青铜冶铸业的发展促进农业工具进步，推动了农业生产的发展，大大提高了粮食产量，为酿酒业提供了充足的原料。陶瓷业、青铜铸造业的发展又为酿酒业提供了大缸等酿造器具，也为饮酒提供了器具，"商代生产礼器中的酒器类型丰富多样，有方彝、偶方

① 彭适凡、刘林、詹开逊：《江西新干大洋洲商墓发掘简报》，《文物》1991 年第 10 期。
② 彭适凡、李家和：《江西清江吴城商代遗址发掘简报》，《文物》1975 年第 7 期。
③ 宋镇豪：《夏商社会生活史》，中国社会科学出版社 1994 年版，第 384—385 页。

彝、尊、方罍、壶、瓿、兕觥、斝、盉、爵、觚、觯、卣等"。① 可见，商代生产的大量铜器，无疑为商代贵族"食前方丈"的奢侈生活提供了器具和物质基础，故商代乃至后代的手工业生产，多为满足贵族的奢侈生活所需。

我们从商代的产业发展，看到了产业的结构关联效应及对经济发展的促进作用，事实上，在中国传统社会，这只是传统技术产业并不太发达时期的一个写照，秦汉之后，中国传统技术产业对区域经济乃至全国经济社会发展，起着重要的推动作用。

传统技术产业促进区域经济发展的又一表现就是形成了各具特色的产业市镇。这种产业市镇，在第三章就讨论过，实质就是传统技术社区，这些不同的传统技术社区，皆因某一产业发展，而形成了以该产业为主导的产业链，推动着区域经济的发展，如宋代各地因手工业发达，促进了地方经济发展，并形成了不同的手工业市镇。

宋代民间手工业发展的一个显著特点就是商品化程度很高，基于商品生产的不同产业而出现各种商品生产中心或城镇的形成。"如在纺织业领域，形成了婺州、越州、湖州、抚州等不同特色的民间专业化生产基地，吸引了各地商贩。"② 其中婺州盛产婺罗，越州以绫和布生产著称，抚州织纱业发达，湖州南浔镇、饶州的杭桥市等都是纺织业市镇。在制瓷业方面，饶州浮梁县景德镇（今江西景德镇）和吉州庐陵县水和镇是宋代著名的瓷业生产市镇。景德镇始置于宋真宗景德元年（1004年），负责烧制宫廷所需的瓷器，由此迅速发展成为远近闻名的制瓷业中心。在盐业生产方面，在沿海的江浙一带，宋代形成了许多盐业市镇。"如秀州的浦东、袁部、青墩、沙腰、芦沥，越州的钱清、曹娥，明州的岱山、大嵩、清泉、玉泉，台州的于浦、杜渎等。这些市镇的盐业规模都相当大，居民'以煎盐为业'，多数'不曾耕种田亩'，'鬻盐以自给'。"③

---

① 蔡锋：《中国手工业经济通史·先秦秦汉卷》，福建人民出版社2005年版，第170页。
② 胡小鹏：《中国手工业经济通史·宋元卷》，福建人民出版社2004年版，第55页。
③ 胡小鹏：《中国手工业经济通史·宋元卷》，福建人民出版社2004年版，第55—56页。

第二节 传统技术与经济制度互构共生

一 技术与制度关系的研究

技术与制度之间的关系研究经历了从二元对立到互构共生的过程，长期以来技术与制度的二元对立关系主要表现在技术决定论和制度决定论的争论，实质是技术重要还是制度重要的问题。

（一）技术决定论视野下的技术与制度

我们在技术与社会关系的梳理中，就梳理了技术决定论的观点，在技术决定论看来，技术是形成社会制度和社会关系的关键因素，相信技术发展的内在逻辑必然导致理想的制度变迁，认为社会变迁的决定性力量是技术，否认制度是社会发展或经济增长的因素。

马克思是较早关注技术与制度相互关系的学者。他分析了生产力与生产关系之间的关系，认为生产力决定生产关系，生产关系反作用于生产力，其中生产力中最重要的是技术，而生产关系中最重要的是制度，马克思对生产力和生产关系的研究表明了技术与制度的关系，即技术进步决定制度变迁。作为技术决定论的一种表现形式，技术悲观主义认为"技术是人类无法控制的力量，技术决定了社会制度的性质、社会活动的秩序和人类生活的质量"。① 因此，技术悲观主义认为技术是人类罪恶的来源，技术的发展会带来社会风险，甚至毁灭人类，人类社会在技术的影响下会走向末日，解决之道唯有停止技术本身的发展。技术决定论在看待技术与制度的关系时，侧重技术，认为技术是经济增长、社会发展的决定性因素。经济学家舒尔茨认为，在技术与制度对经济增长的影响上，制度被剔除了，因为现有的大量经济增长模型是把制度作为一种"自然状态"，实质是将制度从经济增长因素中剔除掉了。② 这是工业革命时期科学技术对经济增长、社会发展作用在理论方

---

① 《自然辩证法百科全书》编辑委员会、于光远等主编：《自然辩证法百科全书》，中国大百科全书出版社1995年版，第225页。

② ［美］R. 科斯、A. 阿尔钦、D. 诺斯等：《财产权利与制度变迁：产权学派与新制度学派译文集》，刘守英等译，上海人民出版社1994年版，第255页。

面的反映。

在经济学领域，技术决定论经历了古典经济增长理论、新古典经济增长理论和新经济增长理论的演变过程。亚当·斯密作为古典经济增长理论的代表，在《国民财富的性质和原因的研究》中强调了劳动生产率和社会分工对经济发展的作用，已经涉及了技术对经济增长的影响，但对技术与经济增长的关系没有深入探讨。20世纪50—60年代，经济学家索洛开创了新古典经济增长理论的先河，提出了著名的"索洛命题"，即技术是经济发展的永恒动力，他认为要保持经济持续增长，需要技术不断进步。凡勃伦认为，在技术与制度的关系上，制度取决于技术，制度随技术环境的变化而变化。在技术与制度的变化速度上，二者存在差异，技术变化非常快，而制度变化慢，制度是对过去事物的反映，赶不上技术环境的变化，此外，制度具有惰性和保守性，常迫于技术的压力才发生变化。[①] 经济学家阿里斯将人类行为划分为两种类型：一种类型是技术活动，这种活动是动态的，既影响生产，也影响劳动工具的使用，技术活动是不断发展的；另一种类型是礼仪活动，即制度层面的活动，这种活动是静态的、保守的。[②] 20世纪50年代以来，经济学家不断研究经济增长的因素，在因素分析方面取得了很大进展，虽然认为技术进步是经济增长的重要因素，但认为技术对经济而言，是外生的变量。

新经济增长理论的主要代表人物有罗默、卢卡斯、格罗斯曼、赫尔普曼、巴罗、阿格亨、克鲁格曼、贝克尔等，他们论证了内生的技术进步是实现经济持续增长的决定因素。新经济增长理论主张，技术是经济增长的决定力量，技术并非外在于经济，而是经济系统的内生变量。技术进步推动了经济增长，因此技术在经济增长中起着决定性作用。阿罗于1962年最早用内生技术进步解释经济增长，他认为在生产过程中，生产中的知识积累和溢出效应成为某一厂商发展的动力，其他厂商会学习、模仿该厂商，某一厂商的技术规模收益扩散至某一

---

① ［美］凡勃伦：《有闲阶级论》，蔡受百译，商务印书馆1964年版，第139—142页。

② Ayres C. E., *Toward a Reasonable Society：the Values of Industrial Civilization*，Austin：University of Texas Press，1961，p.233.

行业范围，进而扩散至全球经济范围，技术因素就成为经济增长的自身变量。[①] 而罗默承继阿罗研究路径，认为厂商的技术创新通过溢出效应提高全社会的生产率，因此，政府通过补贴和税收来促进技术的社会效应，通过补贴厂商生产知识，并征收其他非知识生产的厂商税收，这样知识生产的成本收益内敛，提高了整个社会经济增长率。[②] 卢卡斯进一步研究认为，人力资本为经济持续增长带来动力，正是人力资本的溢出带来经济的增长，卢卡斯的人力资本代表着知识和技术。

可见，技术决定论视野中的技术与制度是一种二元对立的关系，在二者的关系中，技术决定了制度，技术主导了制度。在技术与制度对社会变迁或经济增长的影响上，是技术起主导作用，而制度要么是次要的，要么被完全排斥出去。

（二）制度决定论视野下的技术与制度

在制度决定论视野下，制度是人类文明的体现，在技术与制度的关系上，制度决定论认为制度决定了技术的变迁，制度对技术起着激励、保障和约束作用。有效的制度促进技术进步，而无效的制度会阻碍技术发展。奥尔森在《重新发现制度：政治的组织基础》一书中指出，政治制度是理性思维及工具思维的挑战，说明了政治制度对技术的影响。[③] 在技术与制度的作用上，制度决定论强调制度的作用，主张制度对社会、经济的发展起着重要作用，制度是经济发展的内在要素。20 世纪60 年代，库普曼和蒙泰斯分析了经济体制和经济发展之间的关系，认为制度要素对经济发展起主导作用。[④] 美国经济学家道格拉斯·C. 诺斯和罗伯特·托马斯认为，制度是经济增长的关键因素。后来他们在《西方世界的兴起—新经济史》中，强调经济制度的刺激引起技术创

---

① Arrow K. J., "The Economic Implication of Learning By Doing", *Review of Economic Studies*, Vol. 29, No. 3, 1962, pp. 155-173.

② Romer P. M., "Increasing Returns and Long-run Growth", *Journal of Political Economy*, Vol. 94, No. 5, 1986, pp. 1002-1037.

③ March J. G. and Olsen J. P., *Rediscovering Institutions: The Organizational Basis of Politics*, New York: Free Press, 1989, pp. 1-19.

④ 华锦阳、许庆瑞、金雪军：《制度决定抑或技术决定》，《经济学家》2002 年第 3 期。

新，技术创新是经济制度影响的结果，道格拉斯·C.诺斯在《制度、制度变迁与经济绩效》一书中指出，与技术相比，制度对社会的影响更大，因为制度将过去、现在和未来连接在一起。制度是我们理解政治与经济互动关系的关键因素，也是理解技术与制度的关系对经济发展影响的关键。①

制度决定论无限夸大制度的作用，忽视技术进步对制度的影响。制度决定论同技术决定论一样，在看待技术与制度的关系时，都只单方面强调制度或技术，是一种单向度的线性思维，忽视了技术与制度的双向互动关系，实质是二元对立思维。

（三）技术与制度互构共生论

在反思技术决定论强调技术而忽视制度、制度决定论强调制度而忽视技术这两种二元思维的基础上，技术与制度互构共生论认为技术与制度二者并非非此即彼的对立，而是存在双向的互构共生关系。

许多学者不断反思技术与制度的关系，并认为二者相互影响、相互依赖、相互作用。争论技术与制度谁决定谁没有什么意义。技术与制度的关系在实践中是复杂的，单纯的技术决定论和制度决定论都有片面之处，没有充分揭示出技术与制度在实践中的关系。

国外学者认为技术与制度的关系是互构共生的，认为在产业发展变迁过程中，存在技术与制度的互构共生机制，制度创新与技术创新共同推动产业的发展和演化。20世纪80年代，一些西方学者，如纳尔逊、温特、银堡、索蒂和麦特卡尔夫等就探讨过技术与产业共生演化的模型，② 他们从经济学的角度出发，认为技术的发展必然促进产业演化，产业演化也提供了技术的选择环境，对技术进行选择，技术发展与产业演化呈现共时性的共生演化。③ 这些经济学家在论述技术与产业演化时就涉及技术与制度的互构共生。20世纪90年代，纳尔逊探讨了技术与

---

① ［美］道格拉斯·C.诺斯：《制度、制度变迁与经济绩效》，杭行译，上海人民出版社2008年版，第147—162页。

② 丁云龙：《产业技术范式的演化分析》，东北大学出版社2002年版，第112页。

③ Nelson R. R. and Winter S. G., *An Evolutionary Theory of Economic Change*, Cambridge, MA：Belknap Press of Harvard University Press, 1982.

制度二者互构共生对经济增长的作用。① 熊彼特在研究创新时，把技术与制度放于同等重要的位置，其创新观是技术与制度共生的创新观。熊彼特将技术要素和制度要素纳入创新，其中新产品、新生产方法和新供应源可归结为技术要素，而市场和工业组织可视为资源配置的组织形式，即制度形式。拉坦认为技术与制度之间的共生关系表现在它们的相互建构和相互影响中，制度发展引起新知识的产生，新知识又导致技术变迁，而技术变迁反过来又引发了制度变迁。②

国内许多学者也探讨了技术与制度之间的互动关系。国内学者陈春光认为制度与技术具有内在一致性，二者存在互通性，认为技术决定论与制度决定论都具有片面性，是二元对立视角，我们有必要建立一个新的框架，看到技术与制度的双向互动过程，将技术与制度作为经济的内生变量，由此建立制度技术内生化模型，在这一模型中，可看到经济发展是制度与技术双向互动的结果，制度与技术的每一方都会对另一方的供给与需求产生影响，在制度变迁的过程中，对技术变迁的供给和需求产生影响，在技术变迁过程中，又对制度变迁的供给和需求产生影响，体现出技术与制度的双向互动。陈春光认为从某种视角看，技术可以理解为一种制度，在这种意义上，技术就是一种特殊的制度结构。从更广的视角看，一个经济组织所面临的特殊技术结构、技术发展水平、技术环境就是另外一种意义上的制度。例如，福特制、泰勒制等，到底是一种制度变迁还是一种技术变迁，我们还需要深入探讨。③ 华锦阳等认为，制度是在技术的基础上建立起来的，技术对制度具有制约性和基础作用。而技术又是制度的产物，制度被人类创设出来后，它又反作用于技术，影响并建构技术的属性和发展方向。华锦阳等认为，"从一个长期的历史角度来看，制度与技术之间实际上是相互作用、累积因果的关

---

① Nelson R. R., "Economic Growth Via the Coevolution of Technology and Institutions", Leydesdorff L. and Besselaar P. V. D., *Evolutionary Economics and Chaos Theory*: *New Directions in Technology Studies*, London: Pinter Publishers, 1994, pp. 21-32.

② ［美］R. 科斯、A. 阿尔钦、D. 诺斯等:《财产权利与制度变迁: 产权学派与新制度学派译文集》, 刘守英等译, 上海人民出版社 1994 年版, 第 327 页。

③ 陈春光、郭琳:《制度变迁与技术变迁双向互动》,《社会科学》1996 年第 10 期。

系，二者之间'谁决定谁'的关系并不是一成不变的，而是相对的、分阶段的、循环的"。① 杨发庭认为技术与制度相互影响、相互作用，如果没有制度的革新，技术的进步就缺乏制度环境的支撑与保障，而如果没有技术进步，制度变迁就缺乏内容和动力。②

国内学者探讨了产业技术范式演化中的技术与制度共生及其机制。丁云龙认为产业技术范式内部具有层次结构。技术要素构成内核，中间层是制度要素，形成一层保护带，外层由知识要素构成知识场域。产业技术范式在建构阶段、常规阶段和革命阶段等生命周期的不同阶段演化特征不同，推动了技术与制度共生机制在产业生命周期的不同阶段表现不同。在技术驱动、制度诱导和制度适用等方面存在差异，重大的技术突破要求技术与制度共同发生变化，受突破性技术驱动，技术与制度共时性变革，推动产业技术范式演化。③ 此外，国内许多学者沿着技术与制度的互构共生关系探索了技术创新与制度创新等问题。

国内外技术与制度相互关系的研究为我们探讨传统技术与经济制度的关系提供了分析思路，特别是技术与制度互构共生的理论分析更为我们探讨实践中传统技术与经济制度之间的互构共生提供了基础。

二 传统技术与经济制度互构共生的表现

传统技术与地方经济制度相伴而生，共同演进，二者呈现为互构共生的关系，主要表现为传统农业技术与土地制度的互构共生，传统农业技术与租佃制度的互构共生，传统手工业技术与专卖制度的互构共生。

(一) 传统农业技术与土地制度的互构共生

我们从传统农业技术与土地制度的互构共生关系，可看到传统技术与区域经济制度长期共生，二者共同演化，相互影响，相互促进，不断完善。中国历史上土地制度经历了多种形态变迁，从原始社会土地公有，到夏商周奴隶社会土地归奴隶主所有，在周代，土地归周王室所

---

① 华锦阳、许庆瑞、金雪军：《制度决定抑或技术决定》，《经济学家》2002 年第 3 期。
② 杨发庭：《技术与制度：决定抑或互动》，《理论与现代化》2016 年第 5 期。
③ 丁云龙：《产业技术范式的演化分析》，东北大学出版社 2002 年版，第 109—117 页。

有，并实行井田制。井田制作为一项土地制度，是农业技术进步和农业生产发展的产物，同时井田制的产生，影响深远，为农业生产发展和技术进步提供了制度激励和保障。随着周代农业技术的进步和生产发展，周王室所属的各诸侯相互争夺土地，土地周王室所有发生变化，变为各地诸侯所有，他们实施符合各自诸侯国的土地制度，一些地方诸侯国授田给官员和百姓，一些诸侯国改革井田制，如秦国商鞅变法，土地私有制获得承认，进一步推动了农业技术发展。

第一，井田制与农业技术。夏朝，随着原始社会瓦解，建立了奴隶制度。当时，农业生产和农业技术获得了发展，农业劳动工具、耕作栽培技术都出现了进步，农业生产采用协田耦耕方式。随着夏商时期青铜器铸造技术的进步，农业工具从石器逐渐向青铜工具变化，青铜工具的使用使大量荒地得到开垦和利用，农业土地数量增加，这就需要实施合适的土地制度以促进农业发展。周代实行井田制，是土地制度的原始公有制的进一步发展，此时井田制作为公有的土地制度，在周代逐渐发展并得到推行，井田制是奴隶主阶级所有制的直接表现，周代所有井田的所有权归君王所有，同时分配一定量的土地给百姓耕种，井田制能使人人有地种，百姓稳定在固定的土地上，只要人们勤于耕作，粮食桑麻足以供衣食无寒馁之忧，这样百姓可安居乐业，无衣食之忧。井田制对战后的周朝恢复元气、与民休息、发展农业生产起了积极作用。《管子小匡》篇说道："陵陆丘井田畴均，则民不惑。"

井田制与农业技术发展相适应，二者相互影响、相互促进、互构共生。农业技术的发展推进了井田制的普及，井田制的实行促进了农业技术发展。周代农业技术发展主要表现在农业生产工具改进，使用牛马等畜力耕地，水利灌溉技术获得发展，农业生产技术获得发展等。

一是农业生产工具有较大改进，已开始使用青铜器制造。周人在前人发明的基础上，对生产工具有较大改进。虽然西周时期农业生产中还使用着一定量的蚌、骨、木、石质类农业工具，但铜质农具在农业生产中比重有所增加。铜质农具在考古中多有发现，"种类有耒、耜、手犁、铲、镢、锛、锸、锄、镰、斧等，有起土器、中耕器、锄草器、收割器等。"① 相传耒耜是神农时代发明的农具，在周代则改变成以铜配置的犁铧耙齿，犁地的工具主要有耦、耒等。

二是使用牛、马等畜力耕田。周代农户普遍养牛、马，牛、马用于耕地、载重、拉犁耙等，据记载，周代时期的牛、马已有用于耕地、拉车等，"妹土，嗣尔股肱，纯其艺黍稷，奔走事厥考厥长。肇牵车牛，远服贾用，孝养厥父母"。② 牛耕的使用，减轻了劳动负担，同时畜力的利用延展了劳动者的能力，提高了农业劳动效率。

三是农业水利灌溉技术获得发展。据考证，早在西周时期，其北方都鄙之地的农业灌溉很多采用人工凿井进行。③《诗经》中关于西周时期农业灌溉的记载不少。例如，《小雅·黍苗》记载："原隰既平，泉流既清。召伯有成，王心则宁。"《小雅·白华》："滮池北流，浸彼稻田。"《大雅·绵》中记载："迺疆迺理，迺宣迺亩。"④ 朱熹也曾曰："宣，曰导其沟洫也；亩，治其田畴也。"⑤ 据《周礼·匠人》记载，西周时期，在井田上，因农业工具的限制，只能用有限的木制或铜制耒耜挖掘，更多的是挖土以作沟洫，其深度和宽度都有限，还不能算作完整意义上的农田水利设施。但也有学者认为，设置沟洫的总任务不是单纯为了排水，而是为了引水、蓄水、灌溉、排水，甚至井田制度就是农业公社水利排灌农业网。⑥

四是农业生产技术获得发展。西周时期，农田生产技术上的育种、播种、除草、中耕、施肥、治虫等都有所发展。人们的农业选种育种知识，在氏族社会末期的"后稷"时代，就已经具备。据考古发现，在江苏的高邮龙虬庄文化遗址中，人们发现了已经炭化的稻谷，距今为5500—7000年前，从颗粒大小和颗粒重量指数看，文化遗址中的第8层稻谷颗粒最小，而第6、第7层中的稻谷颗粒居中，第4层中的颗粒最大，第4层中的炭化稻谷的颗粒和重量明显大于6、7、8三层稻

---

① 蔡锋：《中国手工业经济通史·先秦秦汉卷》，福建人民出版社2005年版，第352页。
② （清）阮元校刻：《十三经注疏》，中华书局1980年版，第206页。
③ 郑洪春：《考古发现的水井与"凿井而灌"》，《文博》1996年第5期。
④ 《诗经》，于夯译注，山西古籍出版社2000年版，第205页。
⑤ 朱熹编著：《诗经集传》，中国书店出版社1985年版，第122页。
⑥ 乌廷玉：《中国历代土地制度史纲》（上卷），吉林大学出版社1987年版，第32页。

谷颗粒。① 西周时期，农业育种技术获得发展，农业品种增多，从当时出现的"五谷""六谷""九谷"和"百谷"的说法中我们可以看到农业品种并不单一。在《周礼·天官·疾医》中，就有"五谷"的记载，"以五味、五谷、五药养其病"。对于"五谷"到底包含哪些农业品种，不同学者的看法存在差异，郑玄认为"五谷"主要包括麻、黍、稷、麦、豆等品种。② 赵岐则认为"五谷"主要包括稻、黍、稷、麦、菽等种类。③ 而王逸则认为"五谷"主要包括稻、稷、麦、豆、麻等品种。④各种说法都有一定道理，所谓"五谷"不过是农业品种的数量记载，可能并非只有五种，"百谷"也不是说农业品种有一百个，"五谷"和"百谷"，实际上都是概数，⑤ 只是表明农业品种较多，并不单一。"五谷""百谷"之说，表明西周谷物种类和品种较多，农业育种技术得到发展。

西周农业除草技术较商代进步，其除草方法主要有利用水淹除草和使用农具除草。周代沿用夏商时期的水淹除草法。在《周礼·地官·稻人》中记载有农业锄草的方法，"作田，凡稼泽，夏以水殄草而芟荑之"。⑥ 这是一种用水锄草方法，用水泡田中杂草，以使草浸泡而死，利于农作物生长。西周还利用专门的农具锄草。当时锄草工具有用食剩的蚌壳磨制成农具，"耨"也为锄草的工具。周朝的农业除草，从《诗经》中也可看到。在《大雅·生民》有记载："茀厥丰草，种之黄茂。""茀"，也作"拂"字，有除掉，拔掉的意思，因为在《广雅·释诂》中就有："拂，除也，拔也。"⑦

西周农业施肥灭虫技术获得发展。西周人们对施肥已具有丰富的经验。在《诗经·周颂·良耜》有记载："荼蓼朽止，黍稷茂止。"⑧ 说明

---

① 张敏、汤陵华：《江淮东部的原始稻作农业及相关问题的讨论》，《农业考古》1996 年第 3 期。

② （汉）郑玄注：《周礼注疏》卷六《天官·疾医》，上海古籍出版社 1990 年版，第 72 页。

③ （汉）赵岐注、孙奭疏：《孟子注疏》卷五（上）《滕文公上》，上海古籍出版社 1990 年版，第 99 页。

④ （汉）王逸章句：《楚辞章句》，中华书局 1985 年版，第 214 页。

⑤ 夏纬瑛：《〈周礼〉书中有关农业条文的解释》，农业出版社 1979 年版，第 126—127 页。

⑥ 夏纬瑛、范楚玉：《〈夏小正〉及其在农业史上的意义》，《中国史研究》1979 年第 3 期。

⑦ 李恒全：《井田制变革前农业耕作技术的缓慢发展》，《社会科学战线》2015 年第 5 期。

⑧ 《诗经》，于夯译注，山西古籍出版社 2000 年版，第 247 页。

当时农业生产过程中已经采用将杂草腐烂，以作为庄稼肥苗的育肥方法。西周还使用粪肥，一些先秦的文献记载了当时使用粪肥的情况。在《国语·晋语四》中记载当时周文王母大任"少溲于豕牢而得文王"。韦昭注："少，小也。豕牢，厕也。溲，便也。"① 这表明当时的建筑格局出现圈厕合一，这也是我国养猪积肥的重要方法。农作物灭虫方法在西周获得发展，在《小雅·大田》有记载："去其螟螣，及其蟊贼，无害我田稚！"，其中的螟、螣、蟊、贼均为农作物的害虫。当时对农作物的害虫有一定认识，"食心曰螟，食叶曰螣，食根曰蟊，食节曰贼"。② 对待这些农作物的害虫，用火来灭虫。

　　第二，土地私有制与农业技术。春秋时期，井田制度出现变化，土地所有权下移，由周王所有转变为诸侯所有。当时，王室衰微，各诸侯国不断扩大自己的势力，各国相互争夺井田，破坏了土地周王所有制度。当时，破坏王田制的诸侯国很多，晋、齐、楚、郑、许、曹等国都参与，既有大的诸侯国参与争夺，也有小国参与争夺，涉及的范围广，遍及全国。各诸侯国破坏土地周王所有制的手段多样，公开掠夺、作为礼物馈赠、互相交换、以田行贿等。③ 此外，春秋时期井田制的另一变化表现为一些国家实行"爰田制"。所谓"爰田"，孔晁说："爰，易也。赏众以田，易其疆畔。"《国语·晋语三》说："且赏以悦众，众皆哭，焉作辕田。"这里的"辕田"即"爰田"。《左传》韦昭注引贾逵曰："辕，易也。为易田之法，赏众以田。易者，易疆界也。"爰田"是一种授田制。④ 战国时期，授田制进一步发展，如在秦国，秦孝公用商鞅实行变法，改革土地所有制，商鞅变法废除井田制，开阡陌，使私有的土地合法，政府认可私人的土地所有权。⑤ 商鞅变法后，授田的面积扩大，虽然为每人百亩，但每一亩面积增加了，以二百四十步为一亩。授田对象也扩大，不仅有官员和秦国百姓，还有"新民"，即其他各国

　　① 韦昭注：《国语》，中华书局 1985 年版，第 138 页。
　　② （汉）毛公传，郑玄笺，（唐）孔颖达等正义：《毛诗正义》卷十四《小雅·大田》，上海古籍出版社 1990 年版，第 472 页。
　　③ 乌廷玉：《中国历代土地制度史纲》（上卷），吉林大学出版社 1987 年版，第 46 页。
　　④ 乌廷玉：《中国历代土地制度史纲》（上卷），吉林大学出版社 1987 年版，第 48 页。
　　⑤ 赵冈、陈钟毅：《中国经济制度史论》，新星出版社 2006 年版，第 32 页。

的客民，还有徙民，即秦国本国迁徙之人，甚至被释放的奴婢和罪人也分配土地，如秦昭王"免臣""迁南阳"，即授田宅。① 授田制的发展，农民直接从国家那里领取土地来耕种，个体农民一家一户的耕作方式得到发展，且农民可以长期占有土地，土地私有得到发展。土地私有的发展，不断瓦解着井田制。在战国时期，井田制度渐趋崩坏，孟子向滕文公建议整顿土地制度，力倡恢复古制。《孟子》记载："请野九一而助，国中什一使自赋。卿以下必有圭田，圭田五十亩，余夫二十五亩。死徙无出乡，乡田同井，出入相友，守望相助，疾病相扶持，则百姓亲睦，方里而井，井九百亩，其中为公田，八家皆私百亩，同养公田。"②

土地私有制发展与农业技术的进步共同演进、互构共生。一方面，农业技术的进步推动了土地私有制，从春秋开始，农业生产中最大的变化是，随着冶铁业的发展，铁制工具开始制造并使用，铁犁牛耕出现，这是农业生产技术的重大突破。铁器及牛耕的推广，推动了土地私有制的发展。另一方面，土地私有制又进一步推动农业技术的发展。土地私有制的确立，解放了生产力，促进了农业生产发展，推动了农业技术进步。

一是农业技术的进步推动了土地私有制的发展。春秋初期，因冶铁技术刚出现，所冶之铁不能用于铸造精美器物，还无法与铜比，因此首先被用于制造农具。例如，《国语》卷6《齐语》曰："恶金以铸锄、夷、斤、劚，试诸壤土。"③ 当时恶金即铁。春秋末期以后，鼓风的冶铁高炉出现，冶铁技术提高，被大量用于制造农具。《管子·轻重乙》记载："耕者必有一耒一耜一铫，若其事立"，"一农之事必有一耜、一铫、一镰、一耨、一椎、一铚，然后成为农"。④ 战国时期，铁农具制作工艺水平高，种类较多，"迄今已发现的铁工具有 1000 多件，其中多数为农具。这些农具种类有镢、锛、铲、锄、镰、削等"。⑤ 当时铁农具逐渐普

① （汉）司马迁：《史记》，易行、孙嘉镇校订，线装书局 2008 年版，第 27 页。
② 《孟子》，王常则译注，山西古籍出版社 2003 年版，第 73 页。
③ 蔡锋：《中国手工业经济通史·先秦秦汉卷》，福建人民出版社 2005 年版，第 354 页。
④ 《管子》，（唐）房玄龄注，（明）刘绩补注，刘晓艺校点，上海古籍出版社 2015 年版，第 459 页。
⑤ 蔡锋：《中国手工业经济通史·先秦秦汉卷》，福建人民出版社 2005 年版，第 355 页。

及，从中原地区到长江流域，甚至更南的广西一带，铁农具都普遍使用。春秋战国时期，铁犁牛耕也随着铁器的广泛使用而发展，在农业生产的发达地区，牛耕非常普遍。在《吕氏春秋·季冬》中就提到了季冬"出土牛"与牛耕相关的问题。当时秦国十分重视农业生产，还专门设立官员负责牛的管理，每年一月、四月、七月、十月都会组织对官府私耕牛进行评比，根据牛的肥瘦给予饲养者奖惩。[①] 从考古中出土的铁犁、铁铧表明牛耕普遍存在。河南辉县发现 7 件铁铧，河南渑池的一个铁器窖藏中，出土有多件铁犁、双柄犁、犁铧等，[②] 这反映了战国时期河南地区牛耕非常普遍。铁犁的生产使用，"结束了春秋以前的'千耦其耘'、'十千维耦'的集结人力共同耕作的方式，而使得个体农民大面积耕作成为可能。在这个意义上说，牛耕的出现与铁器的发明与使用，对当时农业生产的提高有不同凡响的意义"。[③]

春秋之后，因锋利铁器的出现，农业水利技术获得发展，各国为了发展农业，兴起建设农田水利之风，修建水井、坡塘、运河和沟渠等水利设施。水井在西周初期仅用作饮水设施，春秋战国被大量用于农田灌溉。春秋时期坡塘是有排涝与灌溉两种功能的大型水利工程，有些坡塘特别大，"积而为湖，陂周一百二十许里……陂有五门，吐纳川流"。[④]春秋战国时期修建的大型农业灌溉沟渠，最著名的有都江堰、郑国渠和漳水渠。都江堰作为秦国李冰父子治水所建的水利工程，兼有治水、农田灌溉作用，极大地改善了成都平原水患和农业灌溉状况，为成都平原的农业发展做出了很大贡献，至今依然发挥着农业灌溉功能。

春秋战国，由于铁器、牛耕和水利灌溉技术的发展，促进了农业生产的发展，增加了农业亩产量，使农业生产方式由多人共同耕作的方式，变为个体农民大面积耕作。同时大量荒地开垦，促进了授田制的发展，为土地从周王室公有变为诸侯所有，以及农田私有化提供了条件。

---

① 张政烺、日知编：《云梦竹简（Ⅱ）秦律十八种》，吉林文史出版社 1990 年版，第 10—13 页。

② 李京华：《渑池县发现的古代窖藏铁器》，《文物》1976 年第 8 期。

③ 蔡锋：《中国手工业经济通史·先秦秦汉卷》，福建人民出版社 2005 年版，第 357 页。

④ （北魏）郦道元原注：《水经注》，陈桥驿注释，浙江古籍出版社 2001 年版，第 505 页。

从中，我们可看到传统农业技术对土地制度发展的促进作用。

二是土地私有制促进了农业生产和农业技术发展。秦国商鞅变法使土地私有制合法化，允许土地公开买卖，解放了农业生产关系，进一步激发了百姓农业生产的积极性，推动了农业技术发展，农业生产获得极大发展，为秦国成为战国时期的强国和后来的统一奠定了物质基础。不仅限于秦国，其他诸侯国也效仿秦国，推动土地私有化，推动了各自农业生产和农业技术的发展。井田制的瓦解和土地私有制的产生，促进了生产力的发展，导致了生产关系的变革，为奴隶制向封建制的转变奠定了基础，新兴的地主阶级登上历史舞台。土地私有制对农业技术发展的推动，主要表现如下。

首先，推动了精耕细作耕种技术的发展。土地私有制的发展促进了农业从粗放到精耕细作的发展。在秦汉时期，农业精耕细作得到初步发展，主要表现在科学选种育种、农业因时因地耕作、适时播种和收割、合理密植、中耕除草、加强管理、施肥灌溉等。

其次，促进了水利灌溉技术发展。前面我们提及战国时期著名的一些大型水利工程和农业灌溉设施，这些大型水利工程和农业灌溉设施是当时水利灌溉技术水平较高的反映。而水利灌溉技术的发展，是因农业发展需求促进的，即土地私有化后，激发了农民的生产积极性，也增加了诸侯国的积极性，因将土地周王所有变为各诸侯国所有，诸侯国为了增加农业产量，克服天灾和旱涝影响，摆脱靠天吃饭的状况，主动兴修水利，发展灌溉技术。

再次，土地私有制刺激了农业生产工具革新。土地私有制刺激了对农业工具的需求，引发了农业工具的革新。土地私有化后，秦汉时期农具从生产工艺看，达到了新的高度，农具的质量也有很大进步，特别是发现了很多用钢铸造的农具，如脱碳铸铁、铸铁脱碳钢、炒钢和带有球磨展性的铸铁等都在一些农具中有所发现，秦汉时期，农具种类多，可按用途划分为垦耕工具、整地工具、播种工具、中耕工具和收获工具等。而每一类别又可分为若干工具。垦耕工具主要包括犁、铲、锸、镢等，每一工具又有多种形制。例如，犁铧就有大小之分，大型犁铧有重达9千克，长宽在30厘米以上，大型的犁铧只能用牛牵拉，还有一些小铧，长宽约 15 厘米，小型犁铧因轻便可以用人力挽牵。①

最后，土地私有制推动了蚕桑业的突破。在东汉后期的叙述一年例行农事活动的专书《四民月令》中，我们可以看出当时的农户种桑养蚕以自足和纳赋。在两汉时期，地主家有"蚕妾"专门从事蚕桑的生产，一般在蚕事季节，地主要动员家中所有的妇女儿童参加蚕桑生产，蚕桑生产的全部过程（养蚕、缫丝、纺织、印染等）都需要单独完成。此外，统治阶级在农业生产中，也特别重视栽桑养蚕，并实施一定措施以鼓励农户从事桑蚕生产，甚至带头进行。《吕氏春秋》上农篇记载："后妃率九嫔蚕于郊，桑于公田。是以春秋冬夏皆有麻枲丝茧之功，以力妇教也。"②《礼记·月令》记载："是月也，命野虞毋伐桑柘。鸣鸠拂其羽，戴胜降于桑，具曲植蘧筐。后妃齐戒，亲东乡躬桑，禁妇女毋观，省妇使，以劝蚕事。蚕事既登，分茧，称丝效功，以共郊庙之服，无有敢惰。"③ 说明秦代时，王室十分重视蚕业生产，后妃以身作则，带头采桑养蚕，并要求妇女专心养蚕。汉代蚕桑进一步发展，国家将蚕桑放到农业生产第二位，并以农桑为衣食之本。当时，各家各户"还庐树桑"，"女修蚕织"，栽桑、养蚕极为普遍，养蚕、缫丝、织绸已成为家庭重要活动。④ 虽然表面上是国家或农户重视并积极从事栽桑养蚕，但因土地私有，农户愿意栽桑养蚕、提高蚕丝技术以增加收入。秦汉时期也出现了以营利为目的的专业性桑蚕生产，如在山东地区就有栽种上千亩桑田的，其生产的目的是盈利。

（二）传统农业技术与租佃制度的互构共生

租佃制是建立在租佃契约基础上的土地经营方式。租佃关系是基于土地出租和佃耕双方意愿而达成的契约关系，是经济契约关系的一种。土地出租方与佃耕方就租金的方式（如分成租还是定额租），地租率的高低等问题协商形成双方认可的契约。租佃制的形成发展离不开传统产业技术的推动，同时租佃制也影响传统产业技术的发展，推动或阻碍着

---

① 蔡锋：《中国手工业经济通史·先秦秦汉卷》，福建人民出版社 2005 年版，第 684 页。
② 《吕氏春秋》，任明、昌明译注，书海出版社 2001 年版，第 236 页。
③ 《礼记》，（元）陈澔注，金晓东校点，上海古籍出版社 2016 年版，第 180 页。
④ 蒋猷龙：《秦汉时期的蚕业（上）》，《蚕桑通报》2018 年第 1 期。

传统产业技术的发展。

1. 传统农业技术促进了租佃制度的产生

中国古代的租佃关系在战国时期就出现了，租佃制的出现是传统农业生产技术进步的结果。随着传统农业生产技术的进步，农业生产获得发展，土地从井田制向土地私有制发展，战国末年已发展并实施授田制度。授田面积为每人百亩，不过面积已经扩大。从秦昭王到秦始皇，曾多次徙民，徙民都被授予田地，但领取官田之人，要向政府纳租，"凡是领取官田之人，不论耕种与否，都要给政府纳租，其标准是每顷田纳'刍三石稿二石'"。领取官田的徙民给官府纳租，这可看作早期租佃制的萌芽。两汉时期虽然实现土地私有制度，但政府依然拥有部分官田，"官田包括屯田、苑囿池御、无主荒地、山林川泽等"。① 官田要么出租经营，要么分给贫民，向官府纳税。官府常将屯田出租给田卒生产，生产资料由政府供给，定期向官府交纳地租。屯田租有两种形态：一种为实物地租；另一种为劳役地租。实物地租即以粮食实物作为地租交纳给官府。劳役地租一般采取定额，以土地面积定劳动数量。如《汉书》说："田事出，赋人二十亩。"② 这是一种定额的劳役地租形式。

除官方的公田租佃之外，还有私田租佃。春秋战国时期铁器、牛耕和水利灌溉技术的发展，促进了农业生产的发展，土地私有制有了发展。当时出现一些豪强大户，他们将土地租给破产的农民或穷人耕种。"富者田连阡陌，贫者无立锥之地。或耕豪民之田，见税什五。"③ 从中我们可以看到田连阡陌的富人，将私有农田租给穷人，并采取分成制，分成比例是主佃各取产量的一半，即"见税什五"。《汉书》的《宁成传》中进一步指出当时的富豪宁成出租土地给贫民，并残酷剥削。"乃贳贷陂田千余顷，假贫民，役使数千家，数年，会赦，致产数千万。"④ 汉代，随着农业技术的进步，土地私有制进一步发展，出现"分田劫假"的租佃制度，"分田"即佃户租种富人土地，"劫假"指富人夺取

① 乌廷玉：《中国租佃关系通史》，吉林文史出版社 1992 年版，第 2 页。
② （东汉）班固撰：《汉书》，赵一生点校，浙江古籍出版社 2000 年版，第 911 页。
③ （东汉）班固撰：《汉书》，赵一生点校，浙江古籍出版社 2000 年版，第 433 页。
④ （东汉）班固撰：《汉书》，赵一生点校，浙江古籍出版社 2000 年版，第 1094 页。

租粮。颜师古解释为："分田，谓贫者无田而取富人田耕种，共分其所收也。劫者，富人劫夺其税，侵欺之也。"① 东汉时期，随着农业及农业生产技术的发展，租佃制度进一步发展。一方面，官田租佃制度进一步发展，为防止地方官营私舞弊，根据土地肥沃或贫瘠确定地租多少，建立了租佃关系档案。"建初元年（76 年），迁山阳太守，兴起稻田数千顷，每于农月，亲度顷亩，分别肥瘠，差为三品，各立文簿，藏之乡县。于是奸吏踧踖，无所容诈。"② 记载了山阳太守秦彭不仅出租官田，还建立了官田出租档案以防止地方田官营私舞弊，汉章帝将山阳官田租佃档案制度向全国推广。另一方面，伴随农业技术的进步，土地私有制和土地买卖兴盛，一些自耕农破产，私田租佃制度进一步发展，社会两极分化加深，地方豪强势力进一步扩张。"明帝以后，大土地所有制恶性发展。汉和帝后，外戚与宦官相继专政。剥削繁重，灾荒频数，迫使大量农民破产流亡。"③ 破产农民到处流亡，多数沦为"客""宾客""奴婢"，东汉末年，土地兼并日益严重，流民越来越多，一般都沦为依附农或农奴。"东汉末年的'客'由于普遍从事农业生产劳动，他们已经改称为'佃客''部曲'，其主要任务是耕田。"④

秦汉时期，虽然农业技术获得发展，土地私人所有制合法化，社会也建立封建制度，但封建制度并不成熟完善，因此租佃制中的租方和佃方地位并不平等，佃方依附租方，甚至成为租方人身依附的农奴，他们没有人身自由，地位较低。

2. 传统农业技术影响租佃制度的发展变迁

唐宋时期，随着农业生产技术的进步和农业的发展，租佃制度进一步发展，租佃关系也出现变化。唐朝私有土地分为地主和自耕农或半耕农的土地，地主基本将土地租给佃农耕种，佃农与地主订立契约，依据契约交纳地租。唐朝时，地主与佃农的关系向平等化发展。佃农地位比汉晋时期要高很多，我们从一个当时的租佃合约可看出这种平

---

① 乌廷玉：《中国租佃关系通史》，吉林文史出版社 1992 年版，第 6 页。
② （南朝宋）范晔撰：《后汉书》，罗文军编，太白文艺出版社 2006 年版，第 561 页。
③ 乌廷玉：《中国租佃关系通史》，吉林文史出版社 1992 年版，第 10 页。
④ 乌廷玉：《中国租佃关系通史》，吉林文史出版社 1992 年版，第 12 页。

等关系。

> 龙朔三年九月十二日，武城乡人张海隆，于同乡人赵阿欢仁边，夏取叁肆年中，五年、六年中武城北渠口分常田贰亩，海隆、阿欢仁二人舍佃食，其耒（耕）牛、麦子仰海隆边出，其秋麦二人庭分。若海隆肆年、五年、六年中不得田佃食者，别钱伍十文入张，若到头不佃田者，别钱伍十文入赵，与阿欢仁草玖围。契有两本，各捉一本。①

此租约内容讲述了张海隆租佃赵阿欢仁之田，收入由双方平均分配，且双方如果不履约，无论哪方，都要惩罚五十文。这个佃约，反映了租佃双方的平等关系。

此外，唐代取消了地主合法荫客之权，从制度层面取消了地主与佃户的不平等，这也是一种进步。特别是在唐代出现包佃制的萌芽，包佃制实际是一种转租土地的形式。"问曰：官田宅，私家借得，令人佃食；或私田宅，有人借得，亦令人佃作。借得之人，既非本主，又不施功，不合得分。"② 从中我们看到包佃的现象，即从官田或私田借来田地而自己不耕种，租给他人耕种的现象，这种现象表明土地租佃关系中已经出现三类人：土地所有者、借田者、耕种者，借田人已经变为包佃者的角色。农业技术的进步和生产效率的提高促进了包佃制的发展，从中我们看到大量农田并不需要太多人耕种，一些人可以成为转租者，坐收他人之利，唯有农业生产力提高才可能出现包佃的现象。

随着宋朝农业生产技术的发展，租佃制进一步发展。因宋朝实行"不抑兼并"的政策，大地主土地所有制获得发展，据研究，当时的地主，人口只占全国人口的百分之六七，但占据了全国百分之七八十的土地。而占全国人口70%以上的客户及五等户，却依靠租田为生，没有土地。③ 宋朝契约租佃已经普及，农民对地主的人身依附关系比过去松弛，

---

① 乌廷玉：《中国租佃关系通史》，吉林文史出版社1992年版，第28页。
② 《唐律疏议》，袁文兴、袁超注译，甘肃人民出版社2016年版，第809—810页。
③ 乌廷玉：《中国租佃关系通史》，吉林文史出版社1992年版，第45页。

社会地位有所提高。在租佃契约方面，书面契约比较普遍，书面契约对租佃双方具有约束力，一般在租佃契约上，要写明佃主、租田者和中介人姓名，土地亩数，应交租额等。契约租佃关系的普遍，说明农民对地主的人身依附有所弱化，契约租佃成为约束农民交租的依据。这也是因为宋朝地主与前朝不同，多数无法靠政治力量来强制佃户交租，故用书面契约来规定。从宋朝的地主状况看，地主很难长期维护门第，在经济不断发展、土地自由买卖的环境下，常有贫富变更、主佃易势之事，土地所有权日益分散。

宋朝不同的耕作技术与租佃形式密切关联。宋代当时的乡村客户有三大类，第一类为雇农，第二类为分益制的佃农，第三类为"出产租"的侨居浮客，每一类客户的耕作技术存在一些差异。"今大率一户之田及百顷者，养客数十家。其间有用主牛而己力者，用牛而事主田以分利者，不过十余户。其余皆出产租而侨居者，曰浮客，而有畲田。"① 第一类雇农和第二类分益制的佃农都使用牛耕田，所耕作之田均比较肥沃，耕作方法是精耕细作。而第三类侨居的浮客则耕种时没有牛耕地，所耕之地为畲田，即刀耕火种之田，这是一种相当原始的耕作方法。唐宋时期，中原一带的农田早已是熟地，采用牛与犁耕种，精耕细作。但南方一些偏远山区仍有部分残留的刀耕火种之地，耕作方法原始，称为畲田。"其地在黔州之西数百里……土宜五谷，不以牛耕，但为畲田，每岁易。"② 可见畲田不用牛耕，而是使用刀斧等工具，耕种技术原始，还需实行休耕，或"每岁易"。此外，宋朝时期江南的麦稻两熟耕种技术引起了租佃制度的变化。宋太祖时在江南试行种麦，北方农民南迁后，以其在北方种麦的经验结合江南的稻谷栽培，发展出两熟制。官府为了鼓励种麦，规定地主只收稻租，不收麦租。"建炎之后，江浙湖湘闽广，西北流寓之人遍满。绍兴初，麦一斛至万二千钱，农获其利，倍于种稻。而佃户输租，只有秋课，而种麦之利，独归客户。于是竞种春稼。"③

---

① 欧阳砥柱编著：《欧阳修诗文赏析》，武汉大学出版社 2018 年版，第 123 页。
② （后晋）刘昫等撰：《旧唐书》，廉湘民等标点，吉林人民出版社 1995 年版，第 3364 页。
③ 赵冈、陈钟毅：《中国土地制度史》，新星出版社 2006 年版，第 272 页。

明代农业生产技术进一步发展，促进了租佃制的发展。明朝租佃制十分发达，佃农是农业生产发展的主力军。明代地主规模大者有百家千家佃户，"（苏州）乡间富户，田连阡陌，合一二里饥饿之民，皆其佃户"。① 随着农业生产的发展，明代永佃制得到发展，农民拥有永佃权，佃农取得了土地长期使用权，地主对于土地只有"田底"权，他们有权征收地租，但不能任意撤销租佃关系。佃农的永佃权早在宋朝时期就开始萌芽，明代，多地出现永佃制。例如，福建南靖县条说："且所谓'一田三主'之弊，尤海内所罕有，一曰大租主，一曰业主，一曰佃户。同此田也，买主只收税谷，不供粮差。其名曰业主，粮割寄他户，配之受业。而得租者，名曰大租主。佃户则出租佃田，大租业税，皆其供纳，亦名一主，此三主之说也。"② 永佃制的出现，与农业生产发展密不可分。一方面，农业耕作技术的进步促进了草荡之地开采，为永佃制发展奠定了基础。因为佃农在开发草荡或荒地时，付出了代价，并将这些草荡等地改造为旱涝保收的圩田。地主为了补偿佃农筑圩的付出，承认佃农的付出，肯定其"田面权"。农业耕作技术有了开垦草荡和荒地的能力，可通过精耕细作将其变为熟地。另一方面，佃农争取永佃权，也是因为佃农多年耕种该地，已经提高了土地的农业产量，多年精耕细作使该地变为熟地，故希望长久耕种。清代农业生产技术进一步发展，推动租佃制继续发展，永佃制已经相当发达。"当时福建、江苏、江西、广东、浙江、安徽、广西、湖南、直隶、河南、甘肃都有些地方实行永佃制。"③ 永佃制的发展也进一步推动了农业生产力的发展。

3. 租佃制影响传统农业技术发展

通过上述分析，我们看到了农业技术与农业生产对租佃制的产生、发展和变迁产生了重要影响。与此同时，租佃制作为一种人为建构的土地租赁制度，势必对农业生产和农业技术产生影响，总的来看，一方面租佃制促进了农业生产和技术进步，另一方面也因其对佃农的剥削而影响农业生产、阻碍农业技术进步。

---

① 高寿仙：《明代农业经济与农村社会》，黄山书社 2006 年版，第 145 页。
② 《四部丛刊·天下郡国利病书》三编史部卷 94，上海书店出版社 1935 年版。
③ 乌廷玉：《中国租佃关系通史》，吉林文史出版社 1992 年版，第 109 页。

第一，租佃制促进传统农业技术发展。租佃制自战国时代产生，在中国传统农业社会延续发展了两千年之久，这种存在在过去必有其合理之处。它对中国传统社会的农业生产和农业技术发展起了重要的促进作用。

一是土地激发农民提高农业生产和技术的积极性。对无地的贫民或流民而言，有地耕种能解决基本的生存问题，官田或私田出租给无地贫民耕种，刺激了他们为解决生存问题的劳动积极性，在生存伦理的追求下，他们会想尽一切办法提高农业产量，因此使用先进的生产工具、耕种方法、兴修水利、改进灌溉技术和增加劳动时间，都是他们提高产量的办法。例如，西汉时期，"繁重的兵役、徭役、赋税，迫使自耕农破产流亡。元狩四年（公元前119年），关东流民迁到北地、西河、上郡、会稽者七十二万余人。元封四年（公元前107年），失业破产者激增，流民二百万口，无名数者四十万"。① 这些破产农民和流民的生存之路就是成为农业劳动者"客"或"奴婢"。在西汉成帝、哀帝时期，"客"成为农业劳动者，"红阳侯（王）立，使客因南阳太守李尚，占垦草田数百顷"。② 唐代安史之乱后，农民破产者增加，当时有富人兼并土地数万亩，而贫困者无容足之地，他们只有依托豪强，或者成为富人的私属，向富人借贷或租佃土地为生。③ 破产的农民或流民因租佃土地而解决了生存问题，土地为他们的生存提供了物质保障，尽管佃农要受到豪强地主的剥削，虽然生活艰辛，但总比饿死荒野强。因此，从基本生存的角度看，土地为破产的农民和流民提供了生存的物质来源，能极大地提高他们的农业生产积极性，从而有利于促进农业技术进步。

二是租方提供生产资料促进了农业耕种技术的进步。官府作为租方，往往还会提供生产工具或劳动资料（谷物种子）等，这为没有生产资料的贫民租赁土地提供了便利，也大大增加了贫民农业劳动的积极性。官田租佃中，官府往往既提供土地，又提供牛、犁等生产工具和种子等，其中官府提供的生产工具都比较先进。两汉时期官府的屯田出租

① 乌廷玉：《中国租佃关系通史》，吉林文史出版社1992年版，第7页。
② （东汉）班固撰：《汉书》，赵一生点校，浙江古籍出版社2000年版，第989页。
③ （唐）陆贽：《陆宣公集》，刘泽民校点，浙江古籍出版社1988年版，第260页。

就是如此，"屯田主要利用田卒生产，每人平均耕田二十到四十亩，生产资料由政府供给，定期交纳地租"。[①] 贫民只需要出劳动，而无须其他投入就可利用现有的土地获取生存物质，对破产处于饥寒交迫状况的贫民或流民而言，没有什么比生存需求更重要，因此，激发了他们劳动的积极性和主动性。再者，官府提供的先进的农业劳动工具，为精耕细作提供了条件。影响农业劳动的主要是天灾，如干旱、水涝、雨雪冰雹等对农业的影响，虽因自然因素影响农业生产产量，也因农民想方设法减轻自然界的破坏而促进了农业灌溉技术、水利修筑技术和自然气象科技的发展。例如，早在战国时期人们就认识到自然季节的变化会影响农作物生长，因此农业生产必须掌握季节气候变化规律与农作物生长发育的关系，适时耕种收获才能增产。孟子说："不违农时，谷不可胜食也。"《吕氏春秋·审时》对作物"得时""后时""先时"三种情况做了分析，从生长、收获、品味三个方面加以比较，得出了"得时之稼兴""失时之稼约"的结论。[②] 可见人们早已认识到农作物生长与自然气象之间的关系，并利用自然气象来耕种以提高农业产量，因此，为了增加农业生产产量，也势必会提高对自然气象的认识，推动了自然气象科技的发展。

三是地租压力促使佃农改进农业生产技术。在我国传统农业社会里，租佃制中的地租常常采用实物地租，实物地租可分为定租制和分租制两种类型。定租制简言之就是每年地租交纳的数额固定，而分租制的地租数额不固定，只是按照一定比例交纳地租，通常交纳的地租比例固定，即地主和佃农按照一定比例分成。分租制作为实物地租最早出现的形式，比例有五五分、四六分等，如《汉书》中就有记载，佃农耕种豪民之田，"见税什五"，[③] 即按照五五分成。在分租制下，虽然分成的比例固定，但地租收入的多少取决于总产量。佃农为了争取高产，增加收入，会积极改进生产工具，注重农业生产过程中的锄草、中耕、灌溉、收割等环节，精耕细作，以增加农业生产，这有利于促进农业技术进

---

① 乌廷玉：《中国租佃关系通史》，吉林文史出版社1992年版，第2页。

② 王俊麟：《中国农业经济发展史》，中国农业出版社1996年版，第31页。

③ （东汉）班固撰：《汉书》，赵一生点校，浙江古籍出版社2000年版，第433页。

步。即便是地主，为了增加地租收入，也会监督干预佃农的农业生产过程。例如，清代直隶鸡泽县地主乔有智租地给田根子，商议按收成均分。为了增加收入，地主乔有智让佃户田根子种烟，田根子不同意，以致不愿佃田。而山西河曲县地主张兴海租地给张洪才，乾隆五十年五月十六日，地主张兴海督促张洪才去田间除草，张洪才回复："过去欠了别人债，暂时先给别人铲地，随后再除自己租田。"① 以致遭到地主张兴海斥责。这些记载说明在分租制下，租佃各方都会关心农业生产以增加产量。地主督促佃农农业生产的出发点是为了增加自己的地租收入，毕竟农业产量增加了，按固定比例分配的地租也就增加了。地主对佃农的督促，某种程度上也有利于农业生产的发展，促进农业技术的发展。

定租制则是地主规定佃户每年交纳固定数额的实物。定租制在唐代才开始出现，宋代逐渐增多。地租的定租制，通常按照亩来规定田地的固定地租量，遇到丰年地租不增加，遇到灾荒年地租也不减少。在定租地租形式下，佃农既会因丰收年有生产的积极性，也可能面临灾年颗粒无收而无法交租。因此，佃农常常会通过改进农业生产，使用先进农业工具，加强管理，精耕细作，提高劳动强度以增加产量，产量越高，扣除固定需要交纳的地租后，归自己所有的产品越多，因此，地租压力也会转化为生产的动力，故对农民的生产积极性有一定刺激作用。

四是租佃双方关系平等化促进农业生产技术进步。租佃制产生之初，租方与佃方关系相对平等，并未形成人身依附关系。官田出租给贫民租种，只收租金。而豪强地主出租给贫民也仅限于收地租扩大势力。但随着租佃制的发展和大地主土地制度的发展，佃农的社会地位下降，租佃关系不平等化，甚至形成佃农对地主的人身依附关系。东汉时期，因天旱水涝，加之战争或赋税等原因，造成大量自耕农或半自耕农破产，豪族地主势力膨胀，佃农社会地位下降，一些佃农依附于地主豪强，甚至亲率妻子儿女为地主服役，"……乃父子低首奴事富人，躬率妻孥，为之服役"。② 东晋时期，战乱连年，流民激增，实施了荫客制

---

① 中国第一历史档案馆、中国社会科学院历史研究所编：《清代地租剥削形态》（上册），中华书局1982年版，第208页。

② 乌廷玉：《中国租佃关系通史》，吉林文史出版社1992年版，第11页。

度。其中明确规定了佃客的地位和农产品分配方式。佃客是为地主从事农业生产的劳动者，田地的产品按比例与地主分配，或平分或四六分。其中佃客无独立户籍，皆注主人家籍，属农奴阶层，地位较低。佃客与地主关系的不平等必然影响地租的合理分配，弱势的佃客必然会吃亏，不合理的地租分配影响佃农生产积极性。佃农依附于地主的身份束缚了农业生产的主动性和自由，也不利于农业工具改进和技术的革新。

唐代取消了地主合法荫客之权，从制度层面取消了地主与佃户的不平等，地主与佃农的关系向平等化发展，佃农地位比汉晋时期要高。这种租佃关系平等化有利于促进农业生产发展。1964 年，吐鲁番出土了一些唐代民间私田佃约，从佃约中我们可以看到一些租佃关系平等化的信息，多数佃约中，都明确规定租佃双方应承担的义务。对出租方，一般规定"租殊百役"，即土地税由业主负担。也有的佃约规定"退佃责罚"，一罚二，二罚三。对于佃户，佃约都注明"渠水破谪"，即佃农在土地租耕过程中，水渠如果毁坏，佃户应负责。佃约还规定佃户租粮质量要干净，不能拖欠地租，"过期生利"。① 这些规定表明租佃双方都承担各自的义务，享有相应的权利。

租佃双方关系平等化有利于农业生产和技术进步。佃农不再完全依附地主豪强，逐渐独立，并逐渐拥有自己的户籍和生产资料。租佃关系平等化有利于提高佃农农业生产的自主性，对农业生产有更多、更大的自由。对租方的"退佃责罚"规定，有利于租佃关系稳定，可以维持比较稳定的土地使用权，有利于佃农对所租之地扩大再生产。宋朝出现的永佃制，是租佃关系平等的制度化规定，元代永佃制进一步发展，明代较为成熟，永佃制保障了租佃关系的稳定，有利于佃农持续租用土地，刺激了对土地的生产再投入，促进了农业生产发展和技术进步。"少数富裕的佃农，取得永佃权以后，便可以向土地投资，提高单位面积产量。每年除了交租外，还可以有一部分积累，以便扩大再生产。"② 即便是贫困佃农取得永佃权后，也可以维持比较稳定的土地使用权，也有利

---

① 乌廷玉：《中国租佃关系通史》，吉林文史出版社 1992 年版，第 33 页。
② 乌廷玉：《中国租佃关系通史》，吉林文史出版社 1992 年版，第 91 页。

于对土地的单纯再生产。特别是永佃制获得社会认同，历代政府不得不承认佃农的权利，受到政府法律保护。康熙年间，福建建昌县发生了一起因佃农黄佳珂租佃了四十六年之田被业主李凌汉售卖后发生的人命案，官府最后判定"田亩系黄佳珂出银自租垦荒成熟，（田）应归子承种"。① 虽然佃田被售卖给他人，但佃农依然具有永佃权，业主不能随意收回。佃农的永佃权受官府法律保护，合法性被社会公认，有助于佃农改善生产条件，促进农业生产力的发展和农业技术进步。

第二，租佃制阻碍传统农业生产技术发展。租佃制也存在诸多弊端，地主对佃户的残酷剥削、地主与佃农地位的不平等、租佃关系的不稳定都影响着传统农业生产和技术发展。

一是租佃制中的过重剥削阻碍农业生产发展和技术进步。租佃制中存在的过重剥削，不利于农业生产，也阻碍技术进步。例如，东汉明帝以后，大地主所有者恶性发展，过重的剥削，导致大量农民破产流亡。"剥削繁重，灾荒频数，迫使大量农民破产流亡。"② 唐朝前期剥削情况，一般剥削率在百分之五十至七十五，"以地之良薄与岁之丰凶为三等，具民田岁获多少，取中熟为率"。③ 唐朝不少佃农没有任何生产资料和生活资料，依赖地主，地位很低，主佃之间具有严格人身隶属关系。安史之乱后，佃农地位继续下降，所受剥削严重，一方面贫困者常常无容足的居所，只能依赖豪强地主，向他们借贷粮食或种谷，租赁他们的田地为生，另一方面终年劳动，没有休息时间，就这样还无法偿还所借或缴纳地租，"终年服劳，无日休息，罄输所假，常患不充"。④ 严重的剥削使佃户一般缺少或没有农业生产资料，所需的种子、农具、耕牛均由地主供给，佃户自身成为地主的附属或农奴。根本没有自由支配的生产资料来扩大农业生产，加之佃农依赖地主进行农业生产，没有农业生产的主动性和积极性，这种状况会阻碍农业生产技术进步。特别是地主为了加大对佃农的剥削，制定定租制，遇到灾年歉收也不减租，佃农仍需交

---

① 乌廷玉：《中国租佃关系通史》，吉林文史出版社1992年版，第111页。
② 乌廷玉：《中国租佃关系通史》，吉林文史出版社1992年版，第10页。
③ 乌廷玉：《中国租佃关系通史》，吉林文史出版社1992年版，第35页。
④ （唐）陆贽：《陆宣公集》，刘泽民校点，浙江古籍出版社1988年版，第260页。

纳固定地租，从而加重佃农的生产生活困难，进一步使他们赤贫化，无力投入农业简单再生产，更别论扩大农业再生产了。

二是租佃双方不平等关系阻碍农业生产技术发展。租佃双方不平等关系主要表现为佃农地位低于地主，甚至沦为地主的农奴，完全依附于地主，形成严格的主仆关系。不平等的租佃双方关系为地主的残酷剥削提供了条件，佃农也无法维护自己的正当利益。在农业生产过程中，不平等的租佃关系影响佃农的生产积极性、主动性和灵活性。

三是租佃关系不稳定阻碍农业技术革新。佃农如果在农业生产中使用先进生产工具，则可能会因提供农业耕种技术而使农业产量提高，地主一般对佃农所种田地的产量增加会干涉，不会任由佃农占有全部增加的产量，他们会强制抽田撤佃，将土地以更高的租赁条件出租给他人。宋代以后经常会出现地主夺田增租的现象，这就可能使佃农为了改进农业生产所付出的劳动付诸东流，如佃农改良土壤、增肥土地等增产努力全部落空。① 因此，租佃关系的经常变化影响佃农改进生产技术，阻碍了传统农业技术发展。因此，永佃权的形成发展就很有必要，能保护佃农的土地使用权长期稳定，维护佃农利益。在这样的条件之下，佃农便可能改善农业生产技术促进生产力的发展。

（三）传统手工业技术与专卖制度的互构共生

专卖制度古称禁榷制度，在我国发展历史上，与传统手工业技术共同演进、相互促进和互构共生，是经济制度与技术互构共生的重要表现。分析传统手工业技术与专卖制度之间的互构共生关系可为我们认识传统技术与区域经济制度互构共生关系提供条件。

1. 传统手工业技术对专卖制度的影响

早在春秋时期，随着手工业技术和工商业的发展，出现了专卖制度。齐国管仲辅佐齐桓公时，根据齐国产盐业的发展，在吸纳早年齐太公的一些政策措施的基础上，对盐铁实行官府经营，可以说管仲创立了专卖制度。② 管仲在齐国所实施的盐铁专卖制度，可以归纳为两点：一

---

① 乌廷玉：《中国租佃关系通史》，吉林文史出版社 1992 年版，第 93 页。
② 傅筑夫：《中国封建社会经济史》第二卷，人民出版社 1982 年版，第 666—667 页。

是对齐国的海盐生产实行官家经营生产，然后由官家销售到梁、赵、宋、魏、濮阳等地；二是设置铁官，官府控制铁器的冶炼和制造，并且官府也控制运输与销售。[1] 具体措施可归纳为民间制造、官方收购、官方运输和销售，即民制、官收、官运、官销，这是一种直接专卖制。战国时期的秦国也曾实行"壹山泽"专营政策，通过实施"专山泽之利，管山林之饶"的措施，来加强对盐铁等山林川泽资源和产品的管理控制。[2] 这些地方诸侯国的专卖政策，为推动专卖制度的完善奠定了基础。在汉武帝时期，盐铁专卖进一步发展并基本定型，建立了一套完整的专卖制体系。官府对盐铁的生产进行控制，同时还控制盐铁的流通和销售，建立了一套比较完整的官产—官运—官销的盐铁专卖制体系。[3]

第一，传统手工业技术推动了专卖制度的产生。专卖制度的产生并非偶然，而是与传统手工业技术的发展分不开，传统手工业技术进步推动了专卖制度的产生。专卖制度始于国家对盐铁的专卖，是盐业生产技术发展和冶铁技术进步的结果。盐业技术和冶铁技术的进步，促使盐业和冶铁业获得发展。春秋时期，冶铁技术出现，冶铁技术的出现是冶炼铸造技术发展突破的结果。当时出现了冶铁鼓风炉和高炉冶炼技艺，用一种特制的大皮囊，两端紧括，中部鼓起，多人推动，鼓风炉的发明创制满足了高炉炼铁所需充足的氧气。《越绝书》记载五百名童子鼓橐装炭，说明当时鼓风技术水平高，已采用多个鼓风皮囊送风。[4] 高炉冶铁技艺是在竖炉冶铜技术基础上发展的结果，高炉冶铁技艺不仅能冶炼出质量优良的铸铁，还为炼钢准备了技术条件。冶铁技术的进步，促进了冶铁业的发展，在战国时期，冶铁业已经比较发达，各诸侯国都有自己的冶铁手工业。冶铁业的发展，带来大量铁制产品，铁制产品种类繁多，用途广泛，一是应用在农业生产方面，制造铁制农具，如耒、耜、

---

① 傅筑夫：《中国封建社会经济史》第二卷，人民出版社 1982 年版，第 238 页。

② 林文勋、黄纯艳等：《中国古代专卖制度与商品经济》，云南大学出版社 2003 年版，第 4 页。

③ 林文勋、黄纯艳等：《中国古代专卖制度与商品经济》，云南大学出版社 2003 年版，第 7 页。

④ 华觉明、杨根、刘恩珠：《战国两汉铁器的金相学考查初步报告》，《考古学报》1960 年第 1 期。

铫、镰、铲、锄、锤等农具；二是可应用于军事，用于制造武器。可见，铁器既关系农业发展，国家富裕，又关系国家军事实力的强弱，政府控制铁这种特殊商品的生产和流通，既能增加国家的赋税收入，也可提升国家军事实力，故国家要实行专卖。煮盐在商代已经出现，西周时期以民间个体手工业生产为主，产量有限。西周初年齐太公望针对当时齐国土地贫瘠、多潟卤，农业落后的情况，劝民"通鱼盐"，境内发展煮海盐为主的手工业，[1] 齐国民间煮海盐技术的进步及海盐业的发展，为后来管仲向齐桓公献策实施盐业专卖奠定了基础。春秋战国时期，盐的生产技艺日益发展，大型煮盐业兴起，有海盐、井盐、岩盐和池盐等，盐业生产呈现出兴旺景象。春秋战国时期，煮盐的产地较多，《管子·地数》记载："齐有渠展之盐，燕有辽东之煮。"[2] 内地晋国的郇瑕出产池盐，是晋国主要食盐产地，为晋国重要的财政收入来源。战国末年，秦国兼并巴蜀之后，在四川一带开凿盐井，开凿了第一口盐井——广都井。在此基础上，挖掘盐井的技艺得到提高，铁质挖掘工具的出现，汲水器械和辘轳等提升工具和开凿技术的进步，推动了井盐生产技艺迅速推广，促进了井盐生产发展。盐业的发展，既满足了人们生活的需求，也带来了财富。国家为了获得财政收入，将盐作为专卖对象。

在众多的商品中，盐、铁的需求量最大，且没有替代商品，特别是盐，更是人们生活不可缺少之物。在《汉书·食货志》中有记载："夫盐，食肴之将；铁，田农之本。非编户齐民所能家作，必仰于市，虽贵数倍，不得不买。"[3] 因此，盐铁需求量巨大，经营盐铁可获利，历史上很多富商巨贾，几乎都是依靠煮盐、冶铁而起家，盐、铁也成为国家的专卖品进行干预和调节。从上述分析我们可看到盐、铁技术发展带动了盐铁产业兴旺，带动了此类商品经济的发展，推动了国家专卖制度的产生。

第二，传统手工业技术推动了专卖制度的发展变迁。专卖制度产生

---

① 蔡锋：《中国手工业经济通史·先秦秦汉卷》，福建人民出版社 2005 年版，第 271 页。

② 《管子》，(唐) 房玄龄注，(明) 刘绩补注，刘晓艺校点，上海古籍出版社 2015 年版，第 444 页。

③ (东汉) 班固撰：《汉书》，赵一生点校，浙江古籍出版社 2000 年版，第 444 页。

之初，仅以盐、铁为对象。到了西汉武帝时期，将酒纳入专卖范畴。唐宋时期，我国专卖制度发生了巨大变化，唐宋专卖制度的内容、管理方式和社会经济地位都出现了变革性的发展，一方面专卖的商品范围拓展，除传统盐、铁、酒外，还将茶、香药、矾、醋等商品纳入专卖范围，专卖的对象进一步拓宽，"专卖品又增加了茶、香药、矾、醋等商品"。① 在汉晋南北朝时期，盐、铁、酒是专卖制度的三大主要商品，但从唐代开始，铁基本上退出了专卖，茶叶取而代之，形成了盐、茶、酒新的三大专卖商品，当然唐宋时期将曲和矾也纳入专卖。另一方面，专卖制度也由直接专卖制演变为间接专卖制。唐宋时期专卖制度的发展变迁，与酒、茶、醋等商品生产加工技术进步分不开，是这些传统技术推动了专卖制度的发展变迁。

首先，传统手工业技术推动了专卖制度对象拓展。以宋代酒和茶为例，宋代酿酒技术的发展和制茶技术的进步，推动了酒、茶专卖制度的形成。宋代酿酒业比较发达，酿酒作坊遍布城乡，酿酒的工艺已趋于成熟，所酿的酒品种较多且产量极高。宋代酒的酿造工艺技术依据不同的品种而有区别，基本上分为黄酒、果酒和配制酒。黄酒的生产一般以大米、黄豆为原料，经过蒸煮、糖化和发酵、过滤而形成酒。宋代一般称为大酒和小酒。宋代比较有名的是米酒和红酒，其中红酒的生产工艺是以红曲酿制，红曲的发现和应用是我国酿酒技术上的一大发展。江南普遍酿制红酒，"江南、闽中公私酝酿皆红曲酒"。② 红酒的红曲生产工艺复杂，技术工艺独特。其工艺的独特之处有两点：一是创造了用明矾水，利用它来保证红曲生长所需的酸度，同时抑制各种杂菌生长；二是运用分段加水方法，这既能保证红曲霉进入大米内部，又能保证红曲霉在大米内部糖化和酒化作用的程度，不至于过度，由此得到实心红色的红曲。③ 从红曲制作工艺技术的巧妙可以看出宋代酿酒技术的先进。宋代酿酒业的发达为酒业纳入专卖提供了条件，宋代实行严格的榷酒政

---

① 林文勋、黄纯艳等：《中国古代专卖制度与商品经济》，云南大学出版社 2003 年版，第 11 页。

② 胡小鹏：《中国手工业经济通史·宋元卷》，福建人民出版社 2004 年版，第 355 页。

③ 胡小鹏：《中国手工业经济通史·宋元卷》，福建人民出版社 2004 年版，第 355 页。

策，并规定了利润，政府当时从专卖收益中所得仅次于盐息，高于茶利，甚至超过商税所得，"酒课自仁宗朝开始至南宋，其年收入常保持在 1200 万贯以上，抛去本柄钱，酒息净收入也在 600 万贯以上"①，可见宋代酿酒业的兴旺。

宋代制茶技术发达，制茶是比较特殊的产业，既具有农业的特征，又具有手工业的特点。宋代政府对制茶极为重视，对茶叶也实行专营。宋代产茶地有淮北、江东、江西、两浙、福建、荆湖南北等。总的来看，宋代茶叶生产集中在南方地区，以江浙闽湖一带最多，四川次之，广南、淮南又次之。东南茶质量最好，"东南茶的质量远远高于四川。特别是福建茶，产量虽不突出，但为官焙所在，所产蜡茶独步天下，已取代唐代阳羡茶成为天下第一"。② 宋代茶从加工方法上分为片茶和散茶，其中片茶以福建建州为著名，也称建茶。从制作程序看，建茶的制法极其严格，分工细密，加工工艺精细，主要工序有蒸茶、榨茶、研茶、造茶、过黄等工序，代表了宋代制茶工艺的最高水平。

宋代制茶技术为茶叶专卖制度提供了条件。宋代先进的制茶工艺技术促进了制茶业的发展，制茶业的兴旺带来丰厚的利润，茶叶也被纳入专卖进行管理，北宋前期只有四川、广南等六路不榷茶。宋代茶叶的专营模式主要采取两种方式：第一种管理方式是官营官收，即官府经营茶叶生产，这种管理方式"主要集中在淮南蕲、黄、庐、舒、光、寿六州，通过 13 个'山场'来经营"。③ 第二种管理方式是民营官榷，即民间生产，官府购买，官府在两浙、江南东西、荆湖南北、福建七路茶区为民营官榷。在这些地区，官府设立买茶场，负责向茶户购买茶叶，然后将茶叶运到指定的榷务交货区。

从上面我们可以看到，宋代正因酒、茶制造技术的进步引发这些产业的发展，促进了商品经济繁荣，加上此类商品对人们而言，需求量大，因此获利颇丰，关系国计民生。因此，国家要运用专卖制度来干预这些商品的生产、运输和销售，以增加国家财政收入，调节资源占有、

① 胡小鹏：《中国手工业经济通史·宋元卷》，福建人民出版社 2004 年版，第 333 页。
② 胡小鹏：《中国手工业经济通史·宋元卷》，福建人民出版社 2004 年版，第 365 页。
③ 胡小鹏：《中国手工业经济通史·宋元卷》，福建人民出版社 2004 年版，第 366 页。

财富分配，促进经济社会发展。

其次，传统手工业技术推动了直接专卖制向间接专卖制的演变。唐代以前，专卖制度均实行直接专卖方式，虽然隋朝和唐初一段时间取消了盐铁专卖制度，但在唐肃宗时期又重新恢复盐铁专卖制度。当时唐肃宗任命第五琦为盐铁转运使负责盐铁之事，改革盐法专卖，虽然第五琦改革了盐业专卖的许多做法，与唐代之前的盐业专卖有所不同，但"第五琦所实行的盐法仍然是汉武帝以来的官营官销的直接专卖制。"① 官营官销的专卖制有几个特点：一是官府对盐铁的生产、收购和销售进行控制；二是禁止民间私自制造铁器，私自贩卖食盐；三是寓税于价，通过提高专卖产品价格的途径获取专卖利益，第五琦盐法专卖改革也使整个专卖的管理脱离了自汉武帝以来归属于农业管理部门的状况，不再是农业的附属部门，而成为独立的经济部门，建立了独立的管理系统。这对于专卖制度从直接专卖到间接专卖的进一步发展，专卖行业在社会经济中的地位不断上升都产生了十分重要的影响。

直接专卖制有诸多不足，一是直接专卖制增加了专卖商品成本，因直接专卖制对商品的产、供、销各个环节由官府承担，官府必须设置相应机构和人员。二是直接专卖制效率很低。因直接专卖的商品都关系国计民生及老百姓生活，如食盐、醋、酒、茶等都是百姓日常消费品，必须深入每家，每一个地方，而官府的销售网络在传统社会难以做到覆盖所有消费者，因此效率低下。三是官营盐铁专卖机构一般设置于州县，增加了地方官员截留专卖利润的机会。四是容易引发生产者与官府之间的对立和矛盾。在直接专卖制度实行过程中，给人感觉是官府与民争利，易引发民间与官府的对立和矛盾，这也是盐铁专卖制度实施以来官府、民间的一种普遍认识，甚至一些统治者也认同这种看法，故隋朝建立后，隋文帝废除了盐铁专卖制度，唐初也一度废而不用，就是避免与民争利。

唐代刘宴实行盐法改革，实施了民制官购官销的间接专卖制。刘宴

---

① 林文勋、黄纯艳等：《中国古代专卖制度与商品经济》，云南大学出版社 2003 年版，第 170 页。

通过盐法改革，将官府经营销售的直接专卖制废除，实行民间制造、官府收购和销售的间接专卖制。这种做法就是官府垄断收购盐户所产之盐，然后批发给盐商，由盐商销售给百姓，政府不再设置粜盐官。刘晏通过盐政改革，完善了盐业管理机构，全国盐政由中央设置的盐铁、度支二使分别掌管，而地方则设立院、监、场三级管理的盐政管理体系。①刘晏盐法改革，使专卖制开始了从直接专卖向间接专卖的转变，在这个转变过程中商人的作用越来越大，宋元明清专卖制的发展就沿着这个方向进行。

专卖制度从直接专卖向间接专卖的演变根源在于唐宋社会经济的发展，是传统技术产业和技术进步推动的结果。传统技术的进步促进了传统技术产业发展，推动了商品经济的繁荣，从而推动专卖制度的演变。某种商品要纳入专卖必须有一个前提条件，就是该商品的生产和交换规模在社会商品中占有突出地位，具有一定的财政意义。纳入官府专卖后，为何唐宋时期专卖要向间接专卖演变呢？根源还是商品经济的发展和产业技术的进步。因为技术越发展，商品经济越发达，官府就越难以实现对不断扩大的商品生产和商品交换的独占。国家实行专卖的目的主要有两个：一是增加中央的财政收入；二是中央与商人和地方争夺利益。如何才能保证达到这两个目的，需要因时因地制定合适的专卖政策。官府如何假商增利及与商分利，只有与商贾共利，少取才能实现。国家增加收入的途径，欧阳修认为应该采取与商共利，取少而致多之术，"大国之善为术者，不惜其利而诱大商。此与商贾共利，取少而致多之术也"。②而与商共利的诸多方式中，官商联合的专卖制度无疑是官府获利的最好途径，即改变专卖制度的直接专卖，让越来越多的商人参与专卖活动，走间接专卖之路。

2. 专卖制度对传统手工业技术的影响

专卖制度对传统手工业技术的影响，既有积极方面的影响，也不可避免地存在消极影响。一方面专卖制度的产生和演化推动了传统手工业

---

① 林文勋、黄纯艳等：《中国古代专卖制度与商品经济》，云南大学出版社2003年版，第174页。

② （宋）欧阳修：《欧阳修全集》（全六册），李逸安点校，中华书局2001年版，第643页。

技术的发展，另一方面专卖制度也会束缚传统手工业技术发展。

（1）专卖制度促进传统手工业技术的发展

第一，专卖制度促进了手工业和商业的发展。官府以国家力量经营盐铁业，政权力量的支持可以使盐铁发展到相当大规模和水平。春秋时期，一些地方诸侯国实行盐铁官营和专卖，的确在春秋时期调动了民众煮盐冶铁的积极性，推动了各地方诸侯国盐业、冶铁业生产的发展。当时的诸侯国齐国，管仲实行盐铁官营，设置盐铁官，创立禁榷制度。齐国的盐铁由官府控制并由官府运销的措施促进了齐国海盐业发展，奠定了春秋大国的地位。战国时期的秦国实行了"壹山泽"政策，来专门管理川泽山林的资源，这也是早期的专卖制之一，① 促进了秦国盐铁生产技术和手工业的发展。宋代时期，从全国范围看，西北地区的经济不如东南地区的经济发达，但是西北地区秦州的纳税额仍然位列全国前茅，其纳税额连很多东南经济发达地区也比不过，关键因素之一就是宋代政府通过盐茶专卖制度，吸引了大批商人到西北经商，促进了当地商品经济繁荣发展，也促进了当地手工业兴旺，推动了手工业技术发展。②

第二，专卖制度从直接专卖到间接专卖的发展，促进了传统手工业技术发展。唐宋之际，专卖制度从直接专卖制发展到间接专卖制，这种专卖制度的发展也使国家与商人的关系发生了变化，国家与商人形成了一种"共利"关系，原来的专卖制度将商人排斥在专卖之外，从经营到销售完全由官府控制，间接专卖制使商人可以参与专卖的销售环节，极大地改变了原来国家与商人利益对立的关系，这种关系的变化有利于商品经济发展，促进了商业繁荣。唐宋商品经济相当繁荣，这与间接专卖制度的实行有很大关系，商品经济繁荣进一步促进了手工业兴旺，推动了手工业技术革新和进步。

唐代刘晏实行盐法间接专卖有利于提高盐业经营效率、促进盐业发展。在官购商销的间接专卖制下可以消除盐吏腐败、扰民等直接专卖制

---

① 林文勋、黄纯艳等：《中国古代专卖制度与商品经济》，云南大学出版社2003年版，第5页。

② 林文勋、黄纯艳等：《中国古代专卖制度与商品经济》，云南大学出版社2003年版，第33页。

下的弊端，与直接专卖制相比，官购商销的间接专卖制下商人灵活多样的营销方式适应了消费的不同需要，不仅能更好地满足消费者的需要，也更好地扩大了食盐的销售市场和销售数量，更好地推动了盐业经济的发展，有利于盐业技术发展。

第三，专卖制度为传统手工业技术发展提供了稳定的政治环境。专卖制度有效增加了国家财政收入，春秋的齐国管仲实行盐铁专卖政策，增加了国家收入，使当时资源匮乏的齐国很快民富国强，齐国富强为商业和手工业的发展提供了稳定的政治、社会环境，推动了包括盐铁生产技术在内的传统手工业技术的发展。汉武帝时推行盐铁专卖渡过了财政危机，抵御了匈奴入侵，为手工业和经济发展提供了稳定的政治社会环境，有利于传统手工业技术发展。据《盐铁论》记载，汉武帝时期因为戍边抗击匈奴的需要，所以实行盐铁政策，"先帝哀边人之久患，苦为虏所系获也，故修障塞，饬烽燧，屯戍以备之，边用度不足，故兴盐铁，设酒榷"。① 可见，盐铁专卖既为汉武帝抗击匈奴入侵提供了财力费用保障，反过来，赶走匈奴入侵也有利于边疆稳定和国内社会稳定，为社会经济发展提供了条件，有利于手工业发展和技术进步。

第四，专卖制度为封建统治的稳定提供了重要财源。唐宋时期，专卖收入是政府固定的收入源头，唐代自第五琦榷盐改革后，加上后来刘晏的间接制盐法改革，盐业收入不断增加，据统计，当时盐利的收入能占一年赋税收入的一半以上，"大历末，通计一岁征赋所入总一千二百万贯，而盐利且过半"。② 这还没将茶叶专卖收入计算在内。宋代时，专卖收入是国家财政的重要收入，并发展为宋代财政收入的两大支柱之一，③ 因为宋代的茶盐专卖收入是国家军费开支的主要来源，"国家养兵之费，全藉茶盐之利"。④ 明代盐业专卖收入也占国家赋税收入的相当大比重，"国家财赋，所称盐法居半。盖岁计所入止四百万，半属民赋，

---

① （汉）桓宽原著：《盐铁论》，上海人民出版社1974年版，第1页。
② （后晋）刘昫等撰：《旧唐书》，廉湘民等标点，吉林人民出版社1995年版，第2236页。
③ 汪圣铎：《两宋财政史》，中华书局1995年版，第243页。
④ （清）徐松辑：《宋会要辑稿》，中华书局1957年版，第5371页。

其半则取给于盐"。① 中国古代长时期能保持统一与封建国家拥有丰足的财政收入密切相关，这为传统手工业技术的发展提供了重要社会条件和政治保障。中国古代长期保持统一和科技长期领先于世界，与国家的财力有相当大的关系，因为国家有丰足的财源和收入，才能举全国之力和全国之财发展一些科技，推进一些文化建设和工程，从而促进了古代文化科技的繁荣和发展。②

第五，专卖制度促进了边疆地区传统手工业技术的发展。专卖制度在一定程度上促进了边疆地区的开发。明代，政府在边疆地区实行开中政策，采取"募盐商于各边开中"的方法，"谓之商屯"③。因明太祖时期，大军南征，兵粮不继，需要在云南征粮，于是政府规定凡是云南的边民交纳粮食，就可以获得盐，这些盐由政府配发。"户部奏定安宁盐井中盐法。凡募商人于云南、临安二府输米三石，乌撒、乌蒙二府输米二石八斗，沾益、东川府输米三石五斗，曲靖州输米二石八斗，普安府输米一石八斗者，皆给安宁盐二百斤。"④ 当时内地一些商人因为云南的道险路远，粮食从内地运输过去极为不便，很多商人都在云南边疆招人开荒种地，通过向官府纳粮，然后领取政府配发的盐引，通过销售食盐而获利。这种商屯的方法促进了云南境内土地开发和农业生产，提高了农业生产技术，也促进了当地手工业技术发展。清代，官府对云南的铜业实行专卖，实现"放本收铜"的铜业专卖政策。清政府每年在云南铜业专卖上的投入多达 100 万两工本银，这笔巨额资金投入，有力促进了云南铜矿业的发展和冶铜技术的进步。当时云南铜产量占全国产量的95%，白银产量占全国产量的97%，⑤ 云南铜矿业的发展也推动了铸币业和其他产业的发展，推动了传统手工业技术进步。

---

① （清）孙承泽纂：《天府广记》（上册），北京古籍出版社 1982 年版，第 161—162 页。

② 林文勋、黄纯艳等：《中国古代专卖制度与商品经济》，云南大学出版社 2003 年版，第 37 页。

③ ［韩］朴元熇主编：《〈明史·食货志〉校注》，［韩］权仁溶等校注／著，天津古籍出版社 2014 年版，第 25 页。

④ 林文勋：《明清时期内地商人在云南的经济活动》，《云南社会科学》1991 年第 1 期。

⑤ 林文勋、黄纯艳等：《中国古代专卖制度与商品经济》，云南大学出版社 2003 年版，第 38 页。

事实上，专卖制度促进边疆地区传统技术发展的例子历史上很多，一方面中国边疆地域辽阔，另一方面边疆疆域在不断变迁，因为随着历史社会的发展，中国古代社会的边疆疆域在不断拓展变迁，某一历史时期的边疆地区，随着历史发展，可能演变为国家的中心地带，边疆并非一成不变的区域，此时专卖制度促进边疆地区手工业技术发展就演变为促进内地手工业技术的发展了。

（2）专卖制度阻碍传统手工业技术发展

专卖制度还具有消极影响，会阻碍传统手工业技术的发展。专卖制度在历史上的作用，多数人持否定态度，认为专卖制度存在诸多弊端。傅筑夫认为从商品经济发展的角度看，专卖制度确实对商品经济发展有阻碍作用，它通过官府专卖垄断抑制了商人，阻碍了专卖产品的市场流通，抑制了商业和手工业的发展，政府完全垄断商品，妨碍了工商业正常发展。[1] 专卖制度的诸多弊病会阻碍专卖产品的生产和技术发展，阻碍手工业及其技术发展。归纳概括这些阻碍有利于我们更好地认识专卖制度对传统手工业技术发展的影响。

首先，专卖制度将特定商品纳入官府专卖，限制了手工业生产和商品经济的正常发展，阻碍了手工业技术进步。专卖制度不管是官收官销，还是官收商销，官府都攫取了产品的绝大部分利润，官府与民争利、与商争利，以致产品的技术革新缺乏资金支持，不利于专卖商品的技术发展。在中国历史上，每一朝代末期的社会动荡之时，经济遭受破坏，农业、手工业受到冲击，技术发展停滞，而新建立的政权，总是通过采取"休养生息"的政策，减少赋税，或者取消盐铁专卖，允许民间私人从事盐铁茶酒等生产，通过一段时间，繁荣的经济社会又会重新形成。[2] 这从反面揭示了专卖制度对社会经济和手工业的阻碍。

例如，西汉刚刚建立时，生产遭到破坏，经济凋敝，国家当时最急迫的是农业恢复和发展生产，而不是和商人争夺盐铁利益。于是国家实行"无为而治""与民休息"的基本国策，一改秦代的盐铁专卖政策，

---

[1] 傅筑夫：《中国封建社会经济史》第二卷，人民出版社 1982 年版，第 673 页。

[2] 李殿元：《论西汉的"盐铁官营"》，《浙江学刊》1993 年第 6 期。

弛山泽之禁，对商业和手工业采取听之任之的自然态度，不加限制，《史记》记载了当时的情况，"汉兴，海内为一，开关梁，弛山泽之禁，是以富商大贾周流天下，交易之物莫不通，得其所欲"。① 《盐铁论》记载："文帝之时，纵民得铸钱、冶铁、煮盐。"② 汉初的弛山泽之禁，废除盐铁专卖，促进了商业和手工业发展，经过文景两朝的努力，农业生产得到恢复，手工业获得发展，到汉武帝时，社会经济已比较繁荣。

但是汉武帝时期实行盐铁官营，对手工业和商业发展是沉重打击。汉武帝时期对盐铁酒实行官营专卖，这种专卖对商品生产和技术进步是一种抑制，因为专卖的目的是增加国家财政收入，将商品所得的利润放入国库而并不进入流通领域，对商品生产的资金投入是一种剥夺，减少了流通中的资金，技术革新和商品生产的资金投入有限，阻碍了手工业生产和技术进步。"总的来说，酒类专卖政策的实施，也与盐铁的专卖一样抑制了商品经济的发展，促使了商品经济的衰落。"③ 汉初商业繁荣的景象在汉武帝的盐铁官营的影响下逐渐走向了低谷，因盐铁酒的官营专卖严重影响了商品经济的正常发展。

正因为专卖制度会抑制手工业生产及技术发展，因此，某一时期取消专卖制度反而有利于恢复手工业生产，恢复社会经济。隋朝及唐朝前期吸取了汉朝的教训，废除了盐铁专卖，对盐铁酒等商品实行放任的政策。隋朝重新让分裂四百多年的国家统一，隋文帝进行了深刻的社会改革，隋文帝认为盐铁专卖是与民争利的弊政、苛政，于是废除盐铁专卖。"罢酒坊，通盐池盐井与百姓共之。远近大悦。"④ 隋文帝废除禁榷制度有利于医治战争创伤，恢复经济和稳定社会，其与民休息的措施也促进了手工业和商业发展。唐朝前期仍然继承隋朝的做法，对盐铁酒类采取放任政策。这些都从反面说明了盐铁专卖会限制手工业生产和商品经济发展，阻碍手工业技术发展。

---

① 来新夏、王连升主编：《史记选注》，齐鲁书社1998年版，第436页。

② （汉）恒宽原著：《盐铁论》，上海人民出版社1974年版，第10页。

③ 林文勋、黄纯艳等：《中国古代专卖制度与商品经济》，云南大学出版社2003年版，第64页。

④ （唐）魏徵等撰：《隋书》，吴宗国、刘念华等标点，吉林人民出版社1995年版，第431页。

其次，专卖制度形成的官商和官僚作风，阻碍了商品生产的技术进步。在专卖制度下，产生了一批官商，他们不按商品经济自身规律办事，影响了商品生产。他们"云行于涂，毂击于道，攘公法，申私利，跨山泽，擅官市"，"因权势以求利"，"执国家之柄以行海内"。官商们往往只注重官场的规则，只看重如何以权谋私利，忽视商品发展的规律，也忽视市场对商品的需求，严重影响商品的生产技术进步。例如，不将紧缺的铁器用于生产农业工具，而是生产一些无用的祭祀或其他器物，严重影响农业生产工具进步和农业技术发展，"县官鼓铸铁器，大抵多为大器，务应员程，不给民用"。①

官府专卖管理过死，办事效率低下，官僚作风严重。例如，茶叶专卖中的官僚作风和效率低下往往造成茶叶的巨大损失。因为茶叶产地较为分散，它一般是零散种植加工，且茶叶保质期短，很容易腐烂，对储存和运输的要求较高，不同于易于储运的盐、铁。宋代的张泊曾经指出官府的茶叶专卖存在很多弊端：在运输过程中，常常会存在"风涛没溺、官吏奸偷、陷失茶纲"等情况，而官府将茶叶运输到买卖场地，茶叶往往"堆贮仓场"，储存不当造成"大半陈腐，积年之后又多至焚烧"，②这不仅造成茶叶损失，还要支付茶叶的成本钱、运输费、仓储费等经营成本。可见官府官僚作风的弊病，不仅造成专卖品的损失，还影响专卖品的生产。加之官府收购专卖品的价格和额度有一定限制，往往是订价配额，无销售带来丰厚利润的刺激，故生产技术的革新也缺乏主动性，这限制了商品生产规模，不利于商品扩大再生产。

再次，专卖制度挤占了专卖商品民间发展空间，不利于生产技术革新。因专卖商品完全受官方管理，民间生产该商品受到限制，其销售亦受到限制，民间资本很难进入，使得专卖商品的竞争力相对不足，生产技术发展也相对缓慢。秦代实行的专卖制度，规定民间不得私营盐铁，如要私营则必须获得政府同意，且要向政府缴纳重税，否则个体手工业者和商人不得染指这些国家控制的专卖商品的经营。汉武帝时期，实行

---

① （汉）恒宽原著：《盐铁论》，上海人民出版社 1974 年版，第 20、79 页。
② （宋）赵汝愚编：《宋名臣奏议》卷一百零八《财武门·茶法》。

盐铁官营，盐铁的生产和销售完全由政府经营，禁止民间私人煮盐冶铁，违者："釱左趾，没入其器物。"[1] 铁器冶铸由官府经营，劳动力也由官府招募，盐铁专卖挤占了专卖商品民间发展空间。例如，汉武帝实行盐铁专卖政策之后，经营盐铁酒的大商人失去了经营的途径，要么破产，要么退出销售流通领域。均输平准政策作为盐铁专卖制的延伸，阻碍了中小商人和手工业者的求利之路，从事商业和手工业生产已无利可图，他们大部分退出了流通领域，[2] 影响了商品经济和手工业生产的发展，自然阻碍了手工业技术的革新。

最后，专卖制度不仅会限制专卖商品的生产发展和技术进步，还会影响其他相关商品的生产和发展，影响其他产业发展。例如，对铁的专卖影响冶铁业的发展和铁制工具铸造技术，进而影响农业的生产技术发展，或者酿酒技术进步，因为农用铁具对农业生产发展和技术进步具有重要意义，而酿酒用的各种工具和一些器具离不开冶铁业的发展。

综上，我们看到专卖制度对传统手工业技术的重要影响具有双重性，是一体两面，专卖制度既可通过官府力量推动专卖商品生产技术的发展，带动相关产业技术进步，也会因官府管理过度和腐化阻碍专卖商品生产技术的革新，阻碍相关产业发展和技术进步。虽然从现有研究成果看，否定专卖制度的成果多于肯定其作用的成果，但我们要用历史眼光看待专卖制度的影响和作用，专卖制度能在中国历史上存在上千年之久，必有其合理之处，我们不能全盘否定其作用，既要看到专卖制度对传统技术的消极影响和阻碍作用，也要看到专卖制度对传统技术的积极影响和推动作用。

第三节　传统技术创新与区域经济发展互构共生

一　技术创新与经济发展的相关研究

对技术创新与经济发展关系的研究，长期受到学者的重视。对技术

---

① （东汉）班固撰：《汉书》，赵一生点校，浙江古籍出版社 2002 年版，第 439 页。
② 林文勋、黄纯艳等：《中国古代专卖制度与商品经济》，云南大学出版社 2003 年版，第 79 页。

创新促进经济发展的研究成果颇多，这些研究表明技术创新是经济增长的重要因素，经济因素也会制约技术创新，经济发展对技术创新具有影响。

（一）技术创新促进经济发展的研究

西方古典经济学家对经济增长动因进行分析后认为，经济增长过程是多种因素综合作用的动态过程，其中技术对经济发展具有重要的作用。西方经济增长理论的创始人亚当·斯密，早在 1776 年的《国民财富的性质和原因的研究》一书中，就认为经济增长的动力在于劳动分工、资本积累和技术进步。可见技术对经济的重要影响。[①] 此后，马克思进一步认为技术是经济增长的推动力。《新帕尔格雷夫经济学大辞典》指出，"马克思恐怕领先于其他任何一位经济学家把技术创新看作经济发展与竞争的推动力"。[②] 马克思强调科学技术是第一生产力。他重点阐明了技术在产业生产活动乃至整个社会生活中的决定性作用。他强调，蒸汽和新的工具使工场手工业变成了现代大工业，[③] 指出了技术对经济产业的决定作用，即没有机器技术就没有"现代大工业"。在 1848 年，约翰·斯图亚特·穆勒出版《政治经济学原理》一书，约翰·斯图亚特·穆勒讨论了经济增长过程中人口增长、资本积累和技术进步等问题，也认为技术创新是经济增长的重要因素。[④]

经济学的新古典学派索洛等的研究表明，经济增长率取决于随时间变化的技术创新。他将经济增长区分为由要素数量增加而产生的"增长效应"和因要素技术进步而产生的经济增长。新古典学派没有充分考虑经济发展中技术和制度的作用及发挥作用的方式。新熊彼特学派通过研究新技术推动、技术创新与经济发展的关系、企业规模与技术进步等，

---

① ［英］亚当·斯密：《国民财富的性质和原因的研究》，郭大力、王亚南译，商务印书馆 1972 年版，第 5 页。

② ［英］约翰·伊特韦尔、默里·米尔盖特、彼得·纽曼编：《新帕尔格雷夫经济学大辞典》（第二卷：E—J），经济科学出版社 1992 年版，第 925 页。

③ 中共中央马克思恩格斯列宁斯大林著作编译局编：《马克思恩格斯选集》（第三卷），人民出版社 1972 年版，第 301 页。

④ ［英］约翰·斯图亚特·穆勒：《政治经济学原理》（上），金镝、金熠译，华夏出版社 2013 年版，第 157 页。

认为技术创新和进步对经济发展具有核心作用。美国经济学家丹尼斯利用美国的历史统计资料对影响美国经济增长的因素进行了分析，得出技术进步对经济增长的贡献约占 2/3。① 就连美国商业部技术秘书巴楚勒也指出，"技术是形成经济可持续发展的唯一最重要的因素，在过去的 50 年间，国家经济增长的一半甚至一多半要归功于技术进步。它是变革生产率的重要根源，随着生产率的提高，我们获得了经济的可持续发展，提高了生活水平，增强了国际竞争力"。②

国内也有许多学者研究了技术创新对经济发展的促进作用。丁任重等通过分析马克思和熊彼特关于技术创新的经济周期理论及其在当代的新发展，表明技术创新对经济发展起到了关键性的推动作用。③ 唐永基于马克思的扩大再生产模型，通过分析技术创新对经济发展影响的机制与效应，明确了技术创新对推动经济发展的积极作用。④ 施生旭等通过利用马克思经济发展模型来分析技术创新对经济发展的影响，发现技术创新对经济发展具有决定性作用。这种影响存在正效应和负效应，但正效应大于负效应。⑤

（二）经济发展对技术创新影响的研究

经济发展会制约技术创新。熊彼特分析了经济制度在技术创新中的作用。他认为经济制度决定技术生产的目的，技术是为满足需求而发展生产的方法，技术组合与经济组合并非一致，技术组合涉及方法，而经济组合涉及需要和手段。生产的方法常常服从于经济，经济的逻辑制约技术的逻辑，简言之，经济制约生产技术，经济制度制约技术创新。"经济上的最佳和技术上的完善二者不一定要背道而驰，然而却常常是

---

① Denison E. F. , *Trends in American economic growth* 1929-1982, Washington D. C. : The Brooking Institution, 198, pp. 751-752.

② Bachula G. R. , "The Global Context For Innovation: Implications For Technology Policy", *Speech At CCR Ninth Annual Meeting*, Vol. 29, September 1997, pp. 19-27.

③ 丁任重、徐志向：《新时期技术创新与我国经济周期性波动的再思考》，《南京大学学报》（哲学·人文科学·社会科学）2018 年第 1 期。

④ 唐永、范欣：《技术进步对经济增长的作用机制及效应——基于马克思主义政治经济学的视角》，《政治经济学评论》2018 年第 3 期。

⑤ 施生旭、郑逸芳、石礼忠：《技术进步对经济增长的效应分析及实证研究——基于马克思经济增长模型》，《理论月刊》2014 年第 3 期。

背道而驰的，这不仅是由于愚昧和懒惰，而且是由于在技术上低劣的方法可能仍然最适合于给定的经济条件。"① 在这里，熊彼特已经明确认识到制度因素对技术创新的制约作用，然而，他又把制度因素称为"外部因素"。

随着社会的发展，学者看到技术创新与经济增长关系越来越复杂，一体化趋势明显。在现代社会，技术创新已成为一种制度化的经济行为。现代技术革命后，知识成为经济的重要基础，出现了以知识为基础的经济，即"知识经济"，"这种经济直接依据知识和信息的生产、分配和使用。这一点可以通过经济合作与发展组织（Organization for Economic Cooperation and Development，OECD）向高技术投资、形成高技术产业、对高熟练技能劳动力的需求及相关生产率的增长趋势而反映出来"。②

二 传统技术创新与区域经济发展共同演进

传统技术创新与区域经济发展共同演进，这种共同演进表明了传统技术创新与区域经济发展的互构共生关系。其主要表现为传统技术进步与地方生产力发展共同演进，传统技术创新与地方商业发展共同演进，传统技术创新与区域产业结构共同演进。

（一）传统技术进步与地方生产力发展共同演进

传统技术进步是地方生产力发展的动力，传统技术进步通过影响劳动者素质、改进生产工具、扩大劳动对象，从而促进地方生产力发展，在生产力发展的过程中，也不断推动技术进步。

第一，传统技术进步提高劳动者素质。劳动者是生产力的主体，也是生产力的决定因素。在古代社会，人们生存更多依赖自然，因此，对自然的认识和积累的生活经验对人的生存发展至关重要。无论是原始的采集狩猎，还是农业耕种、畜牧养殖，都需要一定知识和技能，知识越丰富、技能越娴熟高超，越能获取更多的产品。随着社会分工的发展，

---

① ［美］约瑟夫·熊彼特：《经济发展理论——对于利润、资本、信贷、利息和经济周期的考察》，何畏、易家祥等译，商务印书馆 1990 年版，第 18 页。

② 经济合作与发展组织（OECD）编：《以知识为基础的经济》，杨宏进、薛澜译，机械工业出版社 1997 年版，摘要。

手工业生产逐渐发展兴盛，更加依赖劳动者具备的技术或技能。

据考古发现，四五十万年前的北京周口店的山顶洞人，已知道制造粗糙的骨器和石器等简单工具，并能选取自然界的砺石加工成薄刃或有棱角的石片。"在周口店猿人洞穴的山顶洞穴里，发现火石、石英、石核制的削刮器和斧状器、尖状器、刃器……此外，又有用兽骨制成的各种骨器，以骨针为最重要，大概这时已有简单的缝纫。"这个时期人类还处于旧石器时代，这是原始人对自然界初步认识后，利用自然界原料制作的简单工具，反映了原始人认识自然的能力和水平。在河南、山西、陕西、甘肃、青海一带，发现了距今四五千年的"仰韶文化"遗址，出土了许多新石器、陶器和骨器，可以看到石器经过打磨，陶瓷表面还有彩绘。"石器中有磨光的刀、斧、锄、杵、镯、镞和纺织用的石制纺轮等。骨器有缝纫用的针和锥等。陶器有钵、鼎等。陶器有表面红色、磨光加彩绘的"。① 可见，"仰韶文化"时期是新石器时代，人类对石器的制作进入新阶段，技术取得重大突破，进入磨制时代，在对自然界石头初步打制后，再进一步磨制，石器更光滑，更锋利。另外，陶器制作技术进步，陶器由黏土烧制而成，也是一种人造物，陶器制作需要人们对火的认识、控制和利用进一步提高，对土壤也有更高的认识，能认识到黏土与一般土壤的区别。此外，陶器作为人造物，是自然界没有的物品，其形态、功用和制作过程都需要人类多方面的想象力和能力。可见，陶器制作技术的进步，能极大提高古人的素质和认知水平，促进地方生产力的发展，加快了迈向文明的步伐。

随着技术的不断进步，劳动者素质的提高，也使得人与劳动工具之间的相互关系，出现了新的特征。人在生产过程中的地位和作用变化，体力劳动减少，脑力劳动增加。这种变化，是生产力发展水平的一个测定标尺，也是生产力发展的基本特征。人制造劳动工具，就是延展了人的肢体功能。人依靠智慧，不断认识客观世界，也借助劳动工具，不断改造客观世界。在劳动工具制造技术不断革新的过程中，人的智能素质在不断提高，人认识和改造客观世界的能力在不断增强。

---

① 童书业编著：《中国手工业商业发展史》，齐鲁书社1981年版，第2页。

第二，传统技术进步改进劳动工具。劳动工具是人类技能和技术的结晶，是衡量人类对自然控制的能力。人们通过技术革新或技术发明，不断改进生产工具，促进生产力的进步。人类历史表明，一项传统技术的革新或新技术原理的产生，会引起技术上的连锁反应，人们会利用新的技术原理创造或发明新的劳动手段，设计新的工艺程序，改进劳动工具，从而促进生产力的发展。传统技术的不断发展，推动着劳动工具由低级到高级，由简单到复杂的历史发展进程。传统技术进步对劳动工具的改进主要表现为制造工具的材料质地的变化，制造工具的工艺技术的进步，劳动工具与动力系统关系的变化等。

首先，从制造工具的材料质地看，传统技术进步不断改进制造工具的材料质地。劳动工具不同的材料质地，既表明工具性质功能的差异，也是不同技术时代的重要标志。历史上，我国劳动工具的材料质地主要有石器、青铜器、铁器、钢铁等，不同的材料质地影响了工具的性能，也反映了技术时代的特征。旧石器时代工具的材料是各种有棱有角的自然石头、木棍和动物的骨头，如选取斧状、尖状等石头，制成斧状器、尖状器、刃器等，旧石器时代对石头的质地不太讲究，故工具的性能差，工具的用途有限，只能满足原始人采集狩猎的打、砸、敲、击等用途。新石器时代，对制造劳动工具的材料质地的认识进一步发展，对石头的质地有了认识，了解到一些石头硬度强、一些石头硬度不够，因此选用硬度强的石头来制造工具。此外，对石头的形状也进行初步筛选。冶铜技术出现后，人们利用青铜来制造工具，各种劳动工具和武器的材料发生变化，由石头、木头、动物骨头演化为青铜，劳动工具的材料质地发生了重要变化，材料质地更坚硬，劳动工具的性能更好，各种新功能出现。随着冶铁技术的出现和发展，铁制生产工具又比青铜工具的性能好。可见，随着技术的发展，劳动工具的材料质地在不断改进，材料质地更好，使得劳动工具的性能不断增强，功能不断提高。

其次，从劳动工具的制造工艺看，传统技术进步促进劳动工具制造工艺革新。人类经济的发展演进，首先从生产工具制作开始，原始生产工具的制作技术就是传统技术的萌芽，传统技术进步是人类经济发展的前奏，随着人类制作工具技术的进步，生产工具也不断发展革新。从上文我们看到，旧石器时代，对石器和骨器的制作技术较落后，基本上是选取自然界各种形状的石头和动物骨头，经过简单的打制而成，因此生产工具类型少，性能差。在新石器时代，劳动工具制作技术有了很大进步，采用磨制工艺。对自然界石头进行筛选，并进行初加工，形成雏形，在雏形的基础上再深加工，进行磨制，以让石器光滑且锋利，石头被磨制成各种劳动工具，如刀、斧、锄、杵、镯、镞和纺织用的石制纺轮等。动物骨头经过磨制，被制成针、锥及各种尖锐武器。因此，劳动工具就有了很大进步，劳动工具的类型增多，工艺水平逐渐精细，且工具的性能更好。在我国发现的新石器时代遗址中，可看到大量石制农具和一些谷物，"长城外东北、内蒙古、新疆等地，曾发现用燧石制的细小而锐利的石器，嵌在骨刀或骨枪上，这种石器被称为'细石器'。……这些器具中有渔具和农耕的工具"。[①] 这表明石器磨制技术已经影响到农具制作了。在新石器晚期，我国古人开始利用铜，并有了初步的青铜冶炼技术，到了商代，青铜冶炼技术已臻于成熟，青铜技术的出现发展，使得劳动工具的制造工艺发展到冶制和磨制相结合的综合制艺。因此，青铜工具的种类较新石器时代更多，"有矢镞、勾兵、戈、矛、刀、削、斧、锛等工具和武器，以及觚、爵、鼎、鬲等礼器和各种日用器具；还有各种铜范"。[②] 从磨制石器到冶炼青铜器，是劳动工具制造技术的一次重要革命，青铜冶炼技术包含了造型技术、配料合成技术和冶炼烧制技术，这种技术进步是石器制造技术无法比拟的。春秋战国时期冶铜技术进一步发展，并在此基础上出现冶铁技术，铁制劳动工具出现。冶铁技术的出现，是金属冶炼技术的进步，促进了劳动工具的制造工艺。在春秋战国时期，当时冶铁技术趋于成熟，能够以铁铸鼎铸文，铸造生产工具。在河南辉县的魏墓中、在河北石家庄的赵国遗址中出土了春秋战国时期大量的铁制农具，"不仅数量多，而且种类相当齐全，有犁、五齿耙、锄、镰、斧、镬、凿、铲，以及铸造这些农具的铁范"。[③] 农具生产工艺技术进步，各种铁制农具得到应用，铁耕盛行，大大促进了冶铁手

---

① 童书业编著：《中国手工业商业发展史》，齐鲁书社1981年版，第2页。
② 童书业编著：《中国手工业商业发展史》，齐鲁书社1981年版，第4页。
③ 李万忍：《科学技术的社会经济功能》，陕西科学技术出版社2005年版，第199页。

工行业和农业生产发展。

最后，传统技术进步促进了劳动工具与动力系统关系的变化。劳动工具本身不含动力系统，无法自己作用于劳动对象，需要与动力系统相结合，才能作用于劳动对象。劳动工具是由人制造出来的，最开始完全由人引动、使用，人是劳动工具的动力系统。随着人类认识的深入，畜力开始作为动力被应用，靠人力发动，畜力牵引，如利用牛马耕地，使用畜力牵动车辆。我国在商代畜牧业已很兴盛，不仅"六畜"俱全，而且数量惊人，已作为动力系统用于驾车、作战和田猎。"由于牛马等大牲畜的增加逐渐将牲畜用于驾车、作战、田猎，而且也可能用于牛耕。"春秋战国时期，随着铁制劳动工具的使用，牛耕开始推广。生产工具发生了革命性的变化，生产工具由木石农具和青铜农具转变为铁制农具，此时农业生产由人力耕作转为畜力耕作，"由人力耦耕向畜力耕作的演变，是农耕动力的革命性变革"。[①] 随着技术进步和认识深入，人们逐渐认识风、水，并将其与劳动工具结合，如水力纺纱、水力推磨。中世纪时英国人用水作为动力来推动机器，完成很多繁重的体力劳动工作，"中世纪的男人和妇女周围到处都是水力机器，这些机器为他们完成更加费力的工作"。[②] 例如，用水磨抽水、磨碎谷物、碎布制浆、敲打兽皮等体力劳动。近代的工业革命出现了自动机器，将发动机与机器结合，人只是控制机器，不再使用人力或畜力了。例如，蒸汽机的发明，电力革命产生的电动机。此外，还使用风力，如早在春秋战国时期，人们利用风力来助火冶铁，在冶铁过程中鼓风以提高温度，"然而只要有适当的高炉，充分的燃料，强力的鼓风，加以适当的技术控制，在旧式炉内风口附近的上部，也容易达到 1300—1400℃ 的温度，只要铁内吸收 3% 以上的碳，就能溶出生铁。我们的祖先很早就掌握了这一规律"。[③] 在公元 31 年东汉建武时期，中国就出现了运用水力鼓风来铸造农具的方法，当时杜诗在南阳任太守，创造了"水排"来鼓风以冶铸农具，这比人力

---

① 王俊麟编著：《中国农业经济发展史》，中国农业出版社 1996 年版，第 20 页。

② Mokyr J.，*The Lever of Riches*：*Technological Creativity and Economic Progress*，New York：Oxford University Press，1990.

③ 杨宽：《中国古代冶铁技术发展史》，上海人民出版社 1982 年版，第 36 页。

鼓风省力，是"用力少，建功多。"能减省"民役"，[①] 且大大提高了冶铸农具的生产效率。此外，风力也是劳动工具的一个重要动力因素，如利用风力推动行进的帆船、电力革命后的风力发电等。这些都表明，传统技术进步会促进劳动工具与动力系统关系的变化，这种变化推动了生产力的发展和社会进步。

第三，传统技术进步拓展了劳动对象。劳动对象作为劳动者在生产过程中进行加工的一切物质资料对象，在生产力要素中具有重要地位，而传统技术会影响劳动对象，通过技术的不断革新，传统工艺的不断进步，不断深化对劳动对象的认识，扩大劳动对象的利用范围，提升劳动对象的利用效果。

首先，深化对劳动对象的认识。人在满足生存需求的过程中，要不断认识客观世界，不断深化对劳动对象的认识，通过生产来满足生活需要。随着技术的发展，人的素质和智慧水平在提高，人们认识劳动对象的能力在增强。对劳动对象认识深化主要表现在：一是更多的劳动对象被人认识，且随着技术的发展，越来越多的劳动对象被纳入认识范围。例如，原始人对石头、火的认识，将石头制成工具以狩猎采集，利用火烤吃食物，并利用火对农业进行生产，进入"刀耕火种"的农业耕作时代。而随着技术的发展，人们认识了铜，随着冶炼技术的进步，又逐渐认识铁，将铁纳入认识范围。可见，随着技术发展，纳入人认识的劳动对象越来越多，范围也越来越广。二是对同一劳动对象的认识也随技术的发展而深化。例如，对石头的认识，旧石器时代人们将石头直接作为简单的工具用于狩猎，随着技术的发展，在新石器时代人们将石头打磨制成各种形状的劳动工具。随着传统技术的进步，人们认识到一些石头具有独特的光泽和属性，很漂亮，令人喜爱，于是将玉石、玛瑙等石头打磨雕刻制成装饰物，满足人们对美的追求。在近现代，人们发现一种含丰富二氧化硅的石头大有用处，可提纯二氧化硅制成芯片。可见，对石头的认识随技术的进步在不断深化。

其次，扩大劳动对象的利用范围。随着技术的发展，劳动对象的利

---

① 杨宽：《中国古代冶铁技术的发明与发展》，上海人民出版社 1956 年版，第 50 页。

用范围扩大。因为人对劳动对象的认识在深化，在深化认识的基础上，一方面会将这种认识转化为劳动工具制造的革新，另一方面会将新认识的劳动对象纳入人改造和利用的范围。革新的劳动工具作用于新认识的劳动对象，促进劳动对象的改造和利用，提高劳动对象的利用效率。而新认识的劳动对象利用效率的提高会进一步提升人的认识能力和水平，进而又促进劳动工具的革新。这就形成了一种辩证的循环进步，即认识提升—工具革新—利用新的劳动对象—认识提升—工具革新。

传统社会，人类的劳动对象范围有限，主要是自然物。在技术水平较低时，许多劳动对象无法直接运用，随着技术的不断发展，人类不断扩大劳动对象的领域。在古代的原始人未认识农业之前，以狩猎采集为生，农作物并未纳入劳动对象，而随着人认识自然的不断发展，认识了农作物，人们制作简单的农业工具，并借助火来耕种，进入农业生产很原始的"刀耕火种"生产方式。例如，从盐业的井盐生产来看，四川自贡因盐卤资源丰富，生产长达上千年，经历了不断的发展过程。从人类最初食用地表的盐卤资源，慢慢随技术进步能开采浅层的盐泉，随着井盐技术在发展过程中的进步，特别是随着钻凿技术的进步，从大口浅井发展到小口深井的卓筒井时期，从浅层开采到深层开采。伴随盐卤的大量开采，也钻凿出了天然气，在天然气发现之初，人们并不了解其性能和用途，也无法开采应用。随着对天然气认识的深入，直至发明了薅盆采气技术之后，天然气始作为燃料运用于井盐生产中，以作为卤水提盐的燃料。近代随着化学科技的发展和对卤水认识的深化，自贡盐卤中发现大量的化学成分，并发展出相关的化工产业。可见，传统技术的进步促使越来越多的自然界对象被人类认识，被纳入劳动对象，促进了地方生产力的发展。

（二）传统技术创新与地方商业发展共同演进

传统技术是区域经济发展的主要源泉，某一区域的经济发展受地方生产力的影响，传统技术作为地方生产力的动力因素，自然是区域经济发展的源头。传统技术创新促进地方商业发展，随着地方商业的繁荣发展，也反过来促进生产的发展和传统技术的进步。

1. 传统技术进步与地方商业的萌芽与发展

在中国古代，随着传统技术的发展，农业和传统手工业得到发展，商品交换出现，商业开始发展。人类经济的演进，首先是从生产工具开始，手工业的发展，是人类经济发展的前奏。而商业的萌芽和发展，也进一步推动手工业的发展，为传统技术进步提供了动力。

手工业产品的增多为地方商品经济萌芽提供了条件。在中国"仰韶文化"时期，河南、陕西、甘肃、青海等地发现大量新石器、骨器和陶器等手工制品，其中纺织工具、缝纫工具出现，陶器为彩陶，"而且已有比较专门从事手工制造的人，无疑当时出现了氏族分工，这种'氏族工业'，可能就是后来'工官'制度的先驱。在西方甘肃遗址中发现玉器和海贝，玉可能是从新疆来的，贝是从沿海地区来的，又足证那时交换地区的广远，原始'商业'已在萌芽、发展了。"在山东济南龙山镇的城子崖等地，发现了骨梭、"黑陶"及陶制纺轮等骨器、陶器，被称为"龙山文化"。"陶器种类的繁多和制陶技术的精工，以及骨梭和陶制纺轮的应用，都说明'手工业'更进步，'氏族工业'更发展了。"[①]

夏朝的产品交换和商业因手工业技术进步继续发展。中国历史上建立了第一个奴隶制夏朝（公元前21—前16世纪），夏朝的疆域并不大，它的区域地理中心是今天偃师、登封、新密、禹州一带。从考古发现看，夏朝出土的文物中有一定数量的青铜器和玉制的礼器，据考证其年代大约处于新石器时代晚期、青铜时代初期。这说明当时夏朝手工业技术已经从新石器时代进入青铜时代，工具制造从磨制技术进入冶炼磨制相结合的技术。手工业技术的发展，进一步促进夏朝的产品交换和商业发展。在河南偃师二里头夏代遗址中，发现了当时随葬品种类丰富，反映了当时商品经济已经进一步发展。"随葬品有鼎、豆、觚、爵等陶器，还有贝和玉锦。"[②] 此外，夏朝的农业经济进一步发展。因夏朝所处之地大都为黄土地带，土壤肥沃疏松，适宜农业耕种，夏朝农业工具已经得到发展，"农业生产工具主要有石镰、蚌镰、石斧、石铲、骨铲、石刀、

---

① 童书业编著：《中国手工业商业发展史》，齐鲁书社1981年版，第3页。
② 王俊麟编著：《中国农业经济发展史》，中国农业出版社1996年版，第11页。

蚌刀等"。① 另外，当时还有一些新农具，如耒耜，是从原始社会使用的尖头木棒发展而来的，在尖头木棒上加脚踏横木，借助脚踏耕作。这大大提高了劳动生产率。加之农业耕种技术的进一步发展，在夏朝，耕作制度由撂荒耕作制向轮荒耕作制过渡。在水利灌溉方面，夏朝也有一定发展，"传说大禹平治水土，人类得以安居从事农业生产，还有'浚畎浍'，'尽力沟洫'的记载，都是为了创造良好的水利条件，以利农业生产"。② 这些都促进了夏朝农业经济的进一步发展。

商朝因手工业技术的不断创新，比较正式的商业开始兴盛。商朝的疆域范围大大超过了夏朝。《史记·吴起列传》记载商朝疆域"左孟门，右太行，常山在其北，大河经其南"。③ 商朝的疆域比夏朝更大，其疆域北到辽宁，南到湖北，西到陕西，东到海滨。商朝的青铜制造技术已很先进，如殷墟出土的司母戊鼎，鼎上刻有精致的花纹。商朝青铜器种类繁多，既有生产工具，也有武器、礼器、日用器具和铜范等。生产工具和兵器有矢镞、戈、刀、勾兵、矛、斧、锛等，祭祀礼器有爵、鬲、觚、鼎等种类。在殷墟出土了大量的石器、玉器、骨器和陶器，"骨器主要有骨镞。石器、玉器多是艺术品和所谓'礼器'。陶器主要为一种白色陶器，特色是敷釉技术的发明"。随着商朝手工业的发展，比较正式的商业开始兴盛，一些学者认为"商人"的"商"即为"商朝"的"商"，说法有一些合理性。《商书·盘庚中篇》说："具乃贝、玉"，其中贝、玉可能是交易得来的，也可能已成原始货币。商朝的产业已比较多，在殷墟遗址中，可见到一些工业遗物，"如皮革、酿酒、舟车、土木营造、蚕丝、织布、制裘、缝纫等工业，都见于甲骨文和遗物"。④

随着商业的发展，商品交换频繁，促进了商朝农业、畜牧业和养殖业的发展，进而推动农业技术的进步，促进了农业经济的发展，为劳动工具制造技术的革新提供了需求。商朝因青铜冶炼技术的创新，农业生

---

① 王俊麟编著：《中国农业经济发展史》，中国农业出版社 1996 年版，第 17 页。
② 王俊麟编著：《中国农业经济发展史》，中国农业出版社 1996 年版，第 19 页。
③ （汉）司马迁：《史记》，易行、孙嘉镇校订，线装书局 2008 年版，第 298 页。
④ 童书业编著：《中国手工业商业发展史》，齐鲁书社 1981 年版，第 4 页。

产已开始使用铜制工具，"到了商朝，农业生产工具除使用大量木、石、骨、蚌制的刀、镰、铲等外，还使用了铜铲、铜斧"。[①] 此外，在商朝遗址中有青铜制造的锸出土，上述农具的创新与改进，大大提高了农业工具的性能，促进了农业生产发展，为商朝农业经济繁荣奠定了基础。在畜牧业方面，商朝一直有畜牧业的传统，不仅"六畜"俱全，且数量很多。牲畜主要用于食用、祭祀和驾车、作战、田猎，也可能用于耕地。商朝的牲畜饲养技术获得较大发展，采用放牧与圈养相结合的办法，其中养马、养牛、养羊的规模都比较大。在商朝遗址中出土的除有六畜的遗骸外，还有象骨，说明当时北方还有驯象，且掌握了猪的阉割技术，开始了人工养淡水鱼。

2. 传统技术创新与地方商业繁荣

地方商业的萌芽和发展，也为传统技术创新提供了社会动力和经济动力，在商品交换中，人们对商品的偏好会促进传统技术的创新，同时商业发展积累的财富也为传统技术创新提供了经济资源。在传统技术进步与地方商业的萌芽和形成的互动过程中，二者共同演进。

商业的繁荣发展离不开商品数量的增加和质量的提升，商品数量增加、种类增多、质量提升也离不开商品生产的技术发展，而传统技术发展进步是传统技术创新的结果，因此，商品生产的技术创新是地方商业繁荣的源头。传统手工业技术创新和农业生产技术的发展是地方商业繁荣的动力。而地方商业的繁荣又推动了传统手工业和农业的发展，为传统手工业技术创新和农业精耕细作的耕种技术进步提供了条件。

传统手工业技术创新促进了地方商业繁荣。传统手工业技术创新提高了手工业品的生产效率，也提升了手工业品的质量和性能。新石器时代制造工具的磨制技术是对旧石器时代制造工具技术的创新，磨制技术是制造劳动工具技术上的一次革新，其产生的影响相当大，历史上以此技术革新划分一个历史发展阶段，称为新石器时代。磨制技术提升了石器的制造工艺，石器更光滑、更锋利，形态也更多，可根据用途来磨制许多自然界未有的工具形态。此外，因新石器时代对石头材质进行了甄

---

① 王俊麟编著：《中国农业经济发展史》，中国农业出版社1996年版，第18页。

别筛选，选取质硬的石头用来磨制劳动工具，也大大提高了石器生产工具的质量和性能。青铜冶炼技术是劳动工具制造技术创新的又一里程碑，是对磨制制造技术的创新。青铜冶炼技术将磨制技术与冶炼技术结合，在制造劳动工具时，并非直接用石头作材料，而是将富含铜的矿石熔化提炼铜，经过炼制和磨制，最终生产出铜制劳动工具。这样制造的劳动工具不仅材质更耐磨、耐用和耐摔，而且性能和功能大幅提升，并因冶铜技术的发展，开创了一个青铜的时代。如前所述，传统手工业技术的创新促进了商业的萌芽和形成，制造劳动工具的磨制技术和冶炼技术的创新，也大大促进了地方商业的繁荣。

在冶铜技术的基础上，出现了冶铁技术，冶铁技术是在冶铜技术基础上的创新发展，进一步提升了劳动工具的质量和性能，铁器的普遍应用，促进了农业经济和手工业、商业的进一步繁荣，推动了经济发展。"铁器的普遍应用，必定大大提高生产力。我们知道，铜器不能完全排挤石器，只有铁器才能完全代替石器，所以铁器的出现，一定使社会经济发展一大步。"[①]

我们可从春秋时期的城市发展和自由商人的出现看到商业的发展。在西周春秋时期，已经出现"国""邑"等大小城市，只是这些城市并不大，面积狭小，人口不多，且与乡村相连。"匠人营国，方九里，旁三门，……左祖右社，面朝后市。"[②] "国"是一种较大的城市，而"邑"是较小的城镇。在"国""邑"等大小城镇中已经出现"市"，《周礼》记载："大市：日昃而市，百族为主；朝市：朝时而市，商贾为主；夕市：夕时而市，贩夫贩妇为主。"[③] 可见，当时集市已经出现且有不同类型的区分。《左传》中记载庄公二十八年楚人伐郑："众车入自纯门，及逵市。"[④] 逵市即街上市场，位于城内。可见当时城内已有市场。在昭公三年齐国晏子说："国之诸市，屦贱踊贵"，又载："景公欲更晏子之宅，曰：'子之宅近市，湫隘嚣尘，不可以居，请更诸爽垲者'；辞

① 童书业编著：《中国手工业商业发展史》，齐鲁书社 1981 年版，第 13 页。

② 贺业钜：《考工记营国制度研究》，中国建筑工业出版社 1985 年版，第 24 页。

③ 林尹注译：《周礼今注今译》，书目文献出版社 1985 年版，第 146 页。

④ （战国）左丘明：《左传》，舒胜利、陈霞村译注，山西古籍出版社 2006 年版，第 35 页。

曰……'小人近市，朝夕得所求，小人之利也'。"① 可见晏子的住宅位于市场附近，景公关心晏子，想让他迁居他处，因为市场附近吵闹烦杂、喧嚣嘈杂，可见市场较为繁华。而晏子认为住在市场附近比较方便，"近市"可以"朝夕得所求"。此外，春秋时期还出现管理市场的官吏和惩罚措施，以维护市场秩序，制止市场犯罪。"《周礼》又载有：司市、质人、廛人、胥师、贾师、司虣、司稽、胥、肆长、泉府等官吏，以管理防守市场，更有所谓'市刑'，以制止犯罪"。②

春秋时期出现了自由商人。一些贵族也经商，成为商人贵族，如春秋时的弦高、子贡、陶朱公等，都是经商的贵族。《左传》记载说秦国起兵偷袭郑国，郑国商人弦高路遇而机智拖延时间，及时告知郑国使有所防备的事情，"郑商人弦高将市于周，遇之，以乘韦先，牛十二犒师，……且使遽告于郑"。③ 从中可见弦高是爱国的商人，同时也说明其在郑国很有影响，应该是贵族。贵族商人本身不受约束。此外，商人奔走各地，不易拘束。春秋末年，通过经商发财的人，因土地逐渐自由买卖，可通过买卖土地成为地主，不受领主的约束。因此，商人较为自由。针对不断增多的商人和手工业者，国家设立专门官员来管理，管理手工业者的官员叫"工正"或"工师""匠师"，普通商官叫"贾正"。可见当时手工业者和商人已成为社会中重要的群体。

地方商业的繁荣，也促进了传统技术创新。随着商品交换的发展，推动了冶铁相关产业的发展，战国时期，随着冶铁业的发展，铁矿的开采、铁的冶炼和铁器的铸造，成为一种关系国计民生的重要手工业。一些国家将其纳入专卖，"盐铁专卖"出现，冶铁业成为地方诸侯国的重要财富来源，甚至是重要的战略资源。战国时期的齐国设置铁官，政府控制铁器的冶炼和铁器的制造，并由政府运销。④ 秦国实行"壹山泽"政策，即"专山泽之利，管山林之饶"，加强对盐铁等资源和产品的管

---

① （战国）左丘明：《左传》，舒胜利、陈霞村译注，山西古籍出版社 2006 年版，第 288 页。
② 童书业编著：《中国手工业商业发展史》，齐鲁书社 1981 年版，第 17 页。
③ （战国）左丘明：《左传》，舒胜利、陈霞村译注，山西古籍出版社 2006 年版，第 111 页。
④ 傅筑夫：《中国封建社会经济史》第二卷，人民出版社 1982 年版，第 238 页。

理控制。① 战国时期一些地方诸侯国对社会经济制度的变革，社会对于铁器需求的增加，推动了冶铁业的发展，也为冶铁铸造技术创新提供了动力。

冶铁技术的创新，推动了铁制农具的使用，以及地方农业经济的发展，进一步促进了农业生产技术的发展。春秋晚期和战国初期，铁制工具在农业生产中的运用并不普遍，仅限于个别地区，如中原的两周、三晋，南方的吴、楚等地。而到战国中期以后，各地已普遍使用铁制工具，"及至战国中期以后，北起辽宁，南至广东，东至山东，西至四川、陕西，都已普遍使用铁器，铁农具已排斥木石农具而取得主导地位。"② 战国时期的农具，种类较多，耕垦铁制农具有镢、犁、锸，中耕农具有铲、锄、铫、镈，收获农具有镰、铚等。铁制农具的使用，为农田水利建设提供了物质条件，也为水利灌溉工程建设奠定了基础，这造就了战国时期一些著名的水利灌溉工程，如都江堰、漳水十二渠和郑国渠等。水利灌溉工程的建设，为农业灌溉、预防农业水患奠定了基础。铁制农具的使用也促进了耕作技术的进步。人们能辨别土壤的性质，并根据土壤性质种植合适的农作物，同时施肥以改良土壤，人们割野草焚烧，或用水使野草腐烂来增加土壤肥力。"《周记·草人》还提到种肥的使用，即以牛、羊、麋、鹿、豕、狐、豕 7 种动物的骨和麻子煮汁来拌谷物的种子，然后下土，叫作粪种。"③ 耕种栽培技术的提高，也促进了土地轮作复种制的发展，《荀子·富国》记载："今是土之生五谷也，人善治之则亩益数盆，一岁而再获之。"④ 《吕氏春秋·任地》说："今兹美禾，来兹美麦。"⑤ 说明禾麦之间已有轮作。轮作复种制提高了土地利用率，也成为中国传统农业精耕细作的重要组成部分。

---

① 林文勋、黄纯艳等：《中国古代专卖制度与商品经济》，云南大学出版社 2003 年版，第 4 页。

② 王俊麟编著：《中国农业经济发展史》，中国农业出版社 1996 年版，第 28 页。

③ 王俊麟编著：《中国农业经济发展史》，中国农业出版社 1996 年版，第 31 页。

④ （周）荀况撰：《荀子》，廖明春、邹新明校点，辽宁教育出版社 1997 年版，第 41 页。

⑤ （汉）高诱注：《吕氏春秋》，（清）毕沅校，徐小蛮校点，上海古籍出版社 2014 年版，第 615 页。

（三）传统技术创新与区域产业结构共同演进

技术创新是影响产业结构的主导力量。技术创新通过改造传统产业、淘汰落后产业和发展新兴产业使产业结构不断变迁，同时技术创新也因新产品、新工艺、新技术的应用会形成一种新的需求动力，从而改变需求结构，推动产业结构的优化。产业结构的变迁和优化，不断使产业向更高层次、合理化方向发展，这为技术的不断创新提供了动力和条件，在共同演进中促进经济增长。对传统技术而言，在中国几千年的发展历史中不断发展变迁，也不断革新。每一次技术创新或革命都会形成新的产业，也会不断更新原有的产业结构。在产业结构不断变化与优化中，传统技术也获得发展。

从历史上全国大的区域来看，传统技术创新影响全国大的区域范围产业结构的变迁和优化。我们可从中国历史上青铜技术发展和冶铁技术进步对产业结构的影响来分析，从中看到技术创新引起地方产业结构的变迁与优化。我们先来分析某一历史时期的全国范围，这是从一个大的区域来看传统技术创新对产业结构的影响。

在中国的夏商周先秦时期，因青铜冶炼技术不断发展，使得青铜冶炼业比较发达，整个社会的产业以青铜冶炼业为主，当时社会形成了以青铜矿冶业和青铜铸造业为主的手工业产业结构，其他手工业（如玉器琢制业、制陶业、纺织业、骨器石器制造业、木器制造业、皮革业、编织业）都处于非主导产业地位。夏商时期青铜冶炼铸造技术已经比较发达，能铸造多种类型的器物和工具，且形式繁多，包括武器、礼器、乐器、劳动生产工具、生活用具、装饰品和艺术品等类型，而每一类型又可细分为多种，如青铜礼器，按照用途又可分为炊器、食器、酒器、水器和挹酒器等，即便是礼器的每一类型，还可细分，种类繁多。在商朝，青铜铸造技术的成熟，促进了青铜礼器种类的增加，类型很多。"食器主要有鼎、鬲、甗、簋；酒器主要有爵、觚、斝、尊、罍、盉、卣；水器主要有盘、盂。"① 生产工具的类型也有很多，"在殷墟发现的

---

① 蔡锋：《中国手工业经济通史·先秦秦汉卷》，福建人民出版社 2005 年版，第 53 页。

手工业生产工具就有刀、削、斧、锛、凿、刻刀、锥、锯、钻、鱼钩等"。① 可见商朝当时青铜铸造技术的发达。西周时期，青铜冶铸技术进一步发展。西周为我国古代青铜采矿业的繁荣期，找矿经验丰富，开采冶炼技艺水平更高。考古发现，大型铜矿井分布较散，有内蒙古昭乌达盟林西古铜矿、湖北大冶铜绿山古铜矿、皖南古铜矿和江西瑞昌古铜矿。② 西周时期探矿与采掘技艺比商朝进步，探矿已经使用浅井技术，人们当时先露天开采发现的地表铜矿石，然后开凿竖井追踪矿源，进行探矿开采。而随着矿脉延伸，探矿还采用盲斜井、盲竖井及"浅井和短巷"组成的混合斜井。"当时的采矿业所使用的开采技艺也相当高超。已发现的 8 处古矿井，其开掘方法都是采用竖井、平巷斜巷等联合开掘法，并且已创造了从地面向地下挖井，并由竖井底部向四周挖掘巷道以寻找矿石和采掘矿石的方法。"③ 此外，西周矿石冶炼技术也有了很大进步，冶炼设备主要用竖炉来炼铜，竖炉炼铜可持续加料、持续排渣、间接排铜，大大提高了矿石冶铜的效率。先秦时期冶铜技术的进步与发展，使得青铜铸造工艺发达，造就了青铜铸造业在当时手工业生产领域的主导地位，而这种主导地位也扩大了青铜器的生产规模，又进一步推动青铜冶炼技术创新。

春秋时期，冶铁技术出现，冶铁技术是冶铜技术的创新，是技术发展史上的重要节点，随着冶铁技术的出现，冶铁业逐渐作为一个新的产业从冶铜业中独立，并逐渐发展兴盛，使冶铜业慢慢衰落，石器、木器和青铜器逐渐被排除了社会生产领域。"而冶铁业作为一个独立完整的手工业部门，是春秋战国以后才发展起来的。尽管它的出现较一些传统的手工业生产部门，如青铜冶铸、纺织、玉器加工、皮革制造等要晚得多，但一经产生，就具有了无比的生命力，迅速成为手工业生产的龙头行业，在手工业生产中占据了极其重要的位置。"④

① 蔡锋：《中国手工业经济通史·先秦秦汉卷》，福建人民出版社 2005 年版，第 56 页。
② 吕涛总纂：《中华文明史》第二卷（先秦），河北教育出版社 1992 年版，第 189 页。
③ 蔡锋：《中国手工业经济通史·先秦秦汉卷》，福建人民出版社 2005 年版，第 245—246 页。
④ 蔡锋：《中国手工业经济通史·先秦秦汉卷》，福建人民出版社 2005 年版，第 258 页。

秦汉时期，冶铁业已成为手工业生产的主导产业。例如，在汉代，社会中的手工业主要产业包括冶铁业、煮盐业、纺织业、铸币业、陶瓷业、漆器业、车船制造业、酿酒业、玉器制造业、建筑业、竹篾业、制酱业等。其中，盐铁业是社会的重要产业，铁业尤盛，盐铁业之外，比较兴盛的是纺织业、陶瓷业和漆器业。冶铁业作为社会中最为发达、规模最大的手工业生产部门，冶铁业分布地区普遍化且生产规模较大，也成为国家垄断专营的产业，设置铁官专营。"国家在冶铁业比较集中的地区共设置49处铁官，位于今山东的有12处，河南、江苏各7处，陕西、山西、河北各5处，四川3处，安徽、湖南、湖北、辽宁、甘肃各1处。"①

冶铁业在产业结构中的主导地位和国家的垄断专营，进一步推动了冶炼、铸造加工工艺技术不断革新进步。首先，矿石找寻和冶炼技术不断创新。中国古人对铁矿石的认识很早就开始了，殷商西周时期就有相关记载："出铜之山四百六十七山，出铁之山三千六百九山。"② 可见当时的人已有对铁矿石储藏的认识。此外，在《山海经》中也有相关记载，曾记述了92种矿物，产地有52处，其中产铁之山有33处，③ 当时人们能根据矿物的颜色、光泽等来识别矿石的种类。在铁矿石冶炼方面，秦汉时期有重大的技术突破，普遍采用高炉技术，且改进了鼓风设备，使用煤炭等燃料。铁矿石的高炉冶炼技术在汉代成为普遍的做法，当时建造冶铁高炉的技术比较成熟，用高炉冶铁的技术也很先进成熟。考古发现西汉冶铁遗址中有不少高炉，"在今河南鹤壁、巩县、南召、临汝、西平以及江苏徐州、泗洪，北京清河以及新疆民丰、洛浦等汉代冶铁遗址中，都有高炉的残迹发现"。④ 高炉的送风是通过橐这种设备，为了节省人力，甚至利用水排鼓风。其次，铁具铸造技术不断创新。秦汉时期，铁具铸造技术也因冶铁业的发展而不断创新，表现在铁范工艺

①　蔡锋：《中国手工业经济通史·先秦秦汉卷》，福建人民出版社2005年版，第489页。
②　《管子》，（唐）房玄龄注，（明）刘绩补注，刘晓艺校点，上海古籍出版社2015年版，第442页。
③　（西汉）刘秀：《山海经》，史礼心、李军注，华夏出版社2005年版。
④　蔡锋：《中国手工业经济通史·先秦秦汉卷》，福建人民出版社2005年版，第494页。

进步，叠铸工艺不断创新，可锻铸铁的退火工艺进一步成熟，局部淬火工艺迅速推广。秦汉时期，铁范工艺的材质运用经历了一个演变过程，当时"材质有白口铸铁、麻口铸铁、可锻铸铁和灰口铸铁"。① 这些材质使用有同时应用，也有先后应用的。此外，秦汉时期的可锻化退火工艺较为成熟，它是铁范锻造与可锻化退火处理的结合，是一项独特创新。在南阳瓦房庄出土的汉代铁钁，具有球墨铸铁的组织，这是可锻化退火处理的结果，而 12 件铁农具中，有 9 件是石墨退火处理的。② 可见，秦汉时期冶铁技术的水平相当高。

综上所述，我们通过分析传统技术创新与地方生产力发展、地方商业发展和区域产业结构变迁的关系，看到了它们之间的相互影响、共同演进，这是传统技术创新与区域经济互构共生的表现。

---

① 蔡锋：《中国手工业经济通史·先秦秦汉卷》，福建人民出版社 2005 年版，第 504 页。
② 《中国冶金史》编写组：《河南汉代冶铁技术初探》，《考古学报》1978 年第 1 期。

第五章
传统技术与地域政治互构共生

传统技术与政治的关系在实践中总是具体化为传统技术与地域政治的关系。因为政治在实践中是具体的，不是抽象的，具体的政治总是区域性、地域性的。因任何一个国家总是区域性的，总有地域边界，因此其政治制度、体制和政策是地域性的，最大范围不能超越国家的区域边界，一国范围的政治是地域政治，一国内某区域范围的政治也是地域政治，故分析某一国家或某一地方的传统技术与政治的关系时，我们实际上是在分析传统技术与地域政治的关系。本章从农业生产技术与地域政治制度互构共生，手工业技术与手工业管理制度互构共生，手工业技术与官营手工业的相互促进等方面来具体分析实践中传统技术与地域政治的互构共生关系。

第一节　农业生产技术与地域政治制度互构共生

中国传统社会的农业生产技术与政治制度相互影响、互构共生。这主要表现为三个方面。一是农业生产技术与社会政治制度相互促进。随着农业生产技术的进步，农业获得发展，推动了社会政治制度的变革，为社会政治制度变革准备了物质条件。而传统社会政治制度的变革，又进一步解放农业生产力，促进农业生产发展，推动了农业生产技术进步。二是农业生产技术与农业政策共同演进。新的政治制度的确立，推动了新的农业政策的实施，而农业政策的制定和实施，一方面受特定历史时期农业生产技术水平的影响和制约；另一方面也对农业生产技术产生了重要影响，推动着农业生产技术的发展和创新。在奴隶社会，因农业是奴隶社会的主要生产部门，奴隶主阶级为了巩固自己的统治地位而相当重视农业，客观上推动了农业生产和农业技术的发展。而封建社会的地主阶级为了自身利益，巩固政权，也大力提倡农业，并提出"重农抑商政策"，影响中国传统农业社会 2000 多年，促进了农业生产力的发展和农业生产技术的进步。三是农业生产技术与农业赋税相互制约。历史上某一时期农业生产技术的水平制约农业赋税的收入。而赋税政策的实施会影响农业生产的积极性，影响农业生产技术的创新与发展，这种影响既有积极方面，也有消极方面。从积极方面而言，宽松的赋税政策有利于农业生产技术进步，而过重的税收政策则不利于农业生产发展，阻碍农业生产技术的进步。

一　农业生产技术与社会政治制度相互促进

农业生产技术与社会政治制度呈现出互构共生的特征，一方面农业生产技术为社会政治制度变革准备了物质条件，随着农业生产技术的进步，农业生产力的发展，推动了历史上两次重要的社会政治制度变革：一次是从原始社会向奴隶制社会转变，建立了奴隶制国家；另一次是奴隶制向封建制转变，建立了封建地主阶级统治的封建制国家。另一方面，每一次的社会政治制度变革，确立的新的政治制度又进一步推动了农业生产力的发展，促进了农业技术的进步。

（一）农业生产技术与奴隶制度的建立

农业生产技术与奴隶制度的建立密不可分。一方面，农业技术的发展促进了生产力的进步，推动了原始社会的发展。母系氏族因农业生产的发展而繁荣，并促进母系氏族向父系氏族的变化，随着农业技术的进一步发展，推动了父系氏族的瓦解，转向奴隶制社会。另一方面，奴隶制度的建立也反过来促进了农业生产发展，推动了农业技术进步。

第一，农业技术发展与私有制的出现。中国是世界农业古国之一，在新石器时代产生了农业。农业早期生产技术是"火燎仗种"或"刀耕火种"，农业生产技术落后，当时在山林中，用石头制成的刀斧砍树，然后放火焚烧，撒播种子。中国进入父系氏族社会，农业技术有了较大的发展。首先，农业生产工具有了进步，农具种类增加了。有了砍伐树木的石斧，收割禾穗的石镰、石刀，翻耕松土的石锄、石铲和石镬，以及耕种使用的木耜、骨耜。"1953 年在江苏新沂县花厅村出土了大型石斧，1960 年在江西南昌市青云谱出土了穿孔石斧；1959 年在山东泰安县大汶口出土大型有段石锛。这些砍伐工具较以前又大又锋利，在开荒砍伐林木时效率显著提高。工具的改进，使耕地面积逐步扩大。"① 在新石器晚期，农业生产工具不断改进和革新，"在黄河流域出现的新型工具有骨铲、蚌铲、穿孔石刀、谷镰、蚌镰等，在长江流域出现的新型农具有用于翻土的三角形的石犁、中耕用的垦田器，垦田松土用的石锛、挖沟开渠的破土器等"②。其次，农作物种类增多和产量增加。随着农具和农业耕种技术的进步，形成了农业耕种区域，"已形成以黄河流域为中心的农业地区，其中包括今天的山东、山西、河南、陕西等地"③。农作物种类增多，已被考古发现所证明，"在浙江吴兴县钱山漾出土有粳稻；在广东曲江县石峡出土有糯稻；在河南省淅川县黄栋树出土有稻谷壳。水稻的种类不但增加，还由江南传至北方栽种。在甘肃东乡族自治县东塬公社林家出土有糜子；在浙江吴兴县钱山漾出土有蚕豆、芝麻、甜瓜子；在浙江杭州市水田畈村出土瓠籽。在长江下游一些遗址中还发现菱角、芡实等遗迹"④。随着农作物种类的增多和耕作技术的发展，农作物产量也增加了，有了剩余产品，开始有了储备，这可从发现遗址中的大量窖穴判断出当时多用于储备粮食，"在各个村落遗址中，都发现有大量的窖穴。窖穴的坑壁整齐、形状规则，多数是口小底大的圆形袋状坑，能够更好地保存谷物"⑤。最后，产品交换和私有制得到发展。剩余产品的出现推动了产品交换的发展。《淮南子·齐俗》中记载了当时的交换情况，"尧之治天下也……水处者渔，山处者木，谷处者牧，陆

---

① 阎万英、尹英华：《中国农业发展史》，天津科学技术出版社 1992 年版，第 26 页。

② 王俊麟编著：《中国农业经济发展史》，中国农业出版社 1996 年版，第 6 页。

③ 王俊麟编著：《中国农业经济发展史》，中国农业出版社 1996 年版，第 5 页。

④ 阎万英、尹英华：《中国农业发展史》，天津科学技术出版社 1992 年版，第 27 页。

⑤ 阎万英、尹英华：《中国农业发展史》，天津科学技术出版社 1992 年版，第 27—28 页。

处者农……得以所有易所无，以所工易所拙"。① 产品交换的出现推动了私有制的产生与发展，列宁就指出私有制建立在产品交换的基础上。"而私有制则是随着交换的出现而产生的，已经处于萌芽状态的社会劳动的专业化和产品在市场上的出卖是私有制的基础。"② 产品交换最初在氏族内部，氏族首领因掌握着权力而将交换的产品据为己有，变为私人财产。随着产品交换范围的扩大，氏族成员也将自己的产品作为私有物交换，进一步推动了私有制的形成。私有制带来社会的贫富分化，产生了氏族显贵和贫困氏族成员，社会进入阶级社会。农业生产技术的发展为社会政治制度的变革提供了物质条件。为中国第一个阶级社会——奴隶社会的夏朝的建立提供了条件。

第二，奴隶制的建立与农业技术的发展。夏朝建立后，确立了奴隶制度，开始了中国约 1600 多年的奴隶制社会，经历了夏商周和春秋时期。奴隶制是历史上第一个剥削制度，奴隶主占有生产资料，土地从原始社会的公有演变为奴隶制国家所有，实质上是以国王为代表的奴隶主阶级所有。夏朝实行种族奴隶制或部落奴隶制，商朝全天下土地归国王所有，全部土地上的人民皆为国王的奴隶。奴隶主驱使奴隶们集体劳动，简单协作，提高了农业劳动生产率，促进了农业生产，也促进了农业生产工具和耕作技术进步。在奴隶社会建立之初，农业生产工具主要为石质、骨质用具，有石镰、石斧、石铲、石刀、骨铲，也有蚌镰、蚌刀等。而到了商朝，农业生产工具有了很大进步，已出现了铜制工具。"到了商朝，农业生产工具除使用大量木、石、骨、蚌制的刀、镰、铲等外，还使用了铜铲、铜斧。"③ 到西周时期，进入青铜时代，大量铜制劳动工具出现，西周末年，铁器出现，甚至出现了铁制的工具，春秋时期，铁制农具开始推广。此外，还根据农业耕种的实际需要，创造了一些新农具，如耒耜、钱、镈、铚等。耒耜是一种耕地工具，钱为铲类工具，镈为锄类工具，钱、镈都是用于中耕除草，铚是收割用的工具。农

---

① 《淮南子》，杨有礼注说，河南大学出版社 2010 年版，第 390 页。

② 中共中央马克思恩格斯列宁斯大林著作编译局编译：《列宁全集》（第一卷），人民出版社 1955 年版，第 133 页。

③ 王俊麟编著：《中国农业经济发展史》，中国农业出版社 1996 年版，第 18 页。

业生产的动力，以人力为主，商朝、西周出现畜力耕地。而农业耕种方法也由撂荒耕作向轮荒耕作变化，西周中后期，轮荒耕作又向田菜制和易田制转变，已在孕育由轮荒耕作向土地连种转变，也反映了耕作方法由粗放向精耕细作的变化。农田水利灌溉技术也因奴隶制度的建立而发展，西周时期在治田治水和开渠方面有一套较为完善的方法，依据地势修建沟洫，以利泄壅和储水抗旱。

（二）农业生产技术与封建制度的建立

春秋时期，农业生产技术不断进步，促进了农业生产力进步，为奴隶制的瓦解和封建制度的建立提供了条件。"奴隶主国家土地所有制之所以崩溃，封建地主阶级土地所有制之所以能够建立，根本的原因在于生产力的发展。"[1] 说到底是因为农业生产技术的进步推动了农业生产力的发展，西周开始使用的铁器，在春秋战国时期得到普及。铁制农具的普及大大提高了农业生产效率，加上牛耕的推广，为大规模农田开垦和荒地利用提供了条件，同时也为兴修水利提供了便利，因为铁器的性能远远超过铜器和石器，其硬度、锋利程度都非其他工具所能比拟。战国时期，冶铁技术已相当进步，铁制农业工具广泛使用，大大促进了农业生产的发展，也使一些奴隶主可开垦更多荒地剥削奴隶，土地归自己私人所有，成为奴隶主的私田。"这些'私田'，不向国家纳税，可以自由买卖，于是形成了拥有大量私田的新兴贵族地主，他们的经济力量日益增长"。[2] 可见农业技术的进步推动了新兴地主阶级力量的增长，为封建地主阶级执政的封建制政治制度变革提供了条件。春秋末期、战国初期，各诸侯国地主阶级先后变法改革，如魏国的魏文侯"废沟洫"变法，加速了井田制的崩溃，秦国的"商鞅变法"，秦孝公采纳商鞅的建议，"废井田，开阡陌"，"秦用商鞅之法，改帝王之制，去井田，民得买卖"。[3] 楚国的楚悼王对土地制度改革则运用强制手段，运用政权力量，强令奴隶主离开领地，迁徙到边远地区开荒，彻底废除井田制，建立了封建地主土地制度。其他诸侯国也相继以不同形式变法，确立地主

---

① 王俊麟编著：《中国农业经济发展史》，中国农业出版社1996年版，第25页。
② 王俊麟编著：《中国农业经济发展史》，中国农业出版社1996年版，第25页。
③ （东汉）班固撰：《汉书》，赵一生点校，浙江古籍出版社2000年版，第430页。

土地所有制，建立了封建政治制度。

封建政治制度建立后，封建地主土地所有制的确立，使得新的生产关系得以建立，解放了奴隶，使之获得了一定自由，激发了奴隶的农业生产积极性，加之地主阶级为了自身利益和巩固政权的需要，也大力发展农业，因此农业生产力得到迅速发展，推动了农业生产技术的进步。首先，铁具牛耕生产技术得到推广。封建土地所有制确立后，刺激了地主和农民的农业生产积极性，他们千方百计提高生产技术。其中，在春秋末期、战国初期铁制农具使用的基础上，更加大了铁制农具使用的范围和使用的领域。"及至战国中期以后，北起辽宁，南至广东，东至山东，西至四川、陕西，都已普遍使用铁器，铁农具已排斥木石农具而取得主导地位。"[1] 在铁具使用过程中，特别是铁犁的使用，促进了畜力耕地技术的发展。这得益于春秋时养牛业的发展，以及战国时铁犁的发明和创造。铁犁牛耕是两种革命性变化的结合，是生产工具的革命性变化与农耕动力革命性变化的结合。"由木石农具和青铜农具向铁农具的转变是生产工具的革命性变化；由人力耦耕向畜力耕作的演变，是农耕动力的革命性变革。"[2] 铁耕与牛耕的结合，是农业生产技术进步的显著标志。其次，水利灌溉技术获得发展。封建土地制度的建立，解放了生产关系。地主阶级为了农业发展，比奴隶主阶级具有更大的主动性和积极性来兴修水利，改进农业灌溉技术。加之铁具的使用，铁制工具的锋利和硬度比木制工具和铜制工具更强，这为大兴农田水利提供了物质条件。因此，战国时期封建制政治制度确立后，水利灌溉技术获得很大发展，出现了一些历史上伟大的水利灌溉工程，如都江堰、郑国渠、漳水十二渠和芍陂等。其中，都江堰为世界著名的灌溉工程，都江堰地处成都平原，即今天四川都江堰市，历史上因岷江水患严重，两岸人民长期受水灾影响。秦灭蜀后，为了治理水患，灌溉成都平原的土地，秦昭王命李冰为郡守，李冰父子因地制宜修建都江堰，修建时，李冰父子等人发明了竹笼法、杩槎法等特殊工程技术。都江堰设计科学缜密、布局合

---

[1] 王俊麟编著：《中国农业经济发展史》，中国农业出版社1996年版，第28页。
[2] 王俊麟编著：《中国农业经济发展史》，中国农业出版社1996年版，第28页。

理，集防洪、灌溉和航运等功能，变岷江水害为水利，成为至今 2000 余年依然发挥灌溉作用的世界著名水利灌溉工程。郑国渠也是历史著名的大型灌溉工程。约公元前 246 年，秦国根据水工郑国的建议，引泾水开渠灌溉渭北地区，修建了长达 300 多里的人工灌溉渠道，其修建时在供水、输水、渠首选择、渠系布置等方面都有技术发明，郑国渠的建成为关中平原的农业灌溉提供了条件，也使关中地区农业生产获得发展。此外，农民凿井灌溉，中原一带的人们利用桔槔汲水灌溉，将杠杆原理运用于汲水劳动中，省力方便。最后，耕作技术有很大进步。人们对土壤的认识有了提高，能分辨土壤的性质，并根据土壤性质选种合适的农作物，对农作物施肥的方法有了进步，用野草使之腐烂增加土壤肥力，或者牲畜的粪便或动物骨头来施肥。人们根据农作物生长与季节气候的关系来进行耕种，提供了农作物适时耕作技术。《孟子》说："不违农时，谷不可胜食也。"[1]《吕氏春秋·审时》认为："得时之稼兴，失时之稼约"。[2] 随着耕作技术的进步，耕作制度也出现了变化，由轮荒耕作制向土地连种制演变。此外，随着耕作栽培技术的发展，也创新出轮作复种制，《荀子·富国》中记载："今是土之生五谷也，人善治之则亩益数盆，一岁而再获之。"[3] 轮作复种制可使一年两熟，"一岁再获"，可以提高土地利用率，促进农业生产力的发展。轮作复种制的出现，说明农业耕作技术更加精细化。

二　农业生产技术与农业政策共同演进

农业生产技术与农业政策相互影响，共同演进。历史上，农业生产技术一方面影响农业政策的制定与实施，另一方面农业政策也影响农业生产技术的发展，二者在相互影响中共同演进。中国传统社会在不同的历史阶段，所施行的农业政策存在差异，历朝历代统治者会根据当时的农业生产技术和农业生产力水平，根据国家的战略目标制定相应的农业发展政策，一方面农业政策受农业生产技术的影响，另一方面农业政策

---

① 《孟子》，王常则译注，山西古籍出版社 2003 年版，第 4 页。
② （战国）吕不韦：《吕氏春秋》，任明、昌明译注，书海出版社 2001 年版，第 239 页。
③ （周）荀况撰：《荀子》，廖名春、邹新明校点，辽宁教育出版社 1997 年版，第 41 页。

也会影响农业生产的发展和农业技术的进步，呈现出二者在相互影响过程中的共同演进。我们可从历史上不同朝代所实施的农业政策变迁与发展过程中，来具体把握农业政策与农业生产技术的互构共生关系。

中国历史上奴隶社会时期，农业生产技术已经获得一定的发展，农业成为社会主要的生产部门，统治阶级比较关心农业生产的发展，对农业生产给予极大关注，提出了积极发展农业的"劝农政策"。夏禹提倡统治者要重视农业生产，这是有德的表现，并亲自参加农业生产。《论语·宪问》记载："禹稷躬稼而有天下"，① 商朝也非常重视农业生产，统治者关心农事，许多祭祀都是为求丰年或者求雨以利农业发展。西周时期，周王朝十分重视农业生产。周部落本身是以掌握先进农业生产技术为特征的部族，比其他部族更早尝试农业种植，当周朝建立后，特别重视农业生产，周代的甲骨文、金文均有禾谷之象，可见当时对农业生产的专崇。从如下几点我们可以看出当时周王对农业生产的重视。一是周王举行盛大农业生产祭祀和典礼活动。每年立春前，周王要先斋戒、沐浴，并率领公卿百官，带上农具，到周王管理的籍田，亲自掘土并举行宴会，王后则率领宫妃九嫔，在城郊举行采桑育蚕典礼。"是故天子亲耕于南郊，以供齐盛……诸侯耕于东郊，亦以供齐盛。天子诸侯非莫耕也……身致其诚信，诚信之谓尽，尽之为敬，敬然后可以事神明，此祭之道也。"② 二是国家设立专门的农官来管理、监督和安排农事，对懒惰荒废农事者，严加惩罚。春季国王带头准备播种春耕，夏季国王派官员到各地劝农，秋季派官员监督农作物收种情况，冬季督促奴隶准备来年的农具和农业耕种。夏商周统治者对农业生产的重视，推动了农业生产发展，也促进了农业生产技术的进步。

战国时期提出"农战政策"和"重农抑商政策"。战国时期农业生产技术取得很大进步，农业生产力得到发展，但当时各诸侯国相互之间的兼并战争长年不断，大国之间，大国对小国掠夺财富、兼并其土地和人口以发展自己。各国都把农业与战争作为最重要的两件事情来对待，

① 《论语》，程昌明译注，山西古籍出版社1999年版，第151页。
② 《礼记》，（元）陈澔注，金晓东校点，上海古籍出版社2016年版，第553页。

因此提出"农战政策"，实行农业与战争相统一的政策，以农业生产的发展来支持战争，以战争来保护农业发展和掠夺财富。管仲提出："民事农则田垦，田垦则粟多，粟多则国富，国富者兵强，兵强者战胜，战胜者地广。"① 可见农事使国富兵强，而国富兵强进一步使土地广，农田增多。商鞅积极倡导农战政策，他分析农战政策的好处："国之所以兴者，农战也；……国恃农战而安，主恃农战而尊。"② 因此秦孝公采纳商鞅的"农战政策"主张，通过实施"农战政策"，收效很快，秦国农业生产发展迅速，国富兵强。秦国以耕战思想为指导，大力发展农业生产，最终统一六国而建成统一的封建制国家，结束了各诸侯国相互兼并的战争状态。此外，战国时期还提出了"重农抑商政策"，各诸侯国将农业与战争并重，因此，凡是有碍农业生产发展的，必会受到统治者的抑制。战国时期因商品交换较为频繁，商业发展较快，商人成为社会中的重要群体，较春秋时期商人的数量增多，商人专事商品买卖，能直接、间接从商品交换中获利，且比耕种赚钱容易。这对农民的诱惑较大，易导致农民弃农经商。大量农民弃农经商不利于刚建立封建政权的地主阶级利益，也不利于"农战政策"实施，于是实行以农为本、以商为末的"重农抑商政策"，"重农抑商政策"成为中国几千年农业社会的传统思想，影响深远，但对商业发展不利，阻碍了商业的发展。

秦汉时期，从帝王到地方官吏均推行以农为本的劝农政策。"汉文帝、汉景帝、汉元帝、汉成帝等均有关于劝农的诏书。由于朝廷采取劝农政策，许多地方官吏也多有劝农之举"。③ 他们劝民从事农业生产，改革农业劳动工具、修筑水利灌溉工程。为了更好地推行劝农政策，一些思想家提出重农学说，如贾谊在《论积贮疏》中，晁错在《论贵粟疏》中都提出以农为本、重农的重要性，对劝农政策的推行起到了促进作用。秦汉时期劝农政策促进了农业生产力的发展和农业生产技术的进步。铁具牛耕生产技术进一步推广，铁制农具发展到新的阶段，铸造工

---

① （春秋）管仲撰：《管子》，吴文涛、张善良编著，北京燕山出版社1995年版，第335—336页。

② （战国）商鞅等：《商君书》，章诗同注，上海人民出版社1974年版，第10—12页。

③ 王俊麟编著：《中国农业经济发展史》，中国农业出版社1996年版，第49页。

艺有了新发展，多采用双合法，其适应性、脱土性和使用寿命都有所增加，且农具多为熟铁锻打。牛耕进一步推广，由中原传播到西北边疆一带。农业耕作技术进一步发展，已逐渐脱离粗放的耕作方式，耕作更加精细化，当时的"代田法"和"区种法"是比较先进的耕种方法。"代田法"是北方干旱地区的一种对土地轮换利用并使之增产的方法，是在"畎田法"的基础上发展而来的。"代田法"的关键技术是垄、沟每年易位，实行去垄培根的田间管理。"代田法"既可使农作物幼苗有较多水分而茁壮成长，也可使农作物扎根深，可抗风吹和干旱，且能连种，提高了单位面积产量。

隋唐时期的统治者对农业生产也非常重视，继续实行"重农抑商政策"，"皇帝亲耕籍田，皇后亲自采桑饲蚕，用这种象征意义的重农仪式，足为民众表率，激励广大农民力田"。[①] 这种表率使地方官吏积极推行重农政策，大兴水利灌溉工程，督促鼓励农事。隋唐的重农政策进一步推动了农业生产技术的进步。表现在如下几个方面。一是农具得到创新和改进。一大批农业工具得以改进和发明。例如，曲辕犁、筒车、耕地机、铁塔、耙、耘爪、耘荡等一大批农业生产工具的改进和发明，这些农具与我们今天使用的农具基本上相差无几，说明隋唐农业生产工具的划时代影响。二是隋唐的水利灌溉技术获得发展。隋唐时期开凿了不少人工运河，并专为农田灌溉修建了大量中小型水利工程，农田水利技术有很大进步，主要表现为引黄灌溉的成功、关中平原灌溉体系的修复和扩展，以及长江流域农田水利的发展。唐代在引黄灌溉方面取得成绩，在宁夏平原开凿和扩建了许多渠道，如开凿了特进渠、七级渠、光禄渠、御史渠、尚书渠等多条灌渠。又扩建了旧渠，建成了宁夏平原最大的唐徕渠。[②] 隋唐时期又修复和扩展了关中平原的一些灌溉渠系。修复渭河、泾河、洛河和沔水等河流的水利工程并在宝鸡、虢县一带修建昇原渠。隋唐时期长江流域农田水利迅速发展。在江南一带修筑堤塘，建造圩田，"扬州江都县（今扬州市区偏西）建有雷塘、勾城塘，溉田

---

① 王俊麟编著：《中国农业经济发展史》，中国农业出版社1996年版，第83页。
② 阎万英、尹英华：《中国农业发展史》，天津科学技术出版社1992年版，第379页。

八百顷，建有爱敬陂水门，通漕灌溉。高邮县（今江苏高邮市）建有堤塘，溉田数千顷。"① 这种堤塘在唐代的长江流域比较普遍，促进了长江流域的农业发展。三是农业耕作技术进一步发展。隋唐时期南方水田耕作技术显著提高，水田精耕细作体系逐渐形成。南方水田精耕细作主要表现在水稻育秧移栽技术的普及，耕、耙、耖相结合的水田耕作技术的发展，以及因时因地整治水田。隋唐时期南方水稻移秧栽培技术已很普遍，诗人张籍的《江村行》描述了江南移秧栽种的情形："江南热旱天气毒，雨中移秧颜色鲜。"此外，南方水稻和小麦实行轮作复种制，这种稻麦复种技术于唐中期普遍在长江三角洲、成都平原和长江沿岸一带实行。

宋代十分重视农业生产，通过实施招流垦荒、责官督农和推广农具等措施来鼓励农耕。北宋初年，因战争造成大量土地荒芜，故实施招流垦荒政策，政府通过免租税、放贷牛、农具和种子等政策措施来恢复和扩大农业耕地。"太宗时就规定各地旷土许民佃为永业，且免租三年，期满交三分之一的租"。② 宋代还责官督农，重视地方官对农业的督促作用。通过考核奖惩来责令地方官积极发展地方农业生产。"真宗时就要知州、通判、转运使等原不管农业的官兼农官的职务，对州县等地方官都要考核他们在发展农业方面的成绩，以决定其奖罚升降。"③ 此外，宋代还推广农具，由政府制造，然后分发各地让地方仿制并分发各农户，甚至免农具税以利于制造农业生产工具，以促进农业生产发展。宋代实施的这些重农政策，激发了农民的生产积极性，推动了农业生产和技术发展。首先，土地开垦和利用技术提高。农民在政府的招流垦荒和免租政策刺激下，开垦了许多江海、湖泊和荒山丘陵之地，出现了大量淤田、圩田、山田、架田等，垦荒及土地利用技术得到发展。其次，农业生产工具不断创新和发展。宋代农具发展在历史上空前，农具不断创新，新农具大量涌现，种类多，且根据精耕细作的各环节需要而生产。出现的一些新农具有踏犁、秧马、粪耧，利用水力和风力的农具，碾压

---

① 阎万英、尹英华：《中国农业发展史》，天津科学技术出版社1992年版，第380页。
② 王俊麟编著：《中国农业经济发展史》，中国农业出版社1996年版，第105页。
③ 王俊麟编著：《中国农业经济发展史》，中国农业出版社1996年版，第105页。

土壤的砘车等。利用水力和风力的农具就有多种，如水碓、水砻、水磨、风磨、水轮三事和水击面罗等。① 最后，农业耕作技术进一步精耕细作化。随着农业生产工具的不断创新改进，农业耕作技术进一步精细化，从育种、选种、施肥、耕种、管理、收割等各环节都有重大提高。注重培育优良农作物品种，宋太宗时，水稻就培育出很多品种，南宋的水稻品种更多。人们不断培育筛选优良品种，"浙东、江东的农民还培育出好几种抗涝、耐寒、耐旱的水稻良种，池州的农民还引种高丽传来的'黄粒稻'，其谷粒饱满，也是良种"。② 耕作方法更是精细化。无论南北的农民，都会在秋收后翻耕土地，甚至翻耕多次，让土壤经霜打冬寒，来年春天再翻耕，从中我们可以窥见耕作技术的精细化程度。

元代也很重视农业生产，尽管元代统治者之前是游牧民族，但也制定了很多促进农业发展的政策。元代通过设立农业管理机构、推行村社互助和推广农业知识来实施农业发展政策。元世祖忽必烈在元初先后设立劝农司、司农司、大司农司、营田司等农业管理机构来加强农业指导和视察各地农情。元政府还推行村社互助组织。元初在北方，农民为了中耕除草曾自发组织了"锄社"，后来元政府受其启发，规定各县村庄要成立村社，社内成员要相互帮助、兴修水利、孝悌力田，其中社长负责教劝农桑、奖勤罚懒、保证社员及时耕种。元代也重视推广农业知识以指导农业生产，元世祖忽必烈让司农司组织农学家总结农业生产经验，参阅古人，编撰了《农桑辑要》一书，从耕垦、播种、栽桑、养蚕、瓜菜、果实等多个方面进行研究总结，对农业生产起了重要指导作用，也推动了农业生产技术的进步。

从上对农业生产技术与农业政策的共同演进分析中，我们看到了二者的相互影响和相互促进。农业生产技术影响农业政策的制定与实施，而农业政策也促进或阻碍农业生产技术的进步。

三 农业生产技术与农业赋税相互制约

农业赋税作为国家政策的一部分，是国家为了财政收入而实施的政

---

① 王俊麟编著：《中国农业经济发展史》，中国农业出版社1996年版，第99页。
② 王俊麟编著：《中国农业经济发展史》，中国农业出版社1996年版，第104页。

策。农业生产技术与农业赋税呈现出相互制约的关系，农业生产技术水平的高低，制约着农业生产的发达程度，必然要制约农业赋税的收入高低，而农业赋税的宽松或严苛会影响农业生产技术进步。

（一）中国农业赋税的历史变迁

中国自奴隶社会的夏朝开始，就开始有农业赋税，夏朝已有农业田赋"贡"，根据土地的肥瘠将其分为不同等级，以此为依据确定"贡"的多少。夏朝收取的是一种农业定额税。商朝田赋为"助"，是一种借助民力助耕的劳役地租。周代的田赋为"彻"，即实行农业赋税双轨制，"贡"法与"助"法并用，"据说在王畿之内采用'贡'法，按率交纳实物，王畿之外，即各诸侯国的土地用'助'法，以公田收入为税"。[1]

战国时期，土地所有制发生变化，出现了田赋，按亩收税，只向土地所有者征收，不向耕种者征收。秦始皇统一六国之后，农业赋税的征收发生了重大变化，实施"舍地而税人"，不管农民有无土地，均要交纳赋税，且赋税繁重，"秦田租口赋，盐铁之利廿倍于古，秦代力役三十倍于古，可见赋役之繁重"。[2]汉代赋税主要有田租、口赋、算赋和更赋等，其中田租征收比例明确规定。西汉刘邦为十五税一，汉景帝时为三十税一，东汉刘秀先实行十一之税，后恢复三十税一，两汉时期的赋税均为实物地租。魏晋南北朝时期，赋税有所变化。三国从曹魏开始，统一征收事务，亩税收粟，户调纳绵绢。西晋改革赋税制度，实行户调法，规定赋税限额。东晋成帝咸和五年租额根据土地面积收取，实行度田赋税制，"取十分之一，率田税三升"，哀帝时期减轻了田赋，"亩收二升"。[3]

唐代前期实行租庸调法，后期实行两税法。租庸调法就是"有田则有租，有身则有庸，有家则有调"。[4]唐后期，因租庸调法实行的基础均田制遭到破坏，于德宗建中元年制定了两税法取代了租庸调法。两税法是根据一定户籍，以财产多寡纳税，即以户纳钱，以田亩纳粟。北宋时

① 王俊麟编著：《中国农业经济发展史》，中国农业出版社1996年版，第22页。
② 王俊麟编著：《中国农业经济发展史》，中国农业出版社1996年版，第51页。
③ 黄贤金、陈龙乾等：《土地政策学》，中国矿业大学出版社1995年版，第284页。
④ 王俊麟编著：《中国农业经济发展史》，中国农业出版社1996年版，第85页。

期的农业赋税，规定向土地所有者按亩征收田税，每年征收两次，秋夏各一次。夏税以收钱为主，也可用绸、绢、布、绵等折抵。秋税按亩征收粮食，是按亩定额征收。元代的农业赋税征收，比较混乱，税赋繁杂，户有户税，丁有丁税，田有亩税，特别是元代中期以后赋税较重。明初，朱元璋废除了元朝的各种苛捐杂税和繁重的徭役。田赋分为夏税和秋粮。虽然征收的税率有一个规定，但各地的赋税额相差较大。"民田税额低的仅三升三合，最高的达数斗甚至二三石。"[①] 明代中期，因赋役负担日益加重且越来越不均，农民被迫逃亡或反抗，原有赋税弊端日盛。于是在全国实施"一条鞭法"，其核心思想是将赋与役合并，计亩征银，正杂统筹，官收官解等。清初的农业赋税沿用明代的"一条鞭法"，后来随着摊丁入亩税制的实施，加重了人民疾苦。鸦片战争后，中国社会变为半殖民地半封建社会，赋税性质也发生变化，由独立的封建赋税变为半殖民地半封建的赋税。农业赋税被作为清政府搜刮人民财富的主要形式，因此田赋加征的名目日益繁多而苛重，农民不堪重负。

从农业赋税的历史变迁我们看到农业赋税具有几个特征。一是强制性，农业赋税是国家强制征收，不管是奴隶制社会、封建社会，还是半殖民地半封建社会，都是国家政权强制征收，奴隶或农民只有缴纳的义务。二是差异性。不同土地制度下农业赋税的性质不同，奴隶社会、封建社会和半殖民地半封建社会的农业赋税性质不同，不同历史朝代的农业赋税政策存在差异，同一时期不同区域的农业赋税政策也存在差异。三是变化性。从上述梳理可以看到，农业赋税政策在不断变化，不仅不同朝代的农业赋税政策在变化，即便同一朝代的不同时期也在变化。农业赋税政策的变化总是围绕国家田赋征收与农民负担之间的矛盾而展开。

（二）农业生产技术与农业赋税的相互制约

1. 农业生产技术对农业赋税的制约

第一，农业生产技术影响农业赋税政策制定。农业生产技术反映了农业生产力发展水平，制约着农业生产，因此会影响农业赋税政策的制

---

① 王俊麟编著：《中国农业经济发展史》，中国农业出版社1996年版，第126页。

定和实施。我们可从战国时期的鲁国和秦国征收田赋政策实施情况来看，"鲁国征收田赋最早，因为鲁国在东方诸国中生产比较先进，封建生产关系出现较早，于春秋后期的公元前 594 年即已实行'初税亩'，而秦国经济发展比较迟缓，直到公元前 408 年才实行'初租禾'，即按照土地面积征收实物税，比鲁国晚了 186 年"。① 此外，一般在经历朝代更迭的战乱后，农业生产会遭受破坏，农业生产技术也停滞不前，新建立的政权在赋税政策制定时，会充分考虑农业生产的状况和农业技术水平，一般都以减免税租的方式来调动农民的生产积极性，与民休养生息，以恢复农业生产。

第二，农业生产技术影响农业赋税政策的运行状况。如果农业赋税政策与农业生产技术相适应，则有利于农业赋税政策良性运行，否则，农业赋税政策运行困难，举步维艰。所谓农业赋税与农业生产技术相适应，是指农业赋税政策的宽严要与农业技术水平相符，不能赋税过于严苛，超越生产技术水平和农业生产力状况。例如，唐代的赋税，前期实行租庸调法，这种赋税建立在均田制的基础上，税额较轻，符合唐初建国时的农业生产技术水平，让农民有休养生息的机会，有助于唐初农业生产恢复。但安史之乱后，因人口逃亡和迁徙严重，每人耕地面积并不平均，贫富悬殊，均田制遭到破坏，租庸调法的运行难以继续，必须进行税制改革，需要将田税改为按亩征税，"杨炎乃于德宗建中元年（780年）制定了两税法以代之"。② 又如，明代农业赋税的运行也反映了农业赋税要与农业生产技术水平相符合。明初，朱元璋建立明朝之后，为了迅速恢复因战争造成的农业凋敝、民不聊生，废除了原有的各种苛捐杂税和繁重的徭役，刺激了农民的生产积极性，农业生产得以恢复和发展。但到明代中期，因官吏的额外课税，赋役日趋不均且日益严重，农民无法负担而被迫逃亡或反抗，官僚地主和豪强势力也隐匿土地，逃避应有的赋役负担，造成农业赋税运行维艰，因此明政府"针对赋役制度存在的积弊，实行赋役制度的改革，于万历九年（1581 年）通令全国

---

① 王俊麟编著：《中国农业经济发展史》，中国农业出版社 1996 年版，第 34 页。
② 王俊麟编著：《中国农业经济发展史》，中国农业出版社 1996 年版，第 85 页。

实行'一条鞭法'"。① 明代"一条鞭法"的赋税制度改革，顺应了当时赋税运行形势的要求，也调整了农业赋税与农业生产技术的不适应关系。

第三，农业生产技术影响农业赋税政策的目标实现。农业生产技术制约着农业生产状况和产品收入数量，直接关系到农业赋税能征收到的数量，即赋税完成量的多少，赋税完成量的多少反映了赋税政策目标实现的程度。例如，唐代后期，中央政权内宦官与朝臣争斗，朝臣之间的朋党斗争，以及地方藩镇割据，贪官污吏横征暴敛，民不聊生，农民到处流亡，农业生产招致破坏，农业生产技术也停滞不前，唐后期"两税法"的赋税制度实施也难以落实，国家赋税收入根本难以达到目标。又如，明代正统年间（1436—1449 年）开始征收"金花银"，加重了对农民的剥削，农民负担增加了 3 倍。正赋之外，还加征各种杂办、贡品，对丁户任意役使差派，农民被迫逃亡，成为流民，农业生产凋敝，农业技术发展停滞，农业产量减少，国家税收减少，根本无法完成国家赋税任务和目标。"正统年间，从山西流亡到南阳的人不下 10 万户。天顺、成化年间，流亡数量达数百万。因而农业生产萎缩，国家赋税收入减少。"②

2. 农业赋税政策对农业生产技术的约束

传统农业社会，农业赋税所征收的收入是无偿的，都用来满足国家政治、军事和日常开支，不存在财政转移支付，因此农业赋税政策会束缚农业的扩大再生产和资金投入，也会妨碍农业生产技术革新的资源投入，进而制约农业生产发展和农业技术进步。我们可以从农业赋税的实践历史中来看，一方面，严苛繁重的农业赋税政策会直接阻碍农业生产发展和技术进步；另一方面，宽松较轻的农业赋税政策则有利于农业生产恢复、发展和技术进步，从反面证明了农业赋税政策对农业生产技术的约束。

第一，严苛繁重的农业赋税阻碍农业技术进步。历史上不少朝代在

---

① 王俊麟编著：《中国农业经济发展史》，中国农业出版社 1996 年版，第 128 页。
② 王俊麟编著：《中国农业经济发展史》，中国农业出版社 1996 年版，第 128 页。

中后期时，常因严苛繁重的农业赋税破坏农业生产，阻碍农业技术进步，引发社会混乱甚至农民起义。例如，隋末隋炀帝时期，其残酷剥削严重地破坏了当时的农业生产，杨玄感给民部尚书樊子盖写信说："黄河之北，则千里无烟，江淮之间，则鞠为茂草。"① 《隋书·食货志》记载当时农业生产状况和农民生活情况："自燕赵跨于齐韩，江淮入于襄邓，东周洛邑之地，西秦陇山之右，……宫观鞠为茂草，乡亭绝其烟火，人相啖食，十而四五。"② 可见当时农业生产破坏的严重程度和农民生活的凄惨，更别提农业生产技术进步了。唐代中期之后废除"租庸调法"，实施"两税法"，在这种赋税制度下，土地兼并不再受任何限制，造成富者田连阡陌，贫者无立锥之地的结果，对农业生产技术发展不利，终致爆发黄巢领导的农民起义而灭亡，出现了五代十国的混乱。唐之后的五代时，税制崩坏，税收增重。当时"杂税繁重，无税不加，流弊殊甚，甚至连入仓粮食的鼠耗也作为借口加税"。③ 加之地方州吏随意科赋于人，借以自肥及军人截赋自私，造成农民苦不堪言，流离失所。严重破坏农业生产，阻碍农业生产技术进步。元代农业赋税比较乱，特别是元代中期之后，繁重的税收使得农民无法忍受，"元代赋税制度紊乱，征收繁杂，户有户税，丁有丁税，田有亩税，再加上科差杂税，特别是元代中期以后，人民负担很重"。④ 元代中后期繁重的赋税不仅破坏农业生产，而且严重阻碍农业技术发展。明代中期实行"一条鞭法"赋税制度，但因其触动了官僚地主阶级利益，因此在实际执行中常常受阻，不能落实执行，且各地办法不一致。结果赋税繁重不但没有改善，反而增加了。到了明代后期，常常实行田赋加派，人民税赋负担成倍增加。有"辽饷加派""剿饷加派""练饷加派"和"助饷加派"等，⑤田赋加派成为明代后期突出的弊病，民不聊生，加速了农民破产，破坏

---

① （唐）魏徵等撰：《隋书》，吴宗国、刘念华等标点，吉林人民出版社1995年版，第1071页。

② （唐）魏徵等撰：《隋书》，吴宗国、刘念华等标点，吉林人民出版社1995年版，第426页。

③ 王俊麟编著：《中国农业经济发展史》，中国农业出版社1996年版，第86页。

④ 王俊麟编著：《中国农业经济发展史》，中国农业出版社1996年版，第112页。

⑤ 王俊麟编著：《中国农业经济发展史》，中国农业出版社1996年版，第131页。

农业生产，阻碍农业技术发展，也加速了社会经济的崩溃和明王朝的灭亡。

第二，宽松较轻的农业赋税政策促进农业技术发展。历史发展表明，在新的社会制度建立或新的朝代更迭之初，统治者往往实施减免农业赋税以让民休养生息，恢复和发展农业生产。事实证明这样的农业赋税政策很有效果，农业生产很快恢复并得到发展，农业技术也不断革新进步。可见，宽松较轻的农业赋税政策有利于农业生产恢复、发展和技术进步，从反面证明了农业赋税政策对农业生产技术的约束。

隋代初期减轻赋税，促进了农业生产恢复和农业生产技术发展。隋文帝时期，通过一系列措施减轻农业赋税以恢复和发展农业生产，"开皇十年又规定，丁年 50 岁免役收庸。成丁年龄提高，而原定 18 岁受田没有改变，农民受田后可有 3 年不纳租调，不服徭役。租调徭役的减轻，纳庸代役的规定，对于农业生产发展比较有利"。① 隋文帝时期所实施的减轻农业赋税的措施产生了积极影响，既恢复了农业生产，也促进了农业技术的进步。隋炀帝时期，农业赋税相当繁重，其残酷剥削严重地破坏了当时的农业经济，引发了隋末农民起义，这次事变对唐初君主的思想产生了巨大影响。唐太宗即位后，他在与群臣讨论隋末农民暴动时说："民之所以为盗者，由赋繁役重，官吏贪求，饥寒切身，故不暇顾廉耻耳。朕当去奢省费，轻徭薄赋，选用廉吏，使民衣食有余，则自不为盗，安用重法耶！"② 于是唐代初期通过实行租庸调法，为唐初农业恢复和生产技术发展提供了条件。唐代对租庸调的税额虽大体有规定，但实际执行时，会根据情况不同而有变动，如遇水旱自然灾害，可以酌情减免，促进了农业生产和技术发展。"租庸调法是唐朝前期封建国家的主要赋税制度，税额较轻，尤其是采取'输庸代役'的办法，让农民有休养生息的机会，多少可以提高农民的生产积极性，有助于唐初的经济繁荣。"③ 明初也实行减免赋税的政策，朱元璋建立明朝后，在赋税方面，废除了元代各种苛捐杂税和繁重的徭役，刺激了农民的生产积极

---

① 王俊麟编著：《中国农业经济发展史》，中国农业出版社 1996 年版，第 84 页。
② （北宋）司马光：《资治通鉴》，北方文艺出版社 2019 年版，第 236 页。
③ 王俊麟编著：《中国农业经济发展史》，中国农业出版社 1996 年版，第 85 页。

性，恢复和发展了农业生产，也促进了农业技术进步。当时征收的税率较元末低，"官田亩税五升三合五勺，民田减二升，重租田为八升五合五勺"。①

第二节 手工业技术与手工业管理制度互构共生

手工业技术的管理制度是社会历史的产物，是国家出现之后，为规范手工业生产和发展，促进手工业技术革新而设置的制度、管理机制和措施。原始社会因没有国家，因此没有手工业管理制度。在中国第一个奴隶制国家夏朝建立后，设立专门机构来管理手工业，对手工业进行指导、管理和监督，手工业技术的管理体制才开始出现。传统手工业技术的制度、政策与管理体制反映了传统手工业技术与地域政治的互构共生关系。

一 手工业管理制度的历史演进

手工业管理制度并非手工业技术一产生就出现了，而是国家建立之后才出现，是社会历史发展的产物。中国自奴隶制国家夏朝出现之后，在国家体制中设置了手工业管理机构，配备官员来管理手工业，由此开始了手工业管理制度的演进历史。

（一）先秦时期手工业管理制度

夏朝作为第一个奴隶制国家，在国家体制中设置手工业管理机构，配置人员加强对手工业的管理。夏朝的陶正、车正一类就是管理各类手工业生产的官员。《左传》记载："薛之皇祖奚仲，居薛以为夏车正。"②说明当时的奚仲为车正，即专门管理制车的手工业生产官员。夏朝时手工业的生产类型有王室、部族或氏族、民间私人三种形式。每一种形式的管理存在差异，王室手工业生产由王室直接管理，各部族的手工业生

---

① ［韩］朴元熿主编：《〈明史·食货志〉校注》，［韩］权仁溶等校注/著，天津古籍出版社 2014 年版，第 47 页。

② （春秋）左丘明：《左传》，岳麓书社 1988 年版，第 366 页。

产由各部族的首领直接控制，民间私人手工业生产由家庭承担，一般也是由部族首领进行管理。夏朝的手工业管理机构和人员设置并不完善，因此手工业技术的管理制度、政策和体制还处于萌芽时期。

与夏朝相比，商朝手工业管理体制进一步发展和完善。商朝设立有专门的官员和机构来管理手工业，因商朝手工业生产类型较多，有王室、贵族和民间手工业，一般由王室或贵族派出的官员进行管理，最高官员为"司工"。研究者认为，"司"有管理之意，是商王命令其主管工匠的官员，即主管手工业的官员。[1] 从出土的甲骨卜卦中可看到商朝已有专门管理丝织业的官吏"上丝"和"禾侯"。[2]

周朝设置专官管理手工业，手工业管理体制进一步走向成熟，机制越来越完善，制度、政策也越来越有利于促进手工业发展。周王室为了发展和管理手工业，实行过若干制度、政策和措施。首先，实行"工商食官"制度。周朝国家对官营手工业的管理制度称为"工商食官"制度，体现了国家对手工业管理的政策与机制。"工商食官"简言之，就是让手工业生产者与商人依靠官府供养而生，在西周灭商之后，就实行"工商食官"制度，让手工业者"世业""族居"，甚至免掉他们的兵役、徭役。西周之所以如此，是因为当时手工业生产力水平较低，周王室为了鼓励发展手工业，以让手工业者能专门从事手工业，专心于生产。其次，实行保护与发扬手工业技术的政策。周王室保护手工业生产者队伍稳定。在灭商之后，周对从事手工业生产的氏族给予保护，在管理中，即便对违反规定的手工业者，如违反酒禁，也宽大处理。"又惟殷之迪，诸臣惟工，乃湎于酒，勿庸杀之，姑惟教之。"[3] 此外，还规定手工业者不能迁业，即不能改行，需要世代相继。最后，西周建立了手工业品质量检查制度。在官营手工业生产中由各级工官管理和监督产品质量。《礼记·王制》中有对产品的尺寸、规格、成色、式样、优劣的一套质量规范。"用器不中度，不粥于市；兵车不中度，不粥于市；布帛精粗不中数，幅广狭不中量，不粥于市；奸色乱正色，不粥于市；锦

---

① 王宇信、杨升南主编：《甲骨学一百年》，社会科学文献出版社 1999 年版，第 581 页。
② 王宇信、杨升南主编：《甲骨学一百年》，社会科学文献出版社 1999 年版，第 582 页。
③ 《尚书》，徐奇堂译注，广州出版社 2001 年版，第 143 页。

文珠玉成器，不粥于市。"① 说明对产品上市有一系列质量规格的要求。

（二）秦汉时期手工业管理制度

秦汉时期，仍然沿袭战国的手工业管理体制，设立专门机构和官员全面管理手工业生产的种类、数量、质量和税收等，管理制度进一步完善。

秦统一六国后，沿袭战国时期的政策，实行鼓励官营手工业，抑制私营手工业，鼓励家庭手工业的政策。因官营手工业是秦朝军需物品、奢侈物品的重要来源和重要的经济基础，因此秦政府保障官营手工业的原料和工匠，同时制定具体的政策和法规来管理和监督官营手工业生产，如《秦律》《工律》《均工律》等都涉及官营手工业的管理模式、质量监督和技术鉴定等。② 秦朝对关乎国家命脉的手工业，禁止民间经营，如武器制造和铸钱业。秦统一六国后，对民间手工业进行抑制，特别是对六国原有的大手工业实行改造，将大手工业主迁徙到秦国统治中心地带，目的是使反抗者失去经济支柱，同时又加强秦国自己的经济实力。

秦朝管理手工业的机构为内史和少府两大系统，秦朝中央设有内史、少府、将作少府官职，中央和地方设有工官和铁官等，这些都是对手工业进行管理的官职。秦朝对手工业生产有一套严格的管理体系。从生产计划、用料、质量和效率等都有完善的措施。一是生产有计划。秦朝不论是军品生产还是日常生活器物生产，手工业生产必须按计划进行，无计划要受到惩罚。二是生产实行标准化定额管理。用一套完善规范的制度来使手工业生产标准化，"为器同物者，其大小、短长、广亦必等"，③ 即用统一的标准来规范手工产品的生产。此外，生产中还根据工匠的年龄、性别和技术熟练程度制定产品生产数量定额，并对是否完成定额施以奖惩。三是严格质量管理。秦朝对手工业生产严格质量管理，并实行责任追究制。对生产的产品有质量问题，处罚极严。《秦

---

① 《礼记》，崔高维校点，辽宁教育出版社 1997 年版，第 46 页。
② 蔡锋：《中国手工业经济通史·先秦秦汉卷》，福建人民出版社 2005 年版，第 421 页。
③ 蔡锋：《中国手工业经济通史·先秦秦汉卷》，福建人民出版社 2005 年版，第 436 页。

律·效律》曰：“工稟（鬃）它县，到官试之，饮水，水减二百斗以上，赀工及吏将者各二甲；不盈二百斗以下到百斗，赀各一甲；不盈百斗以下到十斗，赀各一盾；不盈十斗以下及稟鬃县中而负者，负之如故。”①

汉朝也如秦朝，继续实行鼓励官营手工业，抑制私营手工业，鼓励家庭手工业的政策。设立大司农和少府两大主要手工业管理机构。此外，还设有水衡都尉、将作少府等下属的手工业管理机构。汉武帝时期，“建立了大司农负责，下设斡官长主管，其下在各地设盐官、铁官、酒官一套手工业体系，其所主管的手工业生产都关乎国计民生，与少府主管的手工业系统有所区别”。② 而少府手工业管理机构与大司农不同，设有考工、尚方，所负责管理的手工业也不同于大司农，“少府的尚方令及考工令负责铜器手工业生产，铜工造兵器也属少府的尚方令负责。铸镜、造玺、雕石琢玉等手工业和画工，造纸、墨、笔、砚等均由少府的相关机构负责”。③

（三）隋唐时期手工业管理制度

隋唐时期的手工业管理制度比较完善，根据不同类型的手工业实施不同层次的管理。管理机构有最高行政官署工部，也有少府、将作、军器、都水等工部下的管理机构，还有地方政府设置的手工业管理机构，层次较多。隋唐时期对官营手工业采取直接管理方式，而对官营以外的手工业采取间接管理。隋唐时期的工部就是官营手工业的最高行政管理机构。“其中工部尚书及侍郎掌管山泽、屯田、工匠等，其下属的工部司掌城池、土木之工役程式，虞部司管京师街巷营建和修缮等，水部司掌舟津、渠堰、碾硙等。”④ 隋唐在地方也设有专门的官营手工业管理机构，由中央派员直接管理或者地方官员代管。对于民间私营和家庭副业手工业，采取间接管理，通过户籍进行管理，将全国人口，按照财产多少，定为九等，在九等户中，“其百姓有邸店行铺及炉冶，应准式合加

① 陈振裕：《战国秦汉漆器群研究》，文物出版社 2007 年版，第 267 页。
② 蔡锋：《中国手工业经济通史·先秦秦汉卷》，福建人民出版社 2005 年版，第 438 页。
③ 蔡锋：《中国手工业经济通史·先秦秦汉卷》，福建人民出版社 2005 年版，第 442 页。
④ 魏明孔：《中国手工业经济通史·魏晋南北朝隋唐五代卷》，福建人民出版社 2004 年版，第 329 页。

本户二等税者，依此税数勘责征纳"。① 隋唐时期总体来看，政府比较重视手工业产品质量。既对官营手工业组织中的手工业生产质量进行管理，也对民间手工业品质量进行管理，并做出硬性规定，隋唐时期在全国范围对手工业品制定一定的样式，作为一个统一标准样式，以用作各种工匠生产时的遵照标准，进行严格的质量管理。政府对于手工业生产中的违章违法进行严厉处罚，如民间丝织品的粗恶、短狭等不符合政府制订样式者或者质量有问题者，要受法律处罚。唐律针对纺织品规定："诸造器用之物及绢布之属，有行滥、短狭而卖者，各杖六十。"② 政府对官府手工业的处罚最为严厉，甚至有对违章违法处以极刑的法律条文，以皇帝御船的制作最为典型，按《唐律疏议》卷9《职制》规定："御幸舟船者，皇帝所幸舟船，谓造作庄严。""诸御幸舟船，误不牢固者，工匠绞。"③

（四）宋元时期手工业管理制度

宋代手工业管理机构主要有工部，以及少府、将作、军器三监。工部管理的手工业范围较广，"掌天下城郭、宫室、舟车、器械、符印、钱币、山泽、苑囿、河渠之政"。少府监掌百工技巧之政令，设监、少监、主簿各一人，少府管理文思院、裁造院、文绣院、绫锦院等手工业局院。④ 其中，文思院主要管理金银、玉器等手工业，绫锦院"掌织纴锦绣，以供乘舆凡服饰之用"。⑤ 将作监是负责管理建筑工程的最高机构。

宋代对手工业的管理措施很细，各环节都有规定，包括工匠招募、钱粮待遇、学徒培养、考功、工程造作、产品质量等都规定较细。此外，官府对各种行会组织也进行管理，对设置行会的原则主要有固定经营场所、技术对官府有益或者商品为官府所用。工商业者加入或退出行

①　（后晋）刘昫等撰：《旧唐书》，廉湘民等标点，吉林人民出版社1995年版，第1317页。

②　魏明孔：《中国手工业经济通史·魏晋南北朝隋唐五代卷》，福建人民出版社2004年版，第344页。

③　魏明孔：《中国手工业经济通史·魏晋南北朝隋唐五代卷》，福建人民出版社2004年版，第350页。

④　胡小鹏：《中国手工业经济通史·宋元卷》，福建人民出版社2004年版，第22页。

⑤　胡小鹏：《中国手工业经济通史·宋元卷》，福建人民出版社2004年版，第23页。

会，须经官府同意，进入行会，就拥有行籍。政府还颁布组织法规，对违反法规的行户，可以进行开除行籍处罚。

宋代因矿冶业发达，官府设监、坑、场、务、冶等机构进行管理。一般在矿脉丰富、开采集中且面积较大的地区，设监管理矿区，监以下直属有场、坑、冶等，监是与府、州、军平行的手工业管理机构。矿石面积不大，则设置独立的坑、场、冶等。随着矿冶业发展，设置了专职矿冶高级机构坑冶铸钱司、坑冶司等，并逐渐形成全国矿冶管理机构体系。"宋仁宗时期首先在南方出现了高级专职矿冶机构——江浙荆广福建等路坑冶铸钱司，对江南诸路矿冶生产行使统管之权，徽宗时期，北方诸路也开始陆续设置坑冶司，并逐渐扩展到全国各路，形成全国性的路级矿冶机构体系。"① 此外，宋徽宗崇宁初年，还设置盐业的专门管理机构，"大约在宋徽宗崇宁（1102—1106 年）初年，在淮南路、两浙路重要盐产区首先设置提举茶盐司，开始将从前本兼领之职独立成为专司盐司"。②

元代对官营手工业的管理机制落后，管理机构十分复杂，机构设置重叠，管理较混乱，效率低下，有属于朝廷的，有属于太子的，有属于后妃、公主和驸马的，还有属于地方政府的等，中央各部门都掌有自己统管的局、院、提举司、所、库等，实行条块分割的管理模式。元代工部是元朝统管手工业工匠的中枢机构，它"掌天下营造百工之政令。凡城池之修浚，土木之缮葺，材物之给受，工匠之程式，铨注局院司匠之官，悉以任之"。③ 在工部系统之外，还有很多部门都管理手工业，如将作院、储政院、中政院、大都留守司、武备寺、太仆寺、尚乘寺、利用监、中尚监、长信寺、长秋寺、承徽寺、长宁寺、长庆寺、宁徽寺等部门都管理所属的局院。④ 元代的矿冶制度承继宋金制度，设置铁冶提举司、金银冶提举司、淘金总管府、洞冶总管府等机构管理采矿冶金业。

---

① 胡小鹏：《中国手工业经济通史·宋元卷》，福建人民出版社 2004 年版，第 142 页。
② 胡小鹏：《中国手工业经济通史·宋元卷》，福建人民出版社 2004 年版，第 381 页。
③ （明）宋廉等撰：《元史》（卷七六—卷一一〇），余大钧等标点，吉林人民出版社1998 年版，第 1327 页。
④ 胡小鹏：《中国手工业经济通史·宋元卷》，福建人民出版社 2004 年版，第 569 页。

当然，元代矿冶制度也受不同地区的历史和习惯影响，有多种管理类型，北方较多沿袭故金制度，南方更多受到南宋的影响。

（五）明清时期手工业管理制度

明清时期，官府对手工业的管理既继承前朝，又有所变化。明代对手工业的管理除设置专门机构之外，更重要的是对管理机构官吏的监督，为此，明政府建立了一套完整的监察制度，对手工业管理的各职能部门进行监察，以防止各级官吏的舞弊行为。这一整套监察系统包括如下两个方面：一个是以监察地方一些特定业务为重点的都察院监督御史；另一个是以掌封驳和监察中央各衙门为重点的六科给事中。[①] 在明代，行政区域有 13 个布政司（省），因此，监察御史也按布政司划分为13 个。六科给事中，户科和工科监督管理官营手工业，如户科对盐课和物料的监察，工科对军器业、建筑业、铸钱业的监察等。明代对手工业工匠的管理比较严格，沿袭元代匠籍制，对工匠严密编制并强制其生产，当然比元代宽松。明代对手工业工匠的管理主要由工部负责，工部设有管册主事以负责管理各地造送的班匠册、清理工匠等。除了工部，地方政府也负责手工业工匠的管理，主要负责如下事项：起送班匠、清理工匠、造送工匠或班匠银征收情况文册。[②] 此外，明政府还制定许多法律条文，加强对各类工匠的管理，以防工匠偷工减料、毁工误事。例如，《明律》中涉及手工业工匠特别是官营手工业工匠的条文规定相当细密，而且处罚较为严厉，尤其是对御用诸物的制造规定相当严格，惩罚也严厉。

清代对手工业的管理比明代要松，因为官营手工业呈现衰落倾向，经营范围进一步缩小，其中盐、铁、有色金属，已经完全放开允许民间经营。清代废除了匠籍制度，因随着官营手工业的民营化，匠籍制度已无多大实际意义，在清代顺治二年（1645 年），"各省俱除匠籍为民"。[③]

---

① 李绍强、徐建青：《中国手工业经济通史·明清卷》，福建人民出版社 2004 年版，第111 页。

② 李绍强、徐建青：《中国手工业经济通史·明清卷》，福建人民出版社 2004 年版，第114 页。

③ 彭泽益编：《中国近代手工业史资料（1840—1949）》第一卷，中华书局 1962 年版，第 391 页。

废除匠籍制之后，实行雇募制，记工给值。清代一些手工业还是由政府控制、管理，如铸钱业，主要为官府提供军饷、工程支出，提供市场货币流通和增加财政收入，设立户、工二部铸钱局，中央有工部宝源局、户部宝泉局铸钱机构，地方各省也有铸钱机构。对于盐业的管理，因管理腐败和专商制度本身的弊端，于是在道光十年（1830 年）实行"废引改票"改革，具体措施有取消盐引和专商制、减轻课税、取消行盐区域限制、减少运盐手续。这些改革因取消了政府约束体制，避免了各种繁重的盘剥，降低了盐业运营成本，也有利于打破官府垄断盐业经营，促进了盐业市场的自由竞争。

上述对手工业管理制度历史变迁的梳理，可以看到手工业技术与手工业管理制度之间的密切关系。手工业管理制度因手工业技术而生，手工业技术因手工业管理制度而规范发展，在手工业技术的不断发展变迁过程中，始终有手工业管理制度相伴随，而手工业管理制度的历史变迁，也始终离不开手工业技术的影子，二者共同演进、互构共生，相互促进、相互制约。

二 手工业技术与手工业管理制度的相互促进

手工业技术与手工业管理制度的相互促进是互构共生的表现之一。一方面，手工业技术促进手工业管理制度的发展完善，为手工业管理制度的制定提供条件和依据，促进管理机构、技术工匠管理、生产过程管理和产品质量管理等管理制度体系的发展；另一方面，手工业管理制度促进手工业技术的进步，通过管理制度促进手工业生产者提高技术水平，推动技术的标准化、规范化，促进手工业技术分工的发展等。

（一）手工业技术促进手工业管理制度的发展完善

手工业技术为手工业管理制度的制定提供条件，为手工业管理制度准备了物质条件，提供了政策的制定依据。手工业技术还进一步推动了政府在手工业管理机构、技术工匠管理、生产过程管理和产品质量管理等管理制度体系方面的发展。

1. 手工业技术为奴隶社会手工业管理制度的产生提供了条件

手工业技术为手工业管理准备了物资条件，没有手工业技术的发展就不可能有手工业管理制度的出现。正因为原始社会末期手工业技术的发展，促进了手工行业的发展，产品出现剩余并开始交换，促进了私有制的发展，为奴隶制国家的出现提供了基础，奴隶制度的确立也为手工业管理制度的制定提供了制度基础，为管理机构的设立、管理内容的确定和管理机制设置提供了依据。

夏商周奴隶制时期设置专门机构来管理手工业，与当时手工业技术具有的基础和条件分不开。夏朝手工业生产技术已经有了一定程度的发展，手工业生产已经初具规模。商朝时期之所以设置手工业管理机构，是因为手工业生产技术已比较成熟，手工业分工更加精细，手工业生产组织日益庞大和复杂，生产的手工业品种类更加繁多。从当时的冶铜、制陶和制玉技术就能看出手工业技术水平已比较成熟。考古发现的司母戊、司母辛等大铜鼎体现了当时冶铜的技术成就。特别是商朝早期铸造的青铜器，器胎壁较薄，已经掌握均匀灌注青铜熔液的技术。冶铜技术的进步，使当时铜器生产种类繁多，商朝晚期生产的铜器种类比商朝前期增加了许多。"在前期的十多种（诸如大方鼎、大圆鼎、小圆鼎、鬲、甗、爵、尊、提梁卣、中柱盂、盘等）容器和手工工具、生产工具以及一些基本武器（如钺、戈、矛、镞、刀等）的基础上，又增加了瓿、觯、壶、觥、角、方彝等新的容器，青铜工具斧、铲、锛、凿、锯、刀、锥等基本齐全，武器中也增加了刀、戚、弓形器等新品种。"[1] 可见当时生产的青铜产品种类多。此外，商朝的纺织物生产技术水平较高。"殷代的纺织物，皆属于精巧之品，显然系由专门工人负责制作，其技艺已出现绫织，所使用机器极为复杂，在技艺上已达到高级阶段"。[2] 周朝手工业生产技术进一步发展，冶铁技术出现并发展，盐业技术和漆器技术获得发展，其他（如玉器、陶瓷、丝织印染、木业、车船制造等）传统手工业技术进一步发展，还出现了玻璃制造术，这些都推动了手工业的持续发展，也是周朝为何要进一步加强对手工业管理的重要原因，当然，周朝的手工业管理制度又进一步促进了手工业生产技术的发展。

---

① 蔡锋：《中国手工业经济通史·先秦秦汉卷》，福建人民出版社 2005 年版，第 39 页。

② 胡厚宣：《殷代的蚕桑和丝织》，《文物》1972 年第 11 期。

"考古发现最早的生铁铸品当为江苏六合程桥 1 号东周墓出土的铁块，经金相检验，其具有生铁所特有的莱氏体组织的痕迹。"① 说明周朝已出现冶铁技术。周朝盐业技术有一定发展，在一些地方煮盐业已成为独立的生产部门。例如，《史记》记载，西周初年的齐太公劝导百姓"通鱼盐"，使齐国境内的海盐手工业迅速发展，弥补了齐国土地贫瘠、多盐卤而农业不发达的不足，反而因煮盐业而使国家富裕。

2. 手工业技术促进了封建社会手工业管理制度的发展

手工业技术促进了封建社会手工业管理制度的发展。春秋战国时期，随着手工业技术的发展，促进了产业的进一步发展，特别是冶铁技术的进步，推动了铁制工具和牛耕的发展，农业获得大发展，土地地主所有制获得发展，推动了封建地主所有制的发展。封建地主所有制政权建立后，进一步加强对手工业的管理，设置专门机构和官吏，推动了手工业管理制度的发展完善。这种促进作用主要表现为管理机构设置复杂化、专业化，手工业生产者的管理规范化，生产过程管理科学化。

第一，推动了手工业管理机构不断复杂化、专业化。随着手工业技术的发展，技术分工日益细密，手工业不断分化、发展，行业越来越多，促使手工业管理机构的设立不断复杂化、专业化。夏商周时期，手工业技术不太发达，产业少，手工业管理机构和人员设置并不完善，因此手工业技术的管理制度、政策和体制还处于萌芽时期。而秦朝建立统一的封建制国家后，手工业管理机构不断发展。秦朝管理手工业的机构为内史和少府两大系统，中央设有内史、少府、将作少府官职，中央和地方设有工官和铁官等，加强对手工业进行管理。汉朝设立大司农和少府两大主要手工业管理机构。此外，还设有水衡都尉、将作少府等属下的手工业管理机构。隋唐时期的手工业管理机构进一步发展，根据不同类型的手工业实施不同层次的管理机构。手工业管理机构有最高行政官署工部，也有少府、将作、军器、都水等监，还有地方政府设置的手工业管理机构，层次较多。隋唐时期对不同性质的手工业实行不同的管理

① 蔡锋：《中国手工业经济通史·先秦秦汉卷》，福建人民出版社 2005 年版，第 259—260 页。

方式，对官营手工业采取直接管理，而对官营以外的手工业采取间接管理。宋代手工业管理机构主要有工部，以及少府、将作、军器三监，管理范围进一步扩大，内容进一步增多。元代虽然管理机构复杂混乱，机构设置重叠，但比前代也有发展，实行条块分割的管理模式。工部是手工业管理的中枢系统。此外，还有很多部门都管理手工业，如一些院、司、寺、监等。明清时期手工业管理机构进一步发展，更加复杂和专业化。明代除专门设置手工业管理机构外，还设置对管理机构的监察机构，监察地方的组织有都察院监督御史，监督中央各衙门的组织有六科给事中，明代在全国13个布政司（省）均设有监察机构，对各手工业职能部门进行监督管理。

第二，促进了对手工业生产者的管理规范化。手工业技术的发展也推动了手工业工匠管理的规范化，早在西周，对工匠技术人员就进行管理，并建立了"工商食官"制度，工商食官制度让手工业者、工匠技术人员依靠官府"稍食"为生，既加强了对手工业者、工匠等的管理，还使他们能专心于生产。西周灭商时，对手工业者实行族居、世业，并免除兵役、徭役，同时对手工业生产氏族给予特别保护，对违反规定的手工业者宽大处理。此外，还通过规定手工业者不能迁业来保持工匠队伍的稳定。

封建制度建立后，对手工业者、工匠等的管理逐渐规范化。一是设立相关的制度来管理手工业者和工匠。秦朝规定手工业者不得获爵为官的制度，但对手艺娴熟的工匠、有成绩的工匠，都有奖励，对于优秀工匠，即便是隶臣，也不允许成为奴仆，"隶臣有巧可以为工者，勿以为人仆养"。[1] 秦朝以"市籍"来管理私营大手工业主，也以谪发政策来管理原有六国的"富商大贾"，使这些大手工业者迁徙到咸阳、南阳、临邛等地。秦朝对个体手工业者则实行编户齐民管理。隋唐时期也进一步通过严密的户籍来管理手工业生产者和工匠，通过户籍管理，一方面保证官营手工业能获得所需的工匠，另一方面也有利于征收手工业生产者和工匠的赋税徭役。"唐政府在工匠及商人居住比较集中的城镇设

---

① 田昌五、臧知非：《周秦社会结构研究》，西北大学出版社1996年版，第371页。

'坊'等,'坊'内置'坊正'一人,由其掌'坊门管钥,督察奸非',以保证官府对工匠劳役的征用和税收的征收。"① 二是设立专门机构来管理手工业者和工匠。随着手工业技术的不断发展,手工业类型不断增多,主要分为官营手工业、民间私营手工业和家庭副业手工业,因此,手工业者和工匠也分布于不同类型的手工业中。为此,政府设立专门的机构来管理,如唐代的工部为手工业最高管理机构,下设少府、将作、军器和都水监具体实施政令,其中的少府监就是管理官营手工业工匠的机构。

第三,推动了手工业生产过程管理的科学化。随着手工业技术的发展,在推动手工业管理制度不断发展的过程中,也推动官府对手工业生产过程的管理不断科学化。这种科学化主要表现如下。

一是生产过程越来越有计划。在秦朝时,官府就要求生产过程要有计划,不论是军品生产还是日常生活器物生产,手工业生产必须按计划进行,无计划要受到惩罚。"非岁红(功)及毋命书,敢为它器,工师及丞赀各一甲。"② 这表明如果不按计划和上级命令文书进行生产,要受到甲等惩罚。汉承秦制,对生产也实行计划管理,每项生产都按计划进行,如果不按计划而擅自生产,最高惩罚可以处死。"如果'矫治专行,非奉使体',不按国家计划而擅自'鼓铸盐铁者'及其他生产产品者,都'法至死'。"③

二是生产实行标准化管理。在秦朝手工业生产过程,已经实行标准化管理,有一套比较完善、规范的制度。对生产的产品大小、长短、形态有统一规定,并每年均要度量校正。汉朝也是在生产中实行标准化、规范化管理。对当时生产产品的规格有规定,同时还对手工业生产中的工匠等有生产定额。《盐铁论·水旱》记载:"县官鼓铸铁器,大抵多为大器,务应员程……"④ 其中的大器,就是对产品规格的规定,"务应员

① 魏明孔:《中国手工业经济通史·魏晋南北朝隋唐五代卷》,福建人民出版社2004年版,第336页。
② 蔡锋:《中国手工业经济通史·先秦秦汉卷》,福建人民出版社2005年版,第435页。
③ 蔡锋:《中国手工业经济通史·先秦秦汉卷》,福建人民出版社2005年版,第444页。
④ (汉)桓宽原著:《盐铁论》,上海人民出版社1974年版,第79页。

程"则是对生产定额的表述。隋唐时期，实行样式制对生产进行标准化管理，即在手工业生产中制定一定样式，作为各种工匠生产的参考标准，政府通过样式制度使手工业产品有了一个统一标准，既便于工匠生产时作为依据，也成为官府验收产品的标准。

三是对产品质量进行严格管理。早在西周时期就建立了手工业品质量检查制度。在官营手工业生产中由各级工官管理和监督产品质量。秦朝实行"物勒工名"制度来管理产品质量，即生产的产品上将监造官吏和制造的工匠姓名刻上，以实行产品质量追究制，如果产品质量不合格，可追查到生产的工匠和监造的官吏。上文已经提及秦代对生产产品有质量问题者，处罚极严。汉朝也如秦朝，严格质量管理，实行"物勒工名"制度，在产品上刻记生产产品的工匠和监造官吏比秦朝更详细，如在贵州清镇出土的一件汉代漆怀铭文："元始三年广汉郡工官造乘舆髹泅画木黄耳杯……素工昌，髹工立，上工阶，铜耳黄涂工常，画工方，泅工平，清工匡，造工忠造，护工卒史恽，守长音，丞冯，掾林，守令史谭主。"[1]正因为刻记上工匠和监造官员姓名，汉朝手工业生产的产品非常精致，且质量很高。隋唐时期也很重视产品质量，且采取一系列措施保证质量提升。唐代为了保证手工业生产质量，实行工匠培训制度。在工匠培训过程中，培训者要毫无保留地授艺，新工匠生产产品时，除了将自己姓名刻上，还要将培训者刻上，实现责任连带。唐代的样式制也为产品质量提供了保障，有利于提升产品质量。唐代官府通过样式制来严格保障产品质量，特别是对军事武器的生产，制定了细致的样式标准，且规定如不按样式标准生产，引起产品质量问题，将严厉处罚。唐代法律规定，"上至最高行政长官军器监，下至一般官吏及工匠，都必须按一定的程式生产兵器，生产如果'不如法'或'辄违样式'，使武器不堪'任用'时，要追究管理者及生产者的法律责任"。[2]

通过对生产过程的计划化、标准化，以及加强产品的质量管理，不断推进手工业管理制度的发展。管理机构设置专业化、手工业生产者管

---

① 蔡锋：《中国手工业经济通史·先秦秦汉卷》，福建人民出版社2005年版，第445页。

② 魏明孔：《中国手工业经济通史·魏晋南北朝隋唐五代卷》，福建人民出版社2004年版，第341页。

理规范化和生产过程管理科学化，是手工业管理制度发展的重要标志，这既是手工业技术发展和手工业兴盛的结果，又反过来推动着手工业技术的发展。

（二）手工业管理制度促进手工业技术的进步

手工业技术与手工业管理制度在共同演进中相互促进、相互影响，在手工业技术促进手工业管理制度产生、发展完善的同时，手工业管理制度也推动着手工业技术进步。手工业管理制度对手工业技术的推动，表现为手工业生产者和工匠技术水平的提高，手工业产品生产技术标准的规范和手工业技术分工的不断发展。

1. 促进手工业生产者提高技术水平

对手工业生产者和工匠的管理是手工业管理制度的重要内容之一，合理的手工业管理制度有利于手工业生产者和技术工匠队伍建设，提升他们的技术水平。在历史上，一些朝代很重视手工业生产者和工匠队伍建设，提升他们的技术水平和能力。例如，西周灭商时，对手工业者实行族居、世业，并免除兵役、徭役，同时对手工业生产氏族给予特别保护，对违反规定的手工业者宽大处理。周代建立"工商食官"制度，让手工业者、工匠技术人员依靠官府"稍食"为生，使他们能专心于生产。这些管理措施稳定了手工业生产者队伍，也让他们专心于生产，有利于提升工匠技术水平，也有利于手工业生产技术发展。秦代对手艺娴熟的工匠、有成绩的工匠给予奖励，对于优秀工匠，即便是隶臣，也不允许成为奴仆的管理措施，既稳定了手工业技术人才队伍，也激发了手工业生产者和工匠提升技术水平的动力，有利于手工业生产技术的进步。唐代对手工业者和工匠实行培训制，这种工匠培训制既有利于手工业技术的传承发展，也有利于工匠技术水平的提高。唐代在大型工程中实行工头技术负责制，这种制度就是在一些大型工程建设中设置工头，工头比一般工匠经济报酬高，并且有很高的声誉和威信，对一般工匠提升技术水平有很大激励作用。宋代实行工匠培养制度和工匠考课制度，宋代对刚进入某一行业的人员，规定必须学习一段时间，先当学徒方能开始生产产品。对工匠的考课包括对工匠的技术能力、劳动定额、产品质量等进行考核。每一手工业行业内部都有自己的制作程序、操作规程和生产工序，工匠须按照这些规定操作进行生产。工匠要对自己生产的产品质量负责，并"物勒工名"。此外，工匠升降制度也与考课制度相配套，通过对工匠的考课，来确定工匠的升降，工匠的地位、待遇随年资、技艺和考核绩效而提升或降级，如绍兴四年（1134年）《宋会要辑稿·职官》记载："乞将见管本所万全并拨到作坊工匠，开具精巧之人，取众推伏，次第试验保明，申提举所审验讫，内第二等人匠，升作第一等，第三等升作第二等，仍至本等请受。今后每年一次依此。"[1] 这些管理制度有利于手工业生产者和工匠提高生产技术能力与水平，由此促进手工业生产技术进步。

2. 推动技术的标准化、规范化

手工业管理制度的不断发展和完善，在产品生产过程的管理上，突出地表现为产品生产技术的标准化、规范化发展，这是产品生产技术提高的表现。

上文论及秦代手工业生产过程，已经实行标准化管理，有一套比较完善、规范的制度，对生产的产品大小、长短、形态有统一规定，并每年均要度量校正。汉代也有对生产实行标准化、规范化管理，对生产产品的规格进行规定。而隋唐更是实行样式制，使手工业产品生产有一个统一标准。政府重视产品生产，对生产时的原料选用、生产工艺、产品规格、产品质量、价格等都有明确的标准。隋唐"实行比较严格的样式制，生产过程中工匠严格按规定样式操作，产品验收的标准也是划一的。"[2] 隋唐时期对手工业生产环节的重视促进了手工业技术的标准化和规范化。

3. 促进手工业技术分工的发展

手工业管理制度促进了手工业技术分工的发展。早在夏商时期，国家为了改善生活环境和衣、住、行的状况，采取了鼓励手工业生产的政策，并采取很多措施来促进手工业的发展。这些手工业管理政策推动了手工业生产规模的扩大，也促进了手工业技术分工的发展。夏商时期的

---

① （清）徐松辑：《宋会要辑稿》（全八册），中华书局1957年版，第2724—2725页。
② 魏明孔：《中国手工业经济通史·魏晋南北朝隋唐五代卷》，福建人民出版社2004年版，第354页。

甲骨卜辞中"百工""多工"的记载，就是手工业技术分工扩大的反映。"生产领域的分工在商代时无处不在，每个生产领域，如冶铁、制陶、纺织、皮革、玉器加工、木作、建筑，都已出现了比较细的分工。"① 在冶铸方面，冶炼与铸造铜器已经分开，冶炼在矿山附近，而铸造在城镇中。陶器制作的分工在选取原料、准备泥坯、制坯、烧窑等方面都已有所体现。② 周代的手工业管理制度也促进了手工业技术的分工发展。周代重视手工业的发展，周王室采取一系列政策、制度与措施来促进手工业的发展，主要包括"工商食官"制度、保持手工业技术队伍稳定与发扬传统技艺的政策、严格质量管理、低赋税等。这些政策措施的实施，促进了手工业的发展，手工业技术分工更加细密。西周时期，在专门的手工业管理机构司空下设有"百工"作坊为贵族生产各类手工业产品，其中"司空之下应有匠师、梓师、玉人、雕氏、漆氏、陶正、圬人、舟牧、轮人、车人等掌管具体手工业作坊的工师职长"。③ 可见，当时手工业行业分工已比较多，冶铜业、冶铁业、煮盐业、漆器制造业、玉器业、陶瓷业、纺织业、印染业、木业、车船制造业、骨业、皮革业等行业已获得较大发展，且每一行业内部的分工更细密。例如，在金属冶炼业中，既有青铜冶炼，也有其他金属冶炼，如黄金、银、锡、铅、汞等，铁的冶炼也开始出现。秦汉时期，重视和鼓励手工业的发展，手工业的管理更加专业化，如秦代对冶铁业的管理，设置有左采铁、右采铁机构，下设铁官进行管理。其他（如酿酒、制器、制车、制船、制玉等）都专设工官进行管理。专业化的手工业管理促进了手工业的进一步发展，生产规模不断扩大，手工业生产的分工程度更高。同一行业内部的分工更加细致，制造同一器物的分工也更加专业，"如陶瓷工业，陶窑与瓷窑已经分离，烧瓷业与制瓷业已从一个生产部门分为两个生产部门，即使是制陶业，也分为砖瓦烧制建材业、陶俑烧造业及日常生活用品烧制业等"。④ 此外，秦汉时期的漆器、金银器等奢侈品，制造工序较

---

① 蔡锋：《中国手工业经济通史·先秦秦汉卷》，福建人民出版社 2005 年版，第 34 页。

② 河南省博物馆、郑州市博物馆：《郑州商代城址试掘简报》，《文物》1977 年第 1 期。

③ 蔡锋：《中国手工业经济通史·先秦秦汉卷》，福建人民出版社 2005 年版，第 198 页。

④ 蔡锋：《中国手工业经济通史·先秦秦汉卷》，福建人民出版社 2005 年版，第 482 页。

多，分工细致。"而某一器物的制造工序细致化，典型地表现在制造漆器（如扣器、金银平脱漆器、金银器等所谓的奢侈品器物）的生产上。考古发现的清镇、平坝的蜀郡、广汉郡工官制品上，已依次标出素工、髹工、上工、黄涂工、画工、洎工、清工、造工 8 个工种。"[①] 可见秦汉时期手工业技术分工的发达程度。

第三节 手工业技术与官营手工业的相互促进

在中国传统社会，官营手工业、民间手工业和家庭手工副业是手工业生产的三种重要生产形式。官营手工业作为手工业生产的一种重要组织形态，在中国历史上占有重要地位，发挥了重要作用。手工业技术与官营手工业长期互构共生、相互促进，一方面，手工业技术进步促进了官营手工业规模的扩大，推动了官营手工业的行业分化，促进了官营手工业产品丰富。另一方面，官营手工业以官府力量，聚集了社会大量资源和技术精湛的工匠，推动了手工业技术进步，促进了手工业的技术分工发展、技术创新和技术传承。手工业技术与官营手工业的关系是实践中技术与地域政治关系的具体表现。

一 手工业技术促进官营手工业发展

手工业技术促进官营手工业发展，主要表现为手工业技术分工为官营手工业的产生提供条件，手工业技术促进官营手工业行业分化与发展，手工业技术影响官营手工业的分布，手工业技术促进了官营手工业的规模化发展。

（一）手工业技术分工为官营手工业的产生提供条件

官营手工业长期在社会中占据主导地位、起主导作用，官营手工业的发展经历了不同的历史时代，每一历史时代的发展又各具特色，但官营手工业的产生却离不开手工业技术，手工业技术分工为官营手工业的产生提供了条件。

[①] 蔡锋：《中国手工业经济通史·先秦秦汉卷》，福建人民出版社 2005 年版，第 483 页。

中国商代已产生氏族专业化。一些氏族专门生产某种产品，该产品成为这些氏族的名字，该产品或行业也成为这些氏族的标志。有学者认为，"索氏是绳工，长勺氏、尾勺氏是酒器工，陶氏是陶工，施氏是旗工，锜氏是釜工，繁氏是马缨工，樊氏是篱笆工。这是明显可见的专业姓氏"①，商代这些专业氏族就是官营手工业的雏形。统治者为了充分利用专业氏族，便授予官职给氏族的领袖，让氏族领袖掌管这些专业生产，专业生产的氏族就变为官营的专业生产单位。可见官营手工业本身就是手工业生产专业化分工的产物，手工业技术分工为官营手工业的产生提供了条件。

（二）手工业技术促进了官营手工业行业分化与发展

周灭商之后，将商代的专业氏族手工业转为王室或诸侯国的手工业，同时继承了官营手工业制度，继续为周王室和贵族服务。周代的手工业技术进一步发展，手工业专业化不限于氏族，打破了氏族界限，形成了手工业的职业团体，形成了"百工"的状况。西周金文常有"百工"一词，指手工业分工很细、种类繁多的意思，《礼记·王制》记载："凡执技以事上者，祝、史、射、御、医、卜及百工。"② 手工业技术发展促进了官营手工业的行业分化，周代王室手工业行业经过行业分化，已有较多行业，获得较大发展，既包括周王室手工业，也有诸侯国国君控制的手工业。"天子之六工，曰：土工、金工、石工、木工、兽工、草工。"③ 而在《周礼·冬官·考工记》中记载的手工业种类多达 30 余种。

　　凡攻木之工七，攻金之工六，攻皮之工五，设色之工五，刮摩之工五，搏埴之工二。攻木之工：轮、舆、弓、庐、匠、车、梓。攻金之工：筑、冶、凫、栗、段、桃。攻皮之工：函、鲍、韗、韦、裘。设色之工：画、缋、钟、筐、慌。刮摩之工：玉、柳、雕、

① 赵冈、陈钟毅：《中国经济制度史论》，新星出版社 2006 年版，第 368—369 页。
② 《礼记》，（元）陈澔注，金晓东校点，上海古籍出版社 2016 年版，第 157 页。
③ 《礼记》，（元）陈澔注，金晓东校点，上海古籍出版社 2016 年版，第 44 页。

矢、磬。搏埴之工：陶、旊。①

随着手工业技术的发展，行业的分化越来越多，也进一步促进官营手工业的分化。秦代，官营手工业因技术的发展而进一步分化、增多，官营手工业生产部门较多，有土木工程、建筑、冶铁、铸铜、盐业、军工、制陶、纺织、漆器制造等，手工业生产作坊齐全，分别属于中央和地方政府。汉代手工业行业更多，生产部门设置齐全，几乎在所有的手工业行业，都有官营手工业，以满足皇室、贵族和官府的各方面所需。汉代最重要的官营手工业有盐业、铁业和铸钱业，以满足国家兵器、工具、农具、商品交易和生活的需要。官营纺织业为仅次于盐铁之外的重要行业，专为皇室、贵族和官员生产衣服服饰和国家赏赐需要。此外，重要的官营手工业还有冶铜、制陶、车船制造、木器加工、漆器、金银器制作等。

（三）手工业技术影响官营手工业的分布

在手工业技术不太发达的时候，官营手工业基本上集中于都城，便于原料、工匠和物质等资源配置，也便于所生产的产品供应王室或官府。例如，周代王室的手工业基本集中在都城之中，在王宫附近设立各类手工业作坊，为了集中管理，便于配置资源和工匠，也方便产品供应王室，将各类手工业作坊设置在王宫附近也是一种合理可行的选择。《周礼》中记载的纺织、皮革业、冶金业、制车业、玉石加工业都是满足王室及贵族礼仪和生活需要，生产场所在都城内。从出土的西周遗址看，可看到当时的官营手工业在城郭内的王室附近。洛阳北窑发掘出大规模西周铸铜遗址，出土了大量西周时期的陶范和炉壁等，被认为是一处王室铸铜遗址，这一遗址地正好位于西周东都洛阳。② 周代的官营手工业还包括各诸侯国国君控制的手工业。春秋战国时各诸侯国的国君所有的手工业行业主要有铸铜、铸造兵器、冶铁、漆木器制造、纺织印染等行业。从手工业的生产分布看，各诸侯国也仿效周王室，将国君掌控

---

① 林尹注译：《周礼今注今译》，书目文献出版社 1985 年版，第 420 页。
② 马洪路：《中国远古暨三代经济史》，人民出版社 1994 年版，第 208 页。

的官营手工业安置在城区之中。通过考古发现春秋战国诸侯国的遗址也证实了这点，"如曾为韩国都城的郑城（今河南新郑）遗址中遍布各种手工业作坊遗迹，有铸铜、冶铁、骨器、陶器、玉器等制造作坊；在外城东部小吴楼北有一处铸铜遗址，面积 10 万平方米，出土陶范以镢、镰、铲、锛、凿等生产工具为主。外城西南部仓城南是冶铁遗址，面积达 4 万平方米，产品也是生产工具；外城东北隅张龙庄南，则是一处大型的骨器作坊遗址"。①

随着手工业技术的发展，官营手工业的分布分散化，不再局限于都城内或王室附近。秦汉时期官营手工业分布因手工业技术的影响，在全国形成地域性特征，并且一些中小城市还形成自己的手工业生产特色，其产品或以漆器著称，或以煮盐著称，或以冶铸闻名，各有特色，成为当时地方手工业生产的代表。西汉时，官营手工业发达地方有八郡：河内、河南、颍川、南阳、泰山、济南、广汉、蜀，因此在这几地设有工官，专门管理该地官营手工业。② 也因为某地某类手工业的生产原料或资源极为丰富，促进了生产技术的发展，也会在某地形成产业。例如，汉代的丹阳郡因铜资源丰富，铜业较为发达，官府在当地设置铜官专门管理。另外，冶铁虽也受原料产地的影响，但因技术发展，在全国都有生产，分布较广。"如铁，'往往山出棋置'，分布较为广泛，在全国各地都有生产。"③

秦汉时期，因盐业技术的发展，盐业资源得到了进一步的开发，分布区域更加广泛。盐的生产也在全国有分布，西汉时在全国设置 37 处盐官进行管理就可看到这种分布的广泛。④ 秦代，仅就井盐的分布而言，已由广都一县扩大到三县。汉代，食盐生产迅速发展，以前不产盐的东南沿海、河南地区、北部边郡，以及川滇地区都有了制盐手工业。其产盐地区分布之广，是以前任何一个时代都不能比拟的。⑤

---

① 蔡锋：《中国手工业经济通史·先秦秦汉卷》，福建人民出版社 2005 年版，第 237 页。
② 蔡锋：《中国手工业经济通史·先秦秦汉卷》，福建人民出版社 2005 年版，第 484 页。
③ 蔡锋：《中国手工业经济通史·先秦秦汉卷》，福建人民出版社 2005 年版，第 485 页。
④ 蔡锋：《中国手工业经济通史·先秦秦汉卷》，福建人民出版社 2005 年版，第 485 页。
⑤ 蔡锋：《中国手工业经济通史·先秦秦汉卷》，福建人民出版社 2005 年版，第 513 页。

（四）手工业技术进步促进了官营手工业的规模化发展

春秋战国时期为了促进官营手工业发展，特别重视手工业技术的专业化发展，主张遵守社会分工的原则，不败业、不迁业，反对兼业或副业。这种重视也促进了春秋战国时期手工业规模扩大。不论是冶矿业、铸造业，还是煮盐业，都出现了大规模经营。春秋战国的官营手工业有聚集数千人的劳动者。官营手工业因官府支持，具有能大规模开发资源的条件，呈现出作坊大、生产技艺水平高、产品质量高的特点。春秋战国时期，因兼并争霸的需要，官营手工业作坊在武器制造方面规模都很大。

秦汉手工业技术进一步发展，促进了手工业生产的规模化。秦代官营手工业规模很大，考古资料证实，秦代官府制陶作坊规模特大，集中着大批制陶工匠，生产能力大，供应秦始皇陵园的所用砖瓦数量有数千万件，"从秦始皇陵园出土的砖瓦上的文字，可以看出当时为陵园烧造砖瓦的中央官署机构有都司空、左司空、右司空、左水、右水、寺水、大水、大匠、北司、宫水10个之多。每一官署内都设有许多工师主持若干窑场的生产，每个窑场又有一大批陶工、杂工，总计参与烧造砖瓦的人员恐怕要达万人。秦时所修建长城的规模之大也是世人皆知，用工达40万人"。[①] 汉代的官营手工业生产规模比秦代更大，超过了秦代生产规模，主要表现在冶铁、铸币、纺织、制陶业和制玉业等。考古发掘的临淄故城几处汉代遗址的面积，合计达到40多万平方米。比已知当地战国冶铁遗址大8—10倍。[②] 考古发现表明，西汉时期，作为冶铁业基地的大型作坊，已在内地相继建立，"在河南省发现的汉代冶铁址，分布密集，规模较大，是汉代冶铁业的重要地区"。[③] 此外，秦汉时期，盐业生产规模不断扩大，盐场面积增大，盐井的井数以及盐场生产者人数增加，这在文献中有确凿记载。例如，《说文》记载汉代盐场："盐，

---

① 蔡锋：《中国手工业经济通史·先秦秦汉卷》，福建人民出版社2005年版，第480页。
② 群力：《临淄齐国故城勘探纪要》，《文物》1972年第5期。
③ 中国社会科学院考古研究所编著：《新中国的考古发现和研究》，文物出版社1984年版，第464页。

咸也。河东盐池，袤五十一里，广七里，周百十六里。"① 可以想见这么大的盐场，其生产规模相当大。

隋唐时期，手工业技术的发展，进一步推动官营手工业的生产规模扩大。隋唐的官营手工业，有中央政府经营的手工业，也有地方政府经营的手工业。当时因技术分工细密，各生产技术环节的工匠规模都很大。武则天时，京师"绫锦坊巧儿三百六十五人，内作使绫匠八十三人，掖庭绫匠百五十人，内作巧儿四十二人，配京都诸司诸使杂匠百二十五人"。②

二 官营手工业促进手工业技术进步

手工业生产技术进步促进了官营手工业的发展，同时，官营手工业的发展又反过来促进手工业生产技术的进步。官营手工业对手工业技术进步的促进作用主要表现在：促进手工业技术分工的发展，促进手工业生产技术进步，推动手工业技术创新等。

（一）官营手工业促进手工业技术分工的发展

从生产理念来看，官营手工业内含有促进生产专业化的宗旨和目的。古代统治者很重视专业化生产，春秋战国时期倡导"不败业""不迁业"，反对兼业或副业，孟子就有"百工之事固不可耕且为也"。③ 认为手工业不能让农民兼业。因为专业化生产的效率高，所产生的产品品质佳，因此，被统治者奉为生产的基本原则。《盐铁论》中就有对专业化优点的论述："家人相一，父子戮力，各务为善器，器不善者不集。……民相与市买，得以财货五谷新弊易货。"④ 为了实现专业化的目的，古代统治者采取一系列措施来实现。一是划定专业区。二是设立专门管理手工业的政府机构，进而成立官营生产单位。三是设立"市籍"制度。可见，官营手工业本身就内含促进生产专业化的宗旨和目的。因此，在官

① 蔡锋：《中国手工业经济通史·先秦秦汉卷》，福建人民出版社 2005 年版，第 396 页。

② （宋）欧阳修、宋祁，《新唐书》（卷四一一—卷五八），王小甫标点，吉林人民出版社 1995 年版，第 743 页。

③ 赵冈、陈钟毅：《中国经济制度史论》，新星出版社 2006 年版，第 369 页。

④ （汉）桓宽原著：《盐铁论》，上海人民出版社 1974 年版，第 80 页。

营手工业不断发展的过程中，自然就能不断促进手工业技术分工的
细密。

从生产实践来看，官营手工业的发展，促进了手工业生产内部分工
的细密，促进手工业生产由简单协作向明确的技术分工为基础的协作发
展。例如，唐代官营纺织业的发展，促进了丝织业内部的分工。唐代纺
织品，是统治者须臾不可或缺的消费品，是官营手工业直接经营的基本
产品之一，唐代官营手工业中纺织品的单位是"作"，"纺织署多达25
作之多，其中织有10作（布、绢、絁、纱、绫、罗、锦、绮、缣、
褐）；组绶有5作（组、绶、条、绳、缨）；绸线有4作（绸、线、弦、
网）；炼染有6作（青、绛、黄、白、皂、紫）。"① 可见唐代纺织业包
括纺织与印染过程的不同方面及各个生产环节，分工细密，正是这种专
业化生产对工匠的技术要求比较高，其生产的产品一般为精品。宋代官
营军器制造业，分工细密。当时的军工作坊很多，"共有木作、漆作、
马甲作、大弩作、剑作、铁甲作、皮甲作、铜作、大炉作、小炉作、枪
作等51作"。② 担任火药和火器生产任务的作就分工很细，有"火药作、
青窑作、猛火油作、金火作、大木作、小木作、大炉作、小炉作、皮
作、麻作和窟子作"③。井盐作为盐业的重要组成部分，因井盐业的发
展，促进了内部分工的细密化。清代井盐生产分工细密，其全部生产过
程有井、笕、灶各部门的分工，而各部门之内又有复杂的技术分工，
"其人有司井、司牛、司笕、司榔、司漕、司涧、司锅、司火、司饭、
司草；又有医工、井工、铁匠、木匠"。④

官营手工业对手工业技术分工的促进，既表现为新行业的分化独
立，也表现为行业内部的分工更加精细。随着官营手工业的发展，新的
技术出现，会出现新的手工行业。例如，冶铁业，就是在发明了冶铁技
术后，冶铁业从冶铜业中分化独立，开始了冶铁业的独立发展，这是新

---

① 魏明孔：《中国手工业经济通史·魏晋南北朝隋唐五代卷》，福建人民出版社2004年
版，第233页。
② 胡小鹏：《中国手工业经济通史·宋元卷》，福建人民出版社2004年版，第14页。
③ 胡小鹏：《中国手工业经济通史·宋元卷》，福建人民出版社2004年版，第14页。
④ 自贡市盐务管理局编：《自贡市盐业志》，四川人民出版社1995年版，第8页。

行业的分化独立。同时冶铁业内部也在分化，一是冶铁业分化为铁矿开采与铁器铸造业；二是同一产品铸造内部又细分为很多生产工序。我国在春秋时期就发明了冶铁技术，随着冶铁技艺的发展，冶铁业得到发展，铁矿开采和冶铁规模有所扩大，各诸侯国在产铁之山设置铁官，专人负责开矿炼铁。"而秦、齐等国也设有专门的采铁官吏来管理开矿事务。秦国就在战国时设有'左采铁''右采铁'之职。"① 而随着铁器锻造工艺水平的提高，铸铁业的内部出现了分工，有了不同的生产工序，表现在出现了生铁冶铸、毛铁锻造和生铁柔化等生产工序，"其进步主要表现在生铁冶铸和毛铁锻造以及生铁柔化方面，甚至出现了麻铁，还出现了用铁范铸器工艺。"②

（二）官营手工业促进手工业生产技术进步

官营手工业集聚了大量优质的原材料、技术先进的工匠，在严格规范的手工业管理体制监督下，官营手工业对手工业生产技术有促进作用。官营手工业主要通过促进生产过程规范化、推动产品品种的多样化、提高产品质量等来促进手工业生产技术的发展。

第一，官营手工业促进生产过程规范化。官营手工业管理比较严格规范，对生产过程比较重视，通过各种措施来推动手工业生产的规范化。一是生产过程严格按计划进行。官营手工业对生产过程比较重视，历史上早在秦代的官营手工业就有生产按计划进行的相关规定，且执行严格。比如，秦代官营手工业对手工业生产过程就实行标准化管理，有一套比较完善、规范的制度。在《秦律》的《工律》《均工律》《工人程》《司空》等篇中，就有具体的官营手工业的生产管理模式、生产计划、具体用料、生产效率、技术鉴定等内容，对生产过程实行严格的管理。秦代官营手工业要求生产过程严格按计划进行，不按生产计划而擅自生产要受惩罚。无论是中央还是地方郡县，凡涉及生产或工程，都要有预算，且要报批，还不能随意增减工匠，否则要受法律严惩。《秦律·徭律》曰："县为恒事及献有为也，吏程攻（功），赢员及减员自二

---

① 蔡锋：《中国手工业经济通史·先秦秦汉卷》，福建人民出版社 2005 年版，第 260 页。

② 蔡锋：《中国手工业经济通史·先秦秦汉卷》，福建人民出版社 2005 年版，第 261 页。

日以上，为不察。上之所兴，其程攻而不当者，如县然。度攻必令司空与匠度之，毋独令匠，其不审，以律论度者，而以其实为徭徒计。"① 汉代国家对手工业生产按计划进行规定更严，如果不按照计划擅自生产，将受严厉惩罚，甚至"法至死"，这种严格规定使得官营手工业的生产都严格按计划进行。二是生产产品实行标准化。官营手工业对生产实行标准化管理，对生产产品的大小、长短、形态都有一定规定。早在秦代，官营手工业就实行生产的标准化，所生产的产品的大小、长短都有一些规定，《秦律·工律》中有记载："为器同物者，其大小、短长、广亦必等。"② 汉代官营手工业也对生产实行标准化、规范化管理，对生产产品的规格有具体规定。而隋唐官营手工业实行样式制，使手工业产品的生产有一个统一标准，特别是兵器的制造，更是严格按样式制造，如果工匠"不如法""辄违样式"，要受到法律严惩，根据具体情况，处以"笞四十""徒二年半"至"流二千里"的刑罚。③ 对生产时的原料选用、生产工艺、产品规格、产品质量、价格等都有明确的标准，唐时期手工业生产的样式制促进了手工业技术的标准化和规范化。三是实行生产定额。在手工产品生产过程中，官营手工业还实行生产定额，以便奖励完成者，处罚未完成者，如秦代就根据工匠年龄、性别和技术熟练程度不同而制定不同的生产定额。《秦律·均工律》规定新工匠第一年生产定额是标准定额规定的一半，第二年就应该完成全额，"新工初事，一岁半红（功），其后岁赋红（功）与故等"。④

第二，官营手工业推动产品品种的多样化。官营手工业的发展促进了手工业生产能力的提升，增加了产品种类。在秦代，随着官营手工业的发展，促进了用于交换的产品品种的增加，"用于商品交换的手工业产品种类较多，其产品最多的是各式各样的陶器、漆器制品，……而铁器、木器、纺织品、化妆品、日用杂货仅次于陶器与漆器，也都是手工

① 睡虎地秦墓竹简整理小组编：《睡虎地秦墓竹简》，文物出版社 1978 年版，第 77 页。
② 睡虎地秦墓竹简整理小组编：《睡虎地秦墓竹简》，文物出版社 1978 年版，第 69 页。
③ 魏明孔：《中国手工业经济通史·魏晋南北朝隋唐五代卷》，福建人民出版社 2004 年版，第 254 页。
④ （唐）长孙无忌等：《唐律疏议注》，袁文兴、袁超注译，甘肃人民出版社 2016 年版，第 474—475 页。

业的重要产品"。① 这些用于交换的产品，官营手工业占有相当大的比例，更别说官营手工业中还有很多产品根本就不用于市场交换，可见官营手工业所生产的产品品种只会更多。就连地方郡县的官营手工业作坊也生产较多品种的产品，"郡的属县也设有工官，如上郡的洛都、广衍、高奴等县都有工官及其作坊，生产的品种较多，有兵器、陶器、瓦器、铁器、木器、车等。"②

除了不同行业产品品种的增加，即便是同一行业，产品品种也随官营手工业的发展而发展。例如，冶铁业的发展，促进了铁具生产的发展，铁制品品种也不断增多。战国时期，随着官营冶铁业的发展，生铁冶铸技术和铸铁柔化处理技术取得进步，推动了铁制农具和手工工具品种的增多。在河南辉县固围村发掘的战国时 5 座大型魏墓，其中 1 号墓出土铁器 65 件，其中农具就占 58 件，品种包括镬、锄、铲、镰、犁铧等一整套铁农具。③ 因当时盐铁由官府垄断，可见战国时官营铸铁业生产铁制农具的技术已有很大发展。秦汉时期，官营冶铁业进一步发展，铁具的品种进一步增加，可见铁具的生产技术进一步提升。我们可以从汉代考古遗址发掘中，看到铁具品种比战国时进一步增多，表明铸铁技术进一步提升。在辽阳三壕西汉晚期村落遗址中，出土的铁农具有犁铧、镬、锄、锸、铲、镰等，铁制工具有锛、凿、锥、钻、带钩等，铁兵器有刀、剑、镞等，还有铁车具和日用铁器等近百件。④ 从铁制品的种类可见秦汉时期的冶铁技术比战国时期更先进。

第三，官营手工业提高产品质量。官营手工业因主要用于满足皇室、官员和政府的需要，对产品质量很重视，管理严格，这种严格管理有助于促进产品质量提高，推进生产技术进步。隋唐时期官营手工业生产的产品质量高，在最大限度上满足了统治阶级的消费需要，如金银器皿、绫罗绸缎、高级酒类、天子的服饰、百官的官服、器玩及各种必要和奢侈性消费品，隋唐官营手工业都能不遗余力地生产，且质量高。隋

---

① 蔡锋：《中国手工业经济通史·先秦秦汉卷》，福建人民出版社 2005 年版，第 467 页。
② 蔡锋：《中国手工业经济通史·先秦秦汉卷》，福建人民出版社 2005 年版，第 392 页。
③ 王增新：《辽宁抚顺市莲花堡遗址发掘简报》，《考古》1964 年第 6 期。
④ 李文信：《辽阳三道壕西汉村落遗址》，《考古学报》1957 年第 1 期。

炀帝命制五色花罗裙，以赐宫人及百僚母妾，反映了当时丝织业的技术先进，品质高，"大业中，炀帝制五色花罗裙，以赐宫人及百僚母妾"。唐代官营丝织业生产技术高，所生产的丝织品精美且质量高。考古发掘出唐代官府手工业的不少精品，如在今天陕西法门寺的地宫内就出土有各种丝织品，其制作之精美，品种之繁多，数量之巨大，就是典型的一例。①

官营手工业为了确保所生产的产品质量高，一般通过诸多措施来实现。一是招收技术水平高的工匠。工匠技术水平的高低，对生产产品的质量有较大影响，因此，官营手工业所招收的工匠均要求有较高的技术水平，官营手工业基本上聚集了当时社会中绝大多数技术精湛的工匠。魏晋南北朝时期的梁武帝曾经说，"凡所营造，不关材官，以及国匠，皆资雇借，以成其事"。② 隋唐时期，官营手工业的工匠主要招收技术水平高的工匠，对技艺高的工匠还不用纳资代役。隋唐时期的官营手工业工匠"散出诸州，皆取材力强壮、技能工巧者，不得隐巧补拙，避重就轻。""其巧手供内者，不得纳资"。③ 可见官营手工业重视能工巧匠。此外，保证产品生产质量还需要固定的工匠，因此为了稳定工匠队伍，要么征用，要么雇佣，或者实施"匠籍"制度。魏晋南北朝和隋唐时期就以征集和雇佣形式保证官府对手工业工匠的需要。为了稳定工匠人数，确保官营手工业生产的正常运行，隋唐时期官营手工业中的工匠有最低数量限度，"如唐代少府监中有固定工匠1.985万人，将作监有1.5万人。"④ 为了保证官营手工业的产品质量，官府常征集或雇用能工巧匠，"那些能工巧匠必须首先满足官府的需要，以确保官府手工业作坊的生产人手及其产品质量"。⑤ 二是生产过程按样式操作。官营手工业为

---

① 魏明孔：《中国手工业经济通史·魏晋南北朝隋唐五代卷》，福建人民出版社2004年版，第234页。

② （唐）姚思廉撰：《梁书》（卷一—卷五六），陈苏镇等标点，吉林人民出版社1995年版，第322页。

③ 魏明孔：《中国手工业经济通史·魏晋南北朝隋唐五代卷》，福建人民出版社2004年版，第331页。

④ 魏明孔：《中国手工业经济通史·魏晋南北朝隋唐五代卷》，福建人民出版社2004年版，第331页。

⑤ 魏明孔：《中国手工业经济通史·魏晋南北朝隋唐五代卷》，福建人民出版社2004年版，第331页。

了保证产品质量，制定样式作为工匠生产时遵照的标准。样式制也称立样制，在隋唐官营手工业中比较流行。隋唐官营手工业中制定一定样式，作为各种工匠生产时的参考标准，作为工匠考核的依据，也是官府验收产品的质量标准。官府在全国官营手工业中通过样式制标准进行生产，对提高手工业产品质量具有积极的推动作用。"样式制在官府手工业生产中因为工匠众多，原料充足，生产规范，可操作性比较强，因而被普遍采用。"[①] 隋代在军事手工业生产中、钱币铸造中都严格实行样式制。在兵器生产验收时要求严格，需要按样式生产保证武器"精新"，"滥恶则使人便斩"。[②] 隋代对于钱币制造，为防止私造伪劣钱币，也严格实行样式制，隋文帝使铸造新五铢钱后，令"四面诸关，各付百钱为样。从关外来，勘样相似，然后得过。样不同者，即坏以为铜，入官"。[③] 唐代进一步完善了样式制，在众多官营手工业和私营手工业中推行。不论是兵器、农具、砖瓦、瓶缶，还是纺织，都推广样式制。"凡砖瓦之作，瓶缶之器，大小、高下各有程准。"[④] 水车等灌溉农具，皇帝还亲自选定样式，再依样制造，"令依样制造，以广溉种"。[⑤] 为了保证官营手工业严格按照样式生产，唐代还制定法律以严惩不按样式标准进行生产者。在《唐律疏议》中规定，对于兵器手工业生产不按样式标准生产，如果"不如法"或者"辄违样式"，要追究生产者和管理者的法律责任。在兵器验收时，只有通过军器监的严格验收，看其是否按照样式制度生产，才能收于武库。军器监"辨其名物，审其制度"，方能"以时纳于武库"。[⑥] 三是实行生产责任制。官营手工业为了确保产品质

---

① 魏明孔：《中国手工业经济通史·魏晋南北朝隋唐五代卷》，福建人民出版社 2004 年版，第 340 页。

② （唐）魏徵等撰：《隋书》，吴宗国、刘念华等标点，吉林人民出版社 1995 年版，第 439 页。

③ （唐）魏徵等撰：《隋书》，吴宗国、刘念华等标点，吉林人民出版社 1995 年版，第 439 页。

④ （唐）李隆基撰：《大唐大典》，（唐）李林甫注，［日］广池千九郎校注，三秦出版社 1991 年版，第 425 页。

⑤ 魏明孔：《中国手工业经济通史·魏晋南北朝隋唐五代卷》，福建人民出版社 2004 年版，第 461 页。

⑥ （唐）李隆基撰：《大唐大典》，（唐）李林甫注，［日］广池千九郎校注，三秦出版社 1991 年版，第 412 页。

量，实行产品生产责任制，在产品上刻上工匠和管理者的姓名，使产品生产责任到人。早在秦代的官营手工业中就实行"物勒工名"制度来落实生产责任，管理产品质量，在生产的产品上刻上监造官吏和制造的工匠姓名，以实行产品质量追究制，如果产品质量不合格，可方便追查到生产的工匠和监造的官吏。秦代对生产产品有质量问题者，处罚极严。汉代也如秦代，严格产品质量管理，实行"物勒工名"制度，比秦代更详细在产品上刻记生产产品的工匠和监造官吏。隋唐时代，官营手工业为了保证产品生产质量，在生产管理中责任到人，"物勒工名"。唐代政府在官营手工业中规定，"教作者传家技，四季以令丞试之，岁终以监试之，皆'物勒工名'"。① 无论是一般产品，还是大型工程都要注明姓名和管理者。对进入市场的产品，还要明码标价。对生产质量有问题或不符合标准者要受到法律严惩。

（三）官营手工业推动手工业技术创新

官营手工业还推动着手工业的技术创新，在传统社会，官营手工业是手工业的主要组织形式，其资源、技术工匠和生产设备都在当时社会具有优势。官营手工业在工匠人才、雄厚的资源、技术的传承与传播等方面为手工业技术创新提供了条件，推动了手工业技术的创新。

第一，官营手工业为手工业技术创新提供了技艺精湛的工匠。在清代末期官营手工业衰败之前，中国历史上的官营手工业长期处于主导地位，集聚了社会的大部分技艺精湛的工匠，这为手工业技术创新与发展提供了人才队伍。早在西周时期，周灭商时，为了使官营手工业有稳定的、技艺精湛的工匠，周王室将商代手工业氏族转为官营手工业工匠。《左传》记载了定公九年周武王将商遗民六族和七族分给卫国、鲁国的事情，在所分的第十三族中，有九族为手工业氏族。② 而为了工匠技术人才稳定，不允许手工业者随便转业、为官。百工及执技事者，不贰事，不移官，同时，让手工业生产者"稍食为生"，免除徭役和兵役，专心于手工业生产。战国时期，各诸侯国为了发展自己的手工业生产，

---

① 魏明孔：《中国手工业经济通史·魏晋南北朝隋唐五代卷》，福建人民出版社 2004 年版，第 358 页。

② 范文澜：《中国通史》第一册，人民出版社 1978 年版，第 48 页。

获得别国的先进手工业生产技艺，以为本国服务，多不惜重金招徕别国工匠。《管子·小问》记载："选天下之豪杰，致天下之精材，来天下之良工，则有战胜之器矣……公曰：'来工若何？'管子对曰：'三倍，不远千里。'"① 可见，用高于其他国家三倍的酬劳招徕别国良工，工匠会不远千里而来，管子提出用重金征聘作为招揽天下良工的手段，有利于提高官营手工业的生产技术，提升国家的战争实力，"有战胜之器矣"。上文也提及隋唐时期采取多种措施确保官营手工业中技艺精湛工匠队伍的稳定。可见，技艺精湛的工匠是技术创新的前提，也是技术创新的重要主体，正是技艺精湛的能工巧匠，在官营手工业的生产实践中不断创新和发明，推动手工业技术不断进步。

第二，官营手工业雄厚的资源是手工业技术创新的又一重要条件。官府为官营手工业的原材料、资金、生产设备和生产条件提供了重要支持，尽力提供官营手工业生产所需的各种资源。因此，政府在手工业机构的设置和管理上，其中一个重要内容就是保证官营手工业生产的各种物资供应，这是官营手工业存在和发展的物质前提。其中，原材料又是政府为官营手工业发展提供的重要物资，政府为官营手工业提供原材料一般通过三条途径。一是以贡品的形式向地方征收一些特殊原料。例如，隋唐时期就以贡品形式无偿向地方征收官营手工业原料。隋代隋炀帝时，"课天下州县，凡骨角齿牙，皮革毛羽，可饰器用，堪为甓耗"②者，以作为官营手工业生产的原料。唐代少府监的中尚署、左尚署、织染署等所需的原料，大多以贡品形式从地方民间收集而来。中尚署"所用金木齿革羽毛之属，任所出州土，以时而供送焉"，左尚署"其用金帛胶漆材竹之属，所出方土，以时支送"。③ 在隋唐时期，以贡品形式获得"凡物之精者与地之近者"，④ 是官营手工业生产原料获得的重要途

---

① 《管子》，（唐）房玄龄注，（明）刘绩补注，刘晓艺校点，上海古籍出版社2015年版，第337—338页。

② （唐）魏徵等撰：《隋书》，吴宗国、刘念华等标点，吉林人民出版社1995年版，第435页。

③ （唐）李隆基撰：《大唐大典》，（唐）李林甫注，[日]广池千九郎校注，三秦出版社1991年版，第407—408页。

④ （唐）李隆基撰：《大唐大典》，（唐）李林甫注，[日]广池千九郎校注，三秦出版社1991年版，第72页。

径，且成为当时的一项固定制度。二是官府在地方直接采办官营手工业生产原料。以贡品征收的手工业原料远远不能满足官营手工业生产的需要，因此官府还派官吏从各地直接采集各种手工业原料。例如，唐代将作监所属的"百工、就谷、库谷、斜谷、太阴、伊阳监，监各一人……掌采伐材木"。① 因此，唐代官营手工业所需的木材原料，基本上都是通过将作监下属的机构来采集木材。三是官府通过市场购买手工业原料。一般来说，在市场不发达之时，官营手工业的原料主要来自纳贡和直接采集。随着商业的发展，官营手工业的部分原材料可通过市场购买来获得。唐代是中国官营手工业发展的鼎盛时期，当时官营手工业的部分原材料通过市场购买获得。唐高宗时期规定，国外船舶到达后，地方长吏需"依数交付价值"购买官营手工业所需的舶来品，其中相当部分是官营手工业的奢侈品原料，购买剩余的部分才允许民间自由贸易。② 因唐代商品经济发达，官营手工业也在市场上购买以前靠纳贡或直接采集的部分原材料。虽然唐代官营手工业的部分原料在市场中购买，但官府有优先购买权，且购买的价格往往较低，官府购买的一般都为精细上等的材料。

官营手工业原料充足，资金雄厚，生产不缺资金，但从根本上说，官营手工业的经营不是为了经济目的，而是满足官府的需要和王室的奢侈消费。故雄厚的资金，不为经济目的的生产也避免了短期的急功近利行为，为工匠的技术创新提供了条件。正如有研究指出的，官营手工业作坊中的工匠在制造武器、礼器和生产各种满足王公贵族奢侈需要的象牙器、玉器等产品时，唯一需要考虑的是所生产的产品令皇室贵族满意，不用考虑生产产品的时间和经济成本，也不用考虑产品的市场销售和市场需求，因此工匠们生产的不是商品，而是精美实用的艺术品。③ 正是如此，促进了技艺的精湛和技术创新。

第三，官营手工业的技术传承与传播促进了技术创新。技术传承是

① （宋）欧阳修、宋祁撰：《新唐书》（卷四一·卷五八），王小甫等标点，吉林人民出版社 1995 年版，第 746 页。

② 魏明孔：《中国手工业经济通史·魏晋南北朝隋唐五代卷》，福建人民出版社 2004 年版，第 348 页。

③ 中国社会科学院考古研究所编著：《殷墟的发现与研究》，科学出版社 1994 年版，第 442 页。

技术创新的重要条件，技术首先需要不断继承，才能在继承的基础上不断创新发展。早在西周时期，周王室就注重保护传统手工技艺，为此，在灭商时，对从事手工业的氏族给予有效保护，对违反酒禁的手工业者宽大处理。在官营手工业中的工匠，不但都具有专门技能，掌握着特殊的、熟练的技艺，且都世代相传。西周为了保障手工业技艺世代相传，规定手工业者不能迁业。《周礼》所言："巧者述之守之，世谓之工（父子世以相教）。"① 《荀子》亦谓："工匠之子莫不继事。""相语以事，相示以巧，相陈以功，少而习焉，其心安焉，不见异物而迁焉。是故其父兄之教，不肃而成，其子弟之学，不劳而能。夫是，故工之子恒为工。"② 这种技艺世代相传也影响到后世的手工业生产者，被长期恪守。技术传承不仅体现在父子之间的世代相传，也体现在师徒之间的学习培训方面。例如，在唐代，官营手工业中实行工匠培训制，以保证技艺的延续性，"不耻相师"是唐代工匠的一个传统。唐代根据工种的难易程度规定了培训期限，同时实施惩罚措施确保能工巧匠认真为新工匠传授技艺。在培训中，要求培训者毫无保留地向被培训者传授技艺，且被培训者所生产的产品还要注明培训者的姓名，实行责任连带。③

技术传播也为技术创新提供了条件。在传统社会，信息封闭，技术传播是靠人的迁徙流动来实现的。例如，战国末期秦统一六国之后，为了打击六国官营手工业发展，提升秦国官营手工业发展，将六国的手工业工匠迁入都城附近或将大手工业生产者迁徙到偏远地区，促进了手工业技术的传播。"秦统一战争时，即把赵国的大冶铁家卓氏和太行山东的冶铁家程郑均迁到巴蜀临邛之地，让他们继续开发巴蜀的铁矿资源，为秦的统一战争提供铁资源。"④ 将冶铁技术传播到了巴蜀，为技术创新提供了条件。

---

① 林尹注译：《周礼今注今译》，书目文献出版社1985年版，第419页。

② 《管子》，（唐）房玄龄注，（明）刘绩补注，刘晓艺校点，上海古籍出版社2015年版，第145页。

③ 魏明孔：《中国手工业经济通史·魏晋南北朝隋唐五代卷》，福建人民出版社2004年版，第339页。

④ 蔡锋：《中国手工业经济通史·先秦秦汉卷》，福建人民出版社2005年版，第422—423页。

第六章
传统技术与地域文化互构共生

实践中传统技术与地域文化也呈现出互构共生关系。技术与文化关系的相关研究表明，我们既要从文化角度分析技术，也要从技术角度分析文化，从技术与文化的互构共生中来把握二者的关系。本章我们从实践中，通过分析传统技术与技术文化的互构、传统技术与劳动工具的互构以及保宁醋的例子来把握传统技术与地域文化的互构共生。

第一节　传统技术与地域文化的关系研究

长期以来，技术与文化的关系问题都是"科学、技术、社会"（简称 STS）研究的核心命题之一。布里奇斯托克在《科学技术与社会导论》中谈道："STS 研究的一个核心观点是，所有科学技术都不是与世隔绝的，而是在特定的社会域境、政治域境和经济域境中进行的。"① 技术的发展在社会中进行，技术也"植根于创造它们的社会中"②，社会中的诸多要素和多元主体从各个方面塑造着技术的不同表征，其中技术与社会中的文化要素以不同方式保持着相互依赖和相互独立的关系。关于技术与文化之间关系的论述颇丰，国内外学界大致存在以下几种理论观点。

---

① ［澳］布里奇斯托克等：《科学技术与社会导论》，刘立等译，清华大学出版社 2005 年版，第 8—14 页。

② 刘啸霆主编：《科学、技术与社会概论》，高等教育出版社 2008 年版，第 3 页。

第一，技术与文化是对立的关系。阿诺德·格伦在《技术时代的人》一书中认为技术与文化完全没有交集，"技术是一种先天的本能现象，是生物性的，与后天的文化和理论不同，也非理论和文化的产物或成就。"① 其理论支持者也大都以"传统的、前工业的思维方式和概念模式培养锻炼了一代又一代仅有一技之长而毫无文化素养的专家、教授和工程技术人员。"② 这种观点在社会快速变迁的近代工业时期较为流行，但它完全忽视文化建设和漠视技术与文化之间关系的极端立场，并不被多数学者所接受。

第二，从文化视域看技术，技术是一种文化。马林诺夫斯基认为文化是"一群传统的器物、货物、技术、思想、习惯及价值。"③ 法国技术哲学家路易·多洛则将工艺技术也归入文化之列。④ 日本学者白根扎吉提出"技术文化"的概念，⑤ 国内以王海山、陈凡、马会端等为代表的学者认可并采纳了这一概念。王海山进一步把"技术文化"理解为是人类通过技术对人类自身的生存环境和进化过程的描述，社会文化现象和各种人类活动可以此来理解。⑥ 陈凡和马会端则将物质文化视为技术发展的基础，探讨了文化圈、文化丛和文化"滞后"对技术传播的影响，指出"技术本身作为一种器物……也属于物质文化的一部分……也是社会文化整合的直接结果"。⑦ 由此衍生出的技术文化论观点有着明显的社会建构论色彩，广义的社会建构论主张建构发生于"技术与社会相互适应、协同演化的过程"。⑧ 而文化作为异质性的社会要素，对技术的建构

---

① ［联邦德国］F. 拉普：《技术哲学导论》，刘武等译，辽宁科学技术出版社 1986 年版，第 10 页。

② 吕乃基、樊浩等：《科学文化与中国现代化》，安徽教育出版社 1993 年版，第 246 页。

③ ［英］马林诺夫斯基：《文化论》，费孝通等译，中国民间文艺出版社 1987 年版，第 2 页。

④ ［法］路易·多洛：《个体文化与大众文化》，黄建华译，上海人民出版社 1987 年版，第 2 页。

⑤ ［日］本田财田：《技术与文化的对话》（日文版），日本三修社 1981 年版，第 33 页。

⑥ 王海山、盛世豪：《技术论研究的文化视角——一种新的技术观和方法论》，《自然辩证法研究》1990 年第 5 期。

⑦ 陈凡、马会端：《技术传播与文化整合》，《东北大学学报》（社会科学版）2004 年第 4 期。

⑧ 邢怀滨、孔明安：《技术的社会建构与新技术社会学的形成》，《河北学刊》2004 年第 3 期。

具有其他社会要素不可替代的作用，是形成技术的地方性特征的关键力量。但上述观点将技术与文化的关系简单地视为整体与部分的关系，过多地强调技术仅是文化的一部分，只关注技术在文化中的静态价值，缺乏对流变的技术文化进行论述。

第三，文化是一种技术。海德格尔指出："文化的本质就是技术展现的过程和结果。"① 埃吕尔提出"技术自主论"，并强调："在当前无论是经济的还是政治的进化都不能制约技术的进步，技术的进步也不取决于社会的形势……技术会诱导和制约社会的、政治的和经济的变革，技术是所有其余东西的动因。"② 技术不仅成为自我决定的现实力量，更成为决定社会发展变革的现实力量。此外，埃吕尔又提出了"技术文化"的概念，这种文化是以技术的决定性为特征的文化，是"逐渐地侵蚀、改变传统文化"。③ 日本学者三木清提出"社会技术"的概念，④ 国内以田鹏颖、赵晖等为代表的学者从社会技术与自然技术的关系、人与社会技术的关系两个方面对"社会技术"进行了释义，主张对文化本身进行技术哲学视角的透视，并将"社会技术"视为"处理、协调或改造（善）社会关系、解决社会矛盾的方式方法的集合"。⑤ 陈昌曙将技术决定论定义为，"只承认技术决定社会而否认社会制约技术的一种思潮和观点。"⑥ 马克思、恩格斯也认为技术是推动社会发展的巨大力量："火药把骑士阶层炸得粉碎……总的来说变成科学复兴的手段，变成对精神发展创造必要前提的最强大的杠杆。"⑦ 从技术的现实事实和社会后果出发，技术决定论分为乐观的技术决定论和悲观的技术决定论。乐观的技术决定论反映了"人们对技术正面功能的赞赏、希望或空想"。⑧ 而悲观

① ［德］冈特·绍伊博尔德：《海德格尔分析新时代的科技》，宋祖良译，中国社会科学出版社1993年版，第168页。

② Ellul J., *The Technological Society*, New York: Vintage Books, 1964, p. 20.

③ Ellul J., *The Technological Society*, New York: Vintage Books, 1964, p. 20.

④ ［日］三木清：《技术哲学》（日文版），日本岩波书店1942年版，第185页。

⑤ 田鹏颖、赵晖：《论社会技术》，《自然辩证法研究》2005年第2期。

⑥ 陈昌曙：《技术哲学引论》，科学出版社1999年版，第189页。

⑦ 中共中央马克思恩格斯列宁斯大林著作编译局编：《马克思恩格斯文集》（第八卷），人民出版社2009年版，第338页。

⑧ 王建设：《技术决定论：划分及其理论要义》，《科学技术哲学研究》2011年第4期。

的技术决定论反映了"人们对技术负面功能的反对、拒绝甚至可怕的想象"。① 以上讨论并没有从详细具体的现实经验出发寻找文化也是一种技术的可靠依据，只证明了文化在价值及功能方面相当于技术，不可避免地衍生出极端的技术决定论思想。

第四，技术与文化之间存在互动关系。这一观点较多地被学术界所采纳，相关研究者多从技术对文化、文化价值观、文化的现实与历史关系等层面进行阐释。迈克尔·马尔凯在《科学社会学理论与方法》中认为技术总是与社会互动过程联系在一起，在互动过程中参与者磋商他们的主张和各种社会属性。② 盛世毫则从科学技术（ST）作为新的独立的社会建制出发，进行了"社会—文化"解释，强调科学技术在社会建制、价值观念、实践形式等表征上对 ST 文化的建构，并从这一层面指出："科学技术的发展是人类文化与科学技术活动相互交融的结果。"③李汉林也通过社会互动，对科学技术与文化的整合过程进行了论述，他指出科学技术在一个文化系统中占优势时，就存在从这个文化系统向其他文化系统扩散发展的趋势，④ 技术与文化的互动成为文化更新和发展的重要积极力量。陈凡和杨英辰则从物质文化、行为文化、观念文化对技术的整合、技术主体的导向、技术的认同等维度出发，阐述了社会文化对技术的整合的重要作用。⑤ 以上论述对科学技术或社会文化的单方面影响进行讨论，重点对技术与社会之间的单一线性关系进行论述，而忽视了对技术与社会之间多向度关系的考察。

第五，技术与文化是一体化的系统。张明国在吸取李约瑟对斯宾格勒的"技术与文化隔离"的批判观点后，提出"技术—文化"概念。他认为，从技术与文化的过程、起源、结构、主体等层面的一体化出发，技术与文化是一个同源、同质、同构的有机整体。⑥ 技术为文化的发展

---

① 马兆俐、陈红兵：《解析"敌托邦"》，《东北大学学报》（社会科学版）2004 年第 5 期。

② ［英］迈克尔·马尔凯：《科学社会学理论与方法》，林聚任等译，商务印书馆 2006 年版，第 155 页。

③ 盛世毫：《科学技术发展的"社会—文化"解释》，《自然辩证法研究》1994 年第 2 期。

④ 李汉林：《论科学与文化的社会互动》，《自然辩证法通讯》1987 年第 1 期。

⑤ 陈凡、杨英辰：《社会文化对技术的整合》，《科学学研究》1992 年第 3 期。

⑥ 张明国编著：《技术文化论》，同心出版社 2004 年版，第 11—17 页。

提供不竭动力和坚实基础，文化则为技术的发展指引方向，文化为技术制定实际有效的目的，只有文化与技术融为一体，才能达到技术与文化的可持续发展。① 这种观点将技术与文化视为统一整体，避免了技术与文化的研究向极端化的技术决定论或社会建构论倾斜，但笼统的整体观也消磨了技术与文化之中的异质性因素，而无法从微观层面和具体实践层面对技术与文化的关系进行现实解释。

第六，文化是影响技术的重要社会因素。"技术的社会形成论"（social shaping of technology，SST）是在对传统技术与社会研究的衍生理论（技术决定论和社会建构论）的批判反思和对科学知识社会学（sociology of scientific knowledge，SSK）强纲领的启发下所浮现出的新理论。SST 既突破了仅从技术内部出发研究社会系统形成和发展的决定性因素的模式，也避免了走向另一个极端，即将技术视为内在于社会，并且是社会的一个无法摆脱的部分。② 在 SST 的视域中，技术从社会发展的决定性力量转变为处于社会之中并受到外部社会因素干扰的力量，③ 技术的选择和发展也受到政治、文化等社会因素的影响。平奇和比克以 19 世纪的自行车技术发展为立足点，研究影响自行车技术发展的思想理念、价值观念、利益需求等相关社会力量。从文化影响自行车技术发展的角度，说明技术与社会的关系并不是单向线性模式，而是受多重因素影响的多向模式。④ SST 在技术与文化之间编织出一张"无缝之网"。但进一步研究发现，这张"无缝之网"只是理想状态下的技术与文化的关系，在现实社会中，"无缝之网"实际是"有缝之网"。⑤

关于技术与文化之间关系的呈现形式是否还存在其他理论的解读？

---

① 张明国：《"技术—文化"论——一种对技术与文化关系的新阐释》，《自然辩证法研究》1999 年第 6 期。

② MacKenzie D. and Wajcman J. , *The Social Shaping of Technology*：*How the Refrigerator Got Its Hum*, Milton Keynes and Philadelphia：Open University Press，1985，p. 8.

③ 盛国荣：《技术与水之间关系的 SST 解读——兼评"技术的社会形成"理论》，《科学管理研究》2007 年第 5 期。

④ Bijker W. and Hughes T. , eds. , *The Social Construction of Technological Systems*：*New Directions in Sociology and History of Technology*, Cambridge：The MIT Press，1987，pp. 17-47.

⑤ 王汉林：《"技术的社会形成论"与"技术决定论"之比较》，《自然辩证法研究》2010 年第 6 期。

实际上，郑杭生和杨敏提出旨在消解个人与社会之间二元对立的社会互构论，社会互构论摒弃社会与自然、个人与社会二元对立的传统思维，不赞同个人与社会中一方的先在性和在实践中形成的支配关系、从属关系和强制关系，并形成视社会与自然、个人与社会为实践中的关系系统的基本预设。[①] 通过对主体间关系的研究，形成了一套阐释多元行动主体间相互型塑、同构共变关系的社会互构论思想，并将互构共生视为主体间关系的基本特征和多元主体间的本质联系。技术与文化的关系也是多元行动主体间关系的重要组成部分，互构共生也成为技术与文化之间关系的一种新状态。[②] 对技术与文化之间的相互型塑、相互建构进行研究，既有力地阐释了两者间以分化与整合、秩序与冲突等为具体形式的多元关系，又为研究多元行动主体间的关系提供了独特的研究维度和研究路径。因此，我们认为，既要从文化角度研究技术，也要从技术角度研究文化，在技术与文化的互构共生中把握二者的关系。

第二节　传统技术与地域文化相互建构

传统技术与地域文化之间呈现出相互建构的关系。在文化视野中，传统技术是文化产生、形成和发展的动力与基础。在技术视野中，文化也是一种技术，文化表现为物质文化技术与精神文化技术。因此，从"文化—技术"视野来分析传统技术与地域文化的相互建构则更能让我们把握二者的关系。为此，我们从传统技术与技术文化的相互建构、传统技术与生产工具的互构来把握传统技术与地域文化的相互建构关系。

一　传统技术与技术文化的相互建构

在文化视野中，传统技术是文化产生、形成和发展的物质基础、动力和资源。更进一步来看，传统技术是一种文化，是文化的重要组成部

---

① 郑杭生、杨敏：《社会互构论：世界眼光下的中国特色社会学理论的探索——当代中国"个人与社会关系研究"》，中国人民大学出版社 2010 年版，第 526—528 页。

② 杨敏、郑杭生：《社会互构论：全貌概要和精义探微》，《科学学研究》2010 年第 4 期。

分，学者将其称为技术文化，并将其定义为"是通过技术对人类的进化过程和生存环境的描述，并设法以此来解释人类的各种活动和社会文化现象"，① 技术文化是以技术为源头形成和发展的文化，技术是其发展的动力与基础。在传统技术的发展历史中，我们经常以技术的发展状况来代表某一时期的文化特征，如"元谋猿人文化"代表的是旧石器时代的技术文化，"仰韶文化""龙山文化"代表的是新石器时代的技术文化。

从文化来看传统技术，传统技术具有三个结构层：器物、制度和观念。② 其中，传统技术的器物层面是一种物化技术，它是外显的、看得见、摸得着，主要包括工具、生产线、装配线和技术产品；传统技术的制度层面是以人的行为活动表现的，看得见、听得见但摸不着，包括技术的发展政策、技术的管理制度和措施、技术建制或技术规范等；传统技术的观念层面包括技术知识、技术理论、技术理念、技术价值观和技术伦理观等。传统技术的器物技术、制度技术和观念技术三个层面并非相互隔离的，而是相互联系、相互作用的，每一个层面或单独或共同推动文化的产生和发展，成为文化发展的物质基础、动力和资源。

（一）传统技术与技术文化的产生

传统技术是文化产生的基础和动力，没有传统技术就没有文化。原始社会作为人类的早期社会形态，其技术为文化的产生提供了物质基础，原始社会的技术也是一种文化，我们今天研究人类早期的文化，就是从当时的生产工具和社会产品等技术文化看早期人类社会的生产、生活和社会发展状况。人类早期的文化形态基本上都是器物层面的技术文化，制度层面和观念层面的技术文化并不发达。这说明人类社会之初更多是制造工具、器物来获取食物，满足人类的基本生存需要。那时也没有阶级和国家，故制度层面的技术文化还没有产生，而观念层面的技术文化还相当落后，因技术知识、技术理论还没有形成系统。

云南元谋发现了距今 50 万—60 万年的古猿人，开启了中国早期猿

① 王海山、盛世豪：《技术论研究的文化视角——一种新的技术观和方法论》，《自然辩证法研究》1990 年第 5 期。

② 陈凡、张明国：《解析技术："技术—社会—文化"的互动》，福建人民出版社 2002 年版，第 127 页。

人文化的萌芽。在云南元谋人的遗址中，发现了一些石器，有用石英岩打制较好的四件刮削器、三角形尖状器等十件石制品。在山西芮城县发现了早更新世时期的文化遗物，其文化遗物相当丰富，有石制品三十余件，内有双面、单面砍砸器和凹刃、直刃、圆刃刮削器等，主要由石英岩使用锤击法打下的石片加工而成，两件具有人工加工痕迹的残鹿角，这些遗物再次揭示了距今一百多万年我国的古老文化。[①] 在河北阳原县官亭村小长梁，考古发现了引人注目的早更新世时期的文化遗物，"获得石核二十五件、石片四十七件、石器十二件、废品和碎块达七百二十件，还有人工打击、砍砸痕迹的骨片六件。石制品绝大多数以燧石为原料。石器经过第二步加工，器类简单，形状普遍较小，除一件小型砍砸器外均为刮削器"。[②] 上述文化遗物均属于旧石器早期的技术文化，劳动工具品种少，技术简单，基本上是自然形状的石器或者简单的打击制造。

考古发掘的山西汾河流域的丁村文化，是我国旧石器中期的典型遗存之一，丁村旧石器中期遗迹地点，都距汾河两岸很近，分布相当密集。1954 年通过考古发掘，"获得石制品二千余件，石片上多具有使用痕迹，而真正经第二步加工的石器很少。石片和石器一般都较粗大，以碰砧法为主，打制技术较前进步。石器类型多样，有单边砍砸器、多边砍砸器、石球、多边形器、三棱大尖状器、鹤嘴形厚尖状器、小型尖状器和刮削器等，其中有的形制相当规整定型，说明了石器功用的分化"。[③] 处于旧石器时代中期的丁村文化较旧石器时代早期文化进步复杂，制造的工具类型增加，制造技术更加进步，技术文化获得发展。

下川文化遗存是旧石器晚期的文化遗存，下川文化是研究旧石器时代文化向新石器文化发展的关键一环，其文化特征还是从制造和使用的工具来分析。生产工具进一步发展，出现了锛状器、扁平长条大尖状

① 中国社会科学院考古研究所编著：《新中国的考古发现和研究》，文物出版社 1984 年版，第 3 页。

② 中国社会科学院考古研究所编著：《新中国的考古发现和研究》，文物出版社 1984 年版，第 4 页。

③ 中国社会科学院考古研究所编著：《新中国的考古发现和研究》，文物出版社 1984 年版，第 13 页。

器、磨盘、磨锤等一些较进步的生产工具，以及典型细石器和小型石器。石器加工技术进一步发展，加工技术较精细，石器种类显著增多。下川细石器具备了细石器文化遗存的一些基本制作技术和主要器形，许多器形相当定性且制作精细。下川小型石器的制造技术先进且器类繁多，"它们常是由直接法打片、压制法修整的产物，甚至有些第二步加工仍采用直接打击法，其数量超过典型细石器……器类繁多，具有不少特征鲜明、加工细致的器形"。① 可见下川文化在旧石器文化中已相当发达。

新石器时代文化进一步发展，技术的发展促进了生产工具的进步，产品种类增多，推动了新石器技术文化的发展。黄河流域的"仰韶文化"属于新石器时代的技术文化，因 1921 年首次在河南渑池县仰韶村发现而得名，"仰韶文化"的遗址较多，分布很广，"主要分布在陕西关中地区、河南大部分地区、山西南部、河北南部，甘青交界、河套地区、河北北部，湖北西北部也有一些发现。"② 大量研究通过碳−14 测定年代的方法，推论"仰韶文化"始于公元前 5000 年左右，至公元前 3000年过渡为另一文化发展阶段，前后经过 2000 多年的发展历史。从"仰韶文化"的社会结构和发展阶段看，一般认为"仰韶文化"处于母系氏族社会发展阶段，也有一些人认为它已进入父系氏族社会。"仰韶文化"时期原始农业已出现，以种粟为主，饲养牲畜，有定居的村落。生产工具制造技术已出现革命性变化，从打制技术发展到磨制技术，虽有一定数量的打制石器，但以磨制石器为主，种类繁多，"磨制石器常见的有斧、锛、凿、铲，以及两侧带缺口或穿孔的石刀（也有陶刀），但未见石镰。穿孔技术不发达"。③ "仰韶文化"的生活器物多用陶器，陶器制作技术水平较高，为手制烧造，以夹砂红陶、泥质红陶为主，种类较多，"常见器类有泥质红陶敞口、浅腹、平底或圜底的盆、钵，细砂质或泥质的小口

① 中国社会科学院考古研究所编著：《新中国的考古发现和研究》，文物出版社 1984 年版，第 13 页。

② 中国社会科学院考古研究所编著：《新中国的考古发现和研究》，文物出版社 1984 年版，第 41 页。

③ 中国社会科学院考古研究所编著：《新中国的考古发现和研究》，文物出版社 1984 年版，第 41 页。

尖底瓶，砂质红褐陶大口深腹小底罐、瓮等"。① "仰韶文化"遗址普遍发现彩陶，彩纹多绘于泥质红陶盆、钵、罐类的外壁上部，形成花纹带。此外，"仰韶文化"的器类多为平底器，缺乏三足器和圈足器。

"龙山文化"是人类早期文明的重要时期，也是新石器技术文化的典型代表。因技术的发展促进了生产工具进步，推动了社会产业分化，出现了贫富分化、阶级产生、私有制出现。"龙山文化"时期的农业或畜牧业都有了较大的发展，制陶业进一步发展，这些都促使产业不断分化，社会分工不断发展，社会生产力不断提高，剩余产品越来越多，推动了私有制的进一步发展。

"龙山文化"时期，生产工具进一步发展，石器的磨制技术更加精细，打制石器已很少见，农业生产工具增加，考古发现的遗址中，"邯郸涧沟遗址出土了不少当锄用的扁平长方形石铲和方形厚壳蚌。客省庄遗址有一种用家畜下颌骨做的骨锄。陶寺遗址有石钺和三角犁形器。这些改进了的生产工具，提高了开垦土地的能力。收割工具有长方形穿孔石刀、半月形穿孔石刀、石镰和蚌镰等"。② 此外还出现了一种挖土的工具木耒，农业工具的进步，促进了农业生产的发展。农业的发展推动了畜牧业的发展，畜养的品种和数量增加，有猪牛羊狗等。此外，渔猎业也获得发展，渔猎的工具进步，狩猎工具为石骨蚌镞、石箭，捕鱼工具有骨制鱼钩、石和陶的网坠等。生活用品方面，陶器随制陶技术进一步发展，品种多样，"陶器主要是泥质或加砂的灰色陶，其次为红色或黑色的，个别遗址还有少量的白陶。轮制技术使用已较普遍，模制及泥条盘筑法仍使用。除素面及磨光外，常见纹饰为绳纹、篮纹、方格纹及附加堆纹。常见的炊器有鼎、鬲、甗、甑及罐等。其他容器有大口鼓腹小平底罐、双腹盆、高领鼓腹双耳罐、带耳杯、豆及碗等"。③ 建筑技

---

① 中国社会科学院考古研究所编著：《新中国的考古发现和研究》，文物出版社 1984 年版，第 41 页。

② 中国社会科学院考古研究所编著：《新中国的考古发现和研究》，文物出版社 1984 年版，第 81 页。

③ 中国社会科学院考古研究所编著：《新中国的考古发现和研究》，文物出版社 1984 年版，第 81 页。

术获得发展，村落密集有序，房屋建筑在地面。且在建筑房屋时存在一些宗教仪式，"在房屋附近、房基下、墙基下、散水下，甚至柱洞下都发现婴儿墓，有的有瓮棺，有的没有"。① "龙山文化"遗址发现的婴儿墓，据学者研究可能与房屋建筑风水和宗教仪式有关。"龙山文化"的居民已发明凿井技术，井的发明使人们可居住到远离江河湖泊的地方，开辟新的生活居地，这是人类对自然控制的又一大发明。

（二）传统技术与技术文化的发展

传统技术是文化发展的基础和动力，传统技术的进步推动着文化的发展，促进社会文明进步，推动技术文化的器物层面、制度层面和观念层面的发展。从夏代我国第一个奴隶制社会开始，直到中华人民共和国成立，传统技术是几千年文化发展的不竭动力。

1. 传统技术与技术器物文化的发展

技术器物文化，指的是一个社会普遍存在的物质形态，也称为物质文化，如劳动工具、器物、机器、衣服、建筑等。② 传统技术与技术器物文化的关系表现为，传统技术一方面是技术器物文化发展的动力，推动技术器物的发展；另一方面技术器物文化作为技术的产物和表现形式，又反过来推动传统技术的发展。在中国传统社会技术器物文化的发展表现为生产工具的进步、生活用品的增加和农业、手工业等产业的发展。

第一，传统技术促进技术器物文化的发展。一个特定社会的技术器物文化反映了技术发展水平的高低，技术水平的高低决定了器物的原料材质，是石器、铜器或铁器，也决定了器物的种类、形态和数量，还决定了劳动工具的先进程度。考古学家发掘出一座古遗址时，往往通过所发现的器物来分析重构当时社会的物质文化、非物质文化和文化规范。在中国传统社会，技术的发展经历了几次重要的技术变革时期：旧石器时代、新石器时代、青铜器时代和铁器时代，这几次技术变革促进了技

---

① 中国社会科学院考古研究所编著：《新中国的考古发现和研究》，文物出版社 1984 年版，第 83 页。

② ［美］戴维·波普诺：《社会学》（第十版），李强等译，中国人民大学出版社 1999 年版，第 72 页。

术器物文化的飞跃发展。旧石器时代的技术是打制技术，技术水平较低，新石器时代的技术则是磨制技术，而青铜器时代的技术是磨制技术与冶炼技术相结合的复合技术，铁器时代的技术又进一步发展，是复合冶炼技术，不同的技术水平造就了不同时期的技术器物文化。

青铜冶炼技术在新石器时代晚期出现之后，促进了劳动工具、生活物资和生产技术的发展，推动了青铜器文化的发展。在新石器时代末期，我国就出现了以红铜、黄铜和青铜冶铸的器物，据考古发现，早在公元前3280—前2740年，就在甘肃东乡族自治县林家马家窑早期的遗址中发现了铜刀和铜器残片。① 后来发掘的"龙山文化"遗址被公认为铜石并用时代，铜器发现地点达十多处。在山东胶县三里河出土了两段铜锥。② 山东诸城呈子遗址发现过铜片，③ 栖霞杨家圈遗址发现过铜锥、铜渣及炼铜原料。④ 随着长期实践，发现青铜的熔点较低，硬度较高，具有较好的铸造性能，青铜冶炼技术不断发展。到了商代，青铜铸造技术有较大发展，考古发现在河南安阳殷墟、郑州商城遗址、湖北盘龙城遗址等地发现了青铜作坊和铜器。从考古发现看，商代的青铜铸造工艺较先进，可分为冶炼、制范、浇铸等工序。冶炼时，经过选矿、粗炼、提炼、加入锡或铅合金。商代青铜器种类和数量有较大增长，"器物的种类可分为礼乐器、工具、兵器、车马器等。生产工具主要有斧、凿、锛、锥、刀削、铲、镰、锄、锸等。兵器有戈、矛、刀、戟、钺及盔和弓形器等"。⑤ 例如，在安阳殷墟妇好墓中发掘了大量的青铜制品，铸造工艺先进，种类器形齐全。"计有方鼎、圆鼎、偶方彝、三联甗、簋、尊、方罍、壶、瓶、缶、觥、斝、盉、爵、觚、盘等，……其中偶方彝、三联甗和鸮尊，都是前所未见而富有特色的青铜器。有些礼乐器还

---

① 傅玫、张锡锳、傅同钦：《中国古代物质文化》，王玉哲主编，高等教育出版社1990年版，第58页。

② 吴汝祚：《山东胶县三里河遗址发掘简报》，《考古》1977年第4期。

③ 严文明：《论中国的铜石并用时代》，《史前研究》1984年第1期。

④ 严文明、吴诗池、张景芳、冀介良：《山东栖霞杨家圈遗址发掘简报》，《史前研究》1984年第3期。

⑤ 傅玫、张锡锳、傅同钦：《中国古代物质文化》，王玉哲主编，高等教育出版社1990年版，第86页。

成双、成套的出土，如'司母辛'大方鼎出土两件；长方扁足鼎出土两件；中型圆鼎两套、每套六件等。"① 妇好墓中的很多器物刻有铭文，并且能与甲骨文联系。商代的青铜器铭文简单，初期只有一两个文字或族徽，后期增加到十几字或几十字之多。铭文内容一般是记录记功、赏赐或颂圣的数目，青铜器铭文是研究商代文化、社会的重要原始材料。

第二，技术器物文化推动传统技术的发展。技术器物文化是传统技术发展的结果，反过来又进一步推动传统技术发展。技术器物文化作为社会的物质文化，反映了技术水平的高低，直接表现了生产工具、生活器物和技术产品的发达程度。特别是生产工具作为人类改造自然的媒介，是推动生产力发展的重要媒介。例如，青铜器时代的劳动工具主要是铜器，其硬度和性能要远远好于石器劳动工具，铜制的斧、凿、锛、锥、铲、镰、锄、锸等性能要远比石器耐用、锋利且功能更强，对农业生产而言，大大促进了农业生产的发展。在夏商周时期，虽仍然使用一些石制、木制的农业工具，但青铜农具也得到使用，农业工具的进步促进了农业生产的发展和农业技术的进步，西周时期将田修整成井形，并在田中开挖沟洫，水利灌溉技术有一定发展。夏商周时期由于农业技术的进步，农作物的产量也逐渐增加，为储藏多余粮食而修建了粮窖和仓廪，促进了粮食储藏技术和粮窖修建技术的发展。据考古发现，当时的粮窖最深达 9 米，呈现出长方形和圆形袋状两种，一般是横挖成洞，洞穴表面经过捶打和火烤，使得粮窖的穴壁很干燥和光洁，同时比较坚硬耐用。② 随着农业技术的发展，粮食产量的增加，一方面促进了谷物酿酒的发展，商代饮酒之风盛行，酿酒技术获得发展；另一方面还促进了对大量酒器的需求，促进酒器铸造技术的发展，"商代遗址中曾发现了大量的酒器，如觚、爵、斝、盉、卣、壶、尊之类。"③ 说明酒器铸造技术有很大进步。

---

① 中国社会科学院考古研究所编著：《新中国的考古发现和研究》，文物出版社 1984 年版，第 228 页。

② 傅玫、张锡镁、傅同钦：《中国古代物质文化》，王玉哲主编，高等教育出版社 1990 年版，第 82 页。

③ 傅玫、张锡镁、傅同钦：《中国古代物质文化》，王玉哲主编，高等教育出版社 1990 年版，第 82 页。

2. 传统技术与技术制度文化的发展

技术制度文化是以人的行为活动表现的看得见、听得见但摸不着，包括技术的发展政策、技术的管理制度和措施、技术建制或技术规范等。一方面，传统技术与技术制度文化相互依存，共生于文化这一统一体中，因为从文化的角度看技术，技术是一种文化；另一方面，传统技术与技术制度文化相互促进、相互建构，传统技术是技术制度文化发展的动力，推动着技术规范和技术建制的发展，技术规范和技术建制一旦创造出来，又反过来促进传统技术的发展。因此，传统技术与技术制度文化二者呈现出互构共生关系。下面我们从传统技术与技术制度文化的相互促进中来把握二者的关系。

第一，传统技术促进技术制度文化的产生与发展。技术制度文化的产生是伴随国家的出现而出现的。国家出现后，社会有了政治、经济和文化的制度体系，以此维持国家的运行与发展，作为制度层面的技术文化就出现了，技术规范和技术建制的出现表面上是随着国家的出现而出现，但本质上是技术的发展推动了社会文明和国家的产生，推动了技术规范、技术建制的产生与发展。

首先，传统技术促进技术制度文化的产生。在公元前 21 世纪，中国历史上第一个朝代夏朝建立，进入奴隶制社会，国家产生了，结束了原始社会，它的建立为以后的经济、文化和社会的发展奠定了政治基础。夏朝出现了技术建制，这是社会进步和发展的结果，实质上是技术进步的推动。夏朝的农业、手工业技术在原始农业和手工业的基础上得到发展，农业生产进一步发展，手工业也从农业分离。从考古发掘看，夏代手工业生产有了进一步的发展和分工，尤其是氏族间的分工比较明确，同时出现了专门的铸铜、制骨、纺织、制革等手工业作坊。[①] 夏代的国家体制中，已出现技术建制，有手工业管理机构和专门的人员对手工业进行管理。夏代的陶正、车正等官员就是管理手工业生产的官员。夏朝对农业生产很重视，农业是夏朝的重要经济部门，设有专门管理机构，且有专门官员，如牧正。随着手工业技术的发展，农业生产工具得

---

① 马洪路：《中国远古暨三代经济史》，人民出版社 1994 年版，第 126 页。

到革新，促进了农业生产的发展，耕地面积增加，也推动了土地管理制度的发展。在商代晚期出现了井田制，后延伸至周代，① 商代设有专门机构和官员管理农业生产，商代管理农业生产的官员有"小耤臣""耤臣""小众人臣"。② 商代，随着手工业的发展，设有管理手工业的机构"司工"，在之下又设有"左工""右工"等下属机构分别管理一些手工业。并设有"工""多工""我工"等管理手工业的官员。③ "殷商的手工业发达，不仅王室有青铜铸造作坊，骨器、玉器等作坊，且规模宏大，手工业者人数较多，同时各地的贵族也都有许多手工业作坊，因此在'司工'之下，又有分设机构'左工''右工'来分别管理一些手工业部门。"④ 从上，我们看到传统技术的发展，促进了夏商时期技术制度文化的产生，当然，夏朝的技术建制和技术规范还处于萌芽时期，因此该时期技术制度文化并不成熟。

其次，传统技术促进技术制度文化的发展。在中国传统社会，随着技术的发展，技术制度文化不断发展，技术规制和技术规范进一步发展完善，在周代、秦汉、隋唐、宋元、明清等不同历史发展时期，技术制度文化一步步走向成熟，同时每一历史阶段的技术制度文化又各具特色。我们以周代的技术制度文化为例来看，周代，随着手工业和农业技术的发展，技术制度文化获得长足发展，技术建制和技术规范进一步发展，机制越来越完善，制度、政策也越来越有益于促进传统技术的发展。周代国家对官营手工业实行"工商食官"制度，鼓励手工业发展，这是周王室的基本国策，这在上文官营手工业管理体制中已经有论述，在此不赘述。周代还实行保持手工业工匠队伍稳定和发扬传统技艺的政策，对手工业者保护，并规定手工业者"不迁业"，"父子世代相教"的技术传承。在产品生产过程中，还实行严格的产品质量检查制度，在生产中实行各级工官严格管理和监督，以杜绝劣质产品，保证产品质量。周代，负责手工业生产的最高官员是司空，"司空掌营城郭，建都邑，

---

① 任继周主编：《中国农业系统发展史》，江苏科学技术出版社 2015 年版，第 44 页。
② 阎万英、尹英华：《中国农业发展史》，天津科学技术出版社 1992 年版，第 37 页。
③ 肖楠：《试论卜辞中的"工"与"百工"》，《考古》1981 年第 3 期。
④ 蔡锋：《中国手工业经济通史·先秦秦汉卷》，福建人民出版社 2005 年版，第 13 页。

立社稷、宗庙，造宫室、车、服、器械，监百工者"。① 春秋时期形成了一个较完整的手工业管理体制，包括中央政府、大夫、郡守、县令下都有负责各级官府手工业生产管理的组织。周代对私营手工业也有一些制度、政策和管理，王室与贵族对家庭副业的作用比较重视，采取严格管理、指导的原则。例如，纺织手工业，对不种植桑麻、不从事家庭纺织的，要受到人身羞辱、经济惩罚，甚至法律制裁。春秋战国时期，对私营工商业的政策，多采取鼓励宽容政策以富国强兵，最具代表性的是"通商惠工"政策，采取"弛关市之征"办法，鼓励别国工商业者到本国从事生产或商业活动。②

第二，技术制度文化促进传统技术的发展。技术制度文化对传统技术的发展具有促进作用，技术建制和技术规范一旦产生，对技术的发展具有鼓励和规制作用。技术建制作为技术的制度层面，为技术发展提供了制度保障。技术建制涉及国家对技术发展的政策、技术管理的制度、技术创新的措施等，而技术规范规范着具体产业的技术行为和技术发展方向。例如，周代实行"工商食官"制度，使手工业者能心无旁骛专心于手工业生产，不为生计到处奔波，为技艺精湛奠定了基础。周代实行的保护传统技艺、稳定手工业队伍的政策促进了传统技术的传承与发展。周王室促进手工业发展的政策，也为手工业的发展提供了政策支持，而手工业的发展也推动了手工业技术的发明与创新。例如，秦代对手工业生产过程和产品质量的管理制度促进了技术发展，秦代实行生产按计划进行，生产实行标准化和定额管理，实行生产责任制的质量管理，这些都促进了手工业生产技术的发展。再如，秦汉时期，政府重视盐业、铁业生产，实行盐铁专卖制，政府设置专门机构和官员来管理，对盐铁业的发展有促进作用，以汉代冶铁业为例，汉政府在大司农属下设置众多的铁官，分布各郡县，凡有铁资源处，均设有铁官。③ 汉代冶铁作坊规模扩大，铁制产品种类增多，冶铁业的分布地区扩大。据考古

---

① 蔡锋：《中国手工业经济通史·先秦秦汉卷》，福建人民出版社2005年版，第198页。
② 蔡锋：《中国手工业经济通史·先秦秦汉卷》，福建人民出版社2005年版，第207页。
③ 蔡锋：《中国手工业经济通史·先秦秦汉卷》，福建人民出版社2005年版，第438页。

发现，黄河两岸、长江南北、四川、云南、新疆等地都有发现汉代冶铁遗址。汉代冶铁业生产技术情况，可以河南巩义市铁生沟遗址为缩影。该遗址发现有藏铁坑、配料池、铸铁坑、淬火坑等生产环节的坑池，遗址还发现了一套完整的冶铸生产设备，包括了选矿、配料、入炉、熔铁、出铁、铸造锻打等生产工序。而发现的冶铁炉更有 20 余座，有炼炉、排炉、反射炉和锻炉等依据不同生产工序需要的冶铁炉。[①] 冶铁业与冶铁技术的发展使铁制生产工具逐渐取代了铜器，也大大推动了农业生产技术的发展。

3. 传统技术与技术观念文化的发展

技术观念文化包括技术知识、技术理论、技术理念、技术价值观和技术伦理观等。传统技术与技术观念文化相互影响、相互促进，传统技术促进技术观念文化的发展，技术观念文化反过来推动传统技术的发展。

随着传统技术的发展，技术知识和理论获得发展。《诗经》反映了西周到春秋中期的社会生活，其中就有一些有关农业生产技术的经验总结和记录。例如，"三之日于耜，四之日举趾"记载的是人们在三四月开始春耕。"春日迟迟，采蘩祁祁"，记载了农民在春日采集桑叶和白蒿。"蚕月条桑，取彼斧斨，以伐远扬，猗彼女桑"记载的是夏历三月时候，农民在修剪桑枝。[②]《诗经》是了解先秦时期科学技术的重要著作。

战国时期，我国就出现了最早的技术汇集《考工记》，这是对春秋末年、战国时期若干手工制作技艺进行总结汇集而成的文献，其中包含了许多先秦的科学技术知识及各种器物形制。《考工记》开篇强调手工业生产和技术的重要地位，进而概述各地的手工艺特产和当时的工种分工。例如，"攻木之工"有轮、舆、弓、庐、匠、车、梓七种分工，"攻金之工"有筑、冶、凫、栗、段、桃六种分工，"搏埴之工"有陶、瓬两种分工。《考工记》第二部分对各工种制造的形制、结构、制作规范

---

① 傅玫、张锡镁、傅同钦：《中国古代物质文化》，王玉哲主编，高等教育出版社 1990 年版，第 161 页。

② 唐莫尧：《诗经新注全译》，巴蜀书社 1998 年版，第 278—279 页。

和制造质量等进行说明。所记载的手工业制作技术较多，包括对车轮、车盖、车厢、曲辕、杀矢、戈、戟、刀、剑、钟等制作材料、工艺、规格、形制和大小的说明。①

又如，随着中国桑蚕丝绸技术的发展，宋代秦观撰写了一部蚕桑纺织技术著作《蚕书》，《蚕书》记载的是山东兖州一带的蚕桑技术。因兖州自古以来就是蚕桑丝绸业兴盛之地，故《蚕书》实为对该地蚕桑丝绸技术的总结，该书包括种变、时食、制居、化治、钱眼、锁星、添梯、车、祷神、戎治10个方面的主体。种变记载了蚕的育种及孵化，时食记录了蚕的喂养和眠化，制居记录了养蚕的用具和作茧，用具主要有蚕箔、蚕蔟，以萑苇或竹篾编织而成。《蚕书》是唐宋时期一部重要的蚕桑技术著作，既收录了蚕桑育种与喂养方面的经验技术，也详细介绍了缫丝工艺和缫车形制等。② 再如，随着建筑技术的发展，北宋末年编撰出《营造法式》，这部书既是对建筑工匠们长期建筑工程技术经验的总结，也是宋代政府提出的一整套统一的建筑规范。书中特别强调以材、分为标准衡量单位的重要性，并将材划为不同等级和适用范围，认为建屋需根据房屋的大小选择材的等级。"凡构屋之制，皆以材为祖，材有八等，度屋之大小，因而用之"。③

可见，传统技术的发展促进了技术知识的增加，也为技术理论的形成奠定了基础，技术理论是对技术实践的经验总结和理论提升，技术理论是技术知识的升华。正是蚕桑丝织、建筑及其他各种手工业技术的发展，才促进了各种技术书籍的形成。作为对实践中各种技术经验总结的各类技术理论知识或书籍，又反过来指导技术，促进传统技术的发展。

二　传统技术与生产工具的相互建构

从技术角度看文化，文化是一种技术。因此，在文化器物层上，文

---

① 胡维佳主编：《中国古代科学技术史纲：技术卷》，辽宁教育出版社1996年版，第2页。

② 胡维佳主编：《中国古代科学技术史纲：技术卷》，辽宁教育出版社1996年版，第6页。

③ 胡维佳主编：《中国古代科学技术史纲：技术卷》，辽宁教育出版社1996年版，第8页。

化器物几乎就是物化了的技术或技术活动的结果，各种技术性产品或技术产物几乎构成了整个物质文化的全部内容，这与文化视野中的技术—技术文化在器物层面是相对应的。实践中，作为技术活动结果的劳动工具是物质文化的重要内容，也是器物层面上的文化，是文化器物的核心。为此，我们通过分析传统技术与生产工具的互构关系，从而思考传统技术与文化的互构共生关系。

生产工具是物质文化的重要内容，技术是人类物质生产的重要手段，人类改造自然离不开生产工具。传统技术建构着生产工具，传统技术的先进程度影响着生产工具的先进程度，影响着产品的品种和数量的多寡，还影响不同地方生产工具的形态差异。同时，生产工具也建构着传统技术，为技术的发展提供动力和物质基础，生产工具为农业、手工业技术的发展提供条件。

（一）传统技术对生产工具的建构

第一，传统技术建构着生产工具的先进程度。早期人类的劳动工具主要是打制石器，通过考古发现，打制石器处于旧石器时代，劳动工具通过打制技术制作而成。打制技术时期对石材的选择并不严格，比较粗糙，就近取材于自然界，石头的硬度和韧性无法保证，会影响生产工具的使用寿命和性能，考古发现，我国旧石器时代的劳动工具的材质主要有燧石、火石、脉石英、石英岩等，因这些石材来源丰富且具有一定脆性，便于打击制作。随着技术的发展，磨制和钻孔技术出现，进入新石器时代。新石器时代劳动工具所用的石头经过筛选，选用硬度强、韧性好的石材，脆性的石头已经抛弃不用，石头经过打磨，使用磨制技术制造，比打击技术更先进，制作工艺更精细，所磨制的石器更加锋利、功能更趋专一、性能也得到提高。另外，运用磨制技术可将动物骨头磨制成精致的劳动工具，如骨镞、磨制的骨质鱼叉等。新石器时代的钻孔技术也出现，与磨制技术结合，可制作一些复合的劳动工具，其中最有代表性的是在浙江余姚河姆渡遗址中发现的骨耜，它是用动物的骨头，在上面凿有孔，并有木柄，孔里穿缠藤条绑紧木柄，制作而成的复合工具。① 随

---

① 宋兆麟：《河姆渡遗址出土骨耜的研究》，《考古》1972 年第 2 期。

着社会生产的发展，冶铜技术出现并发展起来，冶铜技术与磨制技术的结合，所制造的铜制劳动工具更加先进，其硬度、使用寿命和性能远远超过石器，是石器无法比拟的。此外，铜制工具功能已很专一化，可根据功能需要铸成一定的形态。春秋战国时期，随着冶铁技术的发展，铁制劳动工具得到推广，从青铜器时代向铁器时代转变。铁制劳动工具比青铜工具更先进，青铜易脆，铁器更有韧性，且铁制农具的发展大大促进了农业生产力的发展。

第二，传统技术建构着劳动工具的数量与种类。随着传统技术的发展，劳动工具的数量和种类不断增加。旧石器时代的劳动工具主要有刮削器、砍斫器、尖状器等。刮削器主要用于刮削木棍、割兽皮和其他，用途较广，在西侯度、小长梁、元谋①、龙骨山等考古遗址中都有发现。砍斫器主要用于砍伐，其体积和重量超过刮削器。尖状器分为小尖状器和三棱大尖状器，三棱大尖状器作为挖掘的工具，而小尖状器用于割剥兽皮。旧石器时代晚期，随着石器打制技术的进步，石器工具的类型增加，数量增多。例如，发现的许家窑遗址中有刮削器、尖状器、雕刻器和小石砧等，种类繁多、形态多样，"许家窑遗址中的刮削器的类型繁多，有直刃、凹刃、凸刃、复刃、龟背状、短身圆头等，可见是根据不同用途进行加工的。尖状器的数量也不少，类型各异，有齿状、椭圆形、鼻形，还有的尖部加工为喙形。雕刻器的器形很小，重量很轻，大者7克，小者仅1克"。②

新石器时代，随着磨制技术和钻孔技术的发展，劳动工具也发生了大的变化，比旧石器时代更先进，种类、数量更多，形态更复杂。磨制和钻孔技术是技术的一次飞跃，对劳动工具的影响意义深远，建构着劳动工具，影响着人类对自然的改造能力，也是物质文化的一次飞跃。新石器时代的劳动工具功能更趋专一，种类繁多，"如农业生产工具中，先是有了石刀、石斧、石铲、石镰，后来又有了石镬、石犁、石耙及石质的耘田器、有肩石锄等，并有了石磨盘、石磨棒、石杵等粮食加工工

---

① 张兴永、周国兴：《元谋人及其文化》，《文物》1978年第10期。

② 傅玫、张锡镁、傅同钦：《中国古代物质文化》，王玉哲主编，高等教育出版社1990年版，第18页。

具。手工业生产工具也从石斧、石凿、石镟进一步发展出了石钻、石锤、石锯等"。①

随着青铜技术的发展，青铜器工具的数量也不断增加。据出土的文物考古发现，商代青铜器数量和种类较多，商代"器物的种类可分为礼乐器、工具、兵器、车马器等。生产工具主要有斧、凿、镟、锥、刀削、铲、镰、锄、锸等"。② 春秋战国的青铜器生产工具在种类及数量上占有绝对优势，青铜器的生产扩大，与当时青铜铸造工艺加工技艺的革新进步密切相连，使得这一时期的青铜器劳动工具不仅数量多，而且青铜器及其附件的造型也更加合理、和谐、美观。另外，春秋时期冶铁技术出现，发展到战国时期，冶铁技术的发展使铁制生产工具数量增多、种类繁多，并开始推广。例如，战国时的楚国，农业上普遍使用铁制农具，在1954—1956年长沙古墓发掘出土的70余件铁器中，发现有铲、镬、镟、锤等生产工具26件。③ 当时的赵国遗址中，也出土了大量铁制农具，铁农具种类不少，有六角锄及镰刀。④ 河北邯郸赵故城、武安午汲赵城也出土过V形铁犁铧、镰刀、锸、锄、削等。⑤ 秦汉时期，冶铁技术进一步发展，冶制的铁农具数量多、种类多、质量高、功能专一，被广泛应用于农业生产，秦汉的铁农具按用途可以分为垦耕工具、整地工具、播种工具、中耕除草工具、收获工具等，垦耕工具有犁、镬、锸、铲等，整地工具有耙，中耕工具有锄、耨、镈等，收获工具有镰、铚、鉊等。⑥

第三，传统技术建构着劳动工具的形态。传统技术还建构着劳动工具的形态，这种建构从两个方面表现出来，从历时性看，传统技术的进

① 傅玫、张锡镁、傅同钦：《中国古代物质文化》，王玉哲主编，高等教育出版社1990年版，第21页。

② 傅玫、张锡镁、傅同钦：《中国古代物质文化》，王玉哲主编，高等教育出版社1990年版，第86页。

③ 傅玫、张锡镁、傅同钦：《中国古代物质文化》，王玉哲主编，高等教育出版社1990年版，第116页。

④ 孙德海、陈惠：《河北石家庄市市庄村战国遗址的发掘》，《考古学报》1957年第1期。

⑤ 傅玫、张锡镁、傅同钦：《中国古代物质文化》，王玉哲主编，高等教育出版社1990年版，第116页。

⑥ 蔡锋：《中国手工业经济通史·先秦秦汉卷》，福建人民出版社2005年版，第684页。

步建构着劳动工具形态的变化与发展，随着技术进步而形态多样化、精细化。从共时性看，传统技术建构着同一时期不同地域劳动工具的形态，使不同地域的劳动工具在形态上具有差异，各具特点。

　　首先，从历时性看，传统技术建构劳动工具形态的变化与发展。我们可从旧石器时代、新石器时代、青铜器时代和铁器时代来看技术发展对劳动工具形态的建构。旧石器时代，技术落后，劳动工具的形态比较少，且不规整。有尖形的三棱大尖状器、片形的砍砸器、球形的石球或石核。以旧石器时代中期的丁村文化遗址为例，"石片和石器一般都较粗大，以碰砧法为主，打制技术较前进步。石器类型多样，有单边砍砸器、多边砍砸器、石球、多边形器、三棱大尖状器、鹤嘴形厚尖状器、小型尖状器和刮削器等"。[①] 新石器时代，随着磨制技术的运用，劳动工具比旧石器时代劳动工具进步，因新石器的工具种类更多，因此，其形态也更多样，有石刀、石斧、石铲、石镰、石镬、石犁、石耙等工具类型，不同工具的形态差异较大。此外，磨制技术的进步使工具更规整，"因此，其形制都十分规整，而且棱角分明，刃口锋利"。[②] 青铜器时代，因磨制技术与冶炼技术的结合，劳动工具进步带来形态更加多样复杂，有长形、球形、方形、椭圆形等，各种劳动工具不同形。此外，因冶铸铜器过程中使用铜范，所制作的工具比较规整，在二里头遗址，发现了铸铜的陶范，"从陶范的形状来看，工具和兵器等实体器物多用单范铸造，而爵、铃等空体则多用合范铸造。单合范的并用说明这时青铜器的冶铸技术已经经过了一定时期的发展"。[③] 到了商代，青铜铸造技术又有进一步发展，铜器形态更加多样，从殷墟和郑州商城的铸铜作坊遗址的考古发掘来看，这时期铜器制作形态更加规整。例如，郑州南关外的一处炼铜作坊遗址，有大量的陶范、镞范和镬范等出土，说明当时铸铜使用各种范来规制冶炼器物的形态，使形态更规整。而在郑州的北城外发

---

　　① 中国社会科学院考古研究所编著：《新中国的考古发现和研究》，文物出版社 1984 年版，第 13 页。

　　② 傅玫、张锡锳、傅同钦：《中国古代物质文化》，王玉哲主编，高等教育出版社 1990 年版，第 20 页。

　　③ 傅玫、张锡锳、傅同钦：《中国古代物质文化》，王玉哲主编，高等教育出版社 1990 年版，第 85 页。

掘的另一处商代冶铜作坊中，出土了大量的刀范和戈范①，说明武器冶炼也比较规整，不是随意制造的。随着冶铁技术的发展，铁制工具比铜制工具更加耐用、性能更好，同时形态更多，而且一些铁制品包括多个组成部件。以秦汉时期的犁为例，既有多个组成部件，也包括多种形态，"这时期，耕犁的构造也基本完备，已有犁梢、犁床、犁辕、犁衡、犁铧、犁壁等多种部件。犁有大、中、小三种不同类型，小型多用来耕熟地，中型用于开垦荒地，大型用于开沟掘渠"。②

其次，传统技术建构劳动工具形态的地方差异。传统技术还建构着劳动工具的地方形态，即不同地域的劳动工具形态因生产所处自然环境不同呈现出一些独特特点。例如，唐代的农业灌溉工具水车，在北方发明，"水车发明于北方，使从渠、井中引水机械化"。③ 北方井灌多于渠灌，因此北方的水车适用井灌，水车以木桶相连，从竖井中提水。水车自北方传到南方后，南方的水车有所变化改进，是从塘、河渠中汲水的手摇式或脚踏式水车。这种改进是因南方丘陵多、河渠较多，灌溉工具为了适应南方的自然地理环境和水稻生产的需要而进行的改进。唐代的犁，根据不同地方的土壤、环境因地制宜，发明了适于不同地方的犁。各种考古资料和图像资料都说明，隋唐时期各地的犁已经表现出了明显的地区差异。从敦煌莫高窟及安西榆林窟的唐代壁画中可看到，河西走廊地区的犁是长辕无床犁，虽然这种犁很简单，但非常适用于河西一带松散的土壤，耕地时犁能与土壤形成一个自然角度，既可以破土又可以翻土。④ 而西安地区所发现的唐李寿墓壁画中的耕犁，却是曲辕犁，多出了犁壁装置。⑤ 在河南陕县（现陕州区）、辽宁抚顺等地考古发现的唐

---

① 傅玫、张锡锳、傅同钦：《中国古代物质文化》，王玉哲主编，高等教育出版社 1990 年版，第 85 页。

② 傅玫、张锡锳、傅同钦：《中国古代物质文化》，王玉哲主编，高等教育出版社 1990 年版，第 155 页。

③ 郑学檬、徐东升：《唐宋科学技术与经济发展的关系研究》，厦门大学出版社 2013 年版，第 41 页。

④ 傅玫、张锡锳、傅同钦：《中国古代物质文化》，王玉哲主编，高等教育出版社 1990 年版，第 272 页。

⑤ 陕西省文博馆、山西省文管会：《唐李寿墓发掘简报》，《文物》1974 年第 9 期。

代犁铧形制也全然不同。河南陕县（现陕州区）刘家渠出土的犁铧呈现三角形，两翼比较突出，而且宽比长大，犁铧的底面板平。[①] 辽宁抚顺出土的犁铧呈现出等腰三角形，是尖锋，铧的底面平直，且銎比较深且体薄。[②] 在唐代出现了江东犁适用于南方的水田耕种需要，这种犁技术先进，结构相当完备，"这种犁由 11 个部件构成，即犁谗、犁壁、犁底、压馋、策额、犁箭、犁辕、犁梢、犁评、犁建、犁槃"。[③] 江东犁犁底较长，落地平稳，易于扶持，特别适合在南方水田中操作。唐代江苏一带出现了江苏犁，与江东犁存在差别。江苏犁用犁评调节耕地深浅，用可以转动的犁槃使犁身便于摆动或调换方向，适用于我国南方土质黏重、田丘狭小的水田耕作，也是农业科学技术上的一件大事。[④] 唐代云南一带，也因地制宜地发明了"三尺犁"，"从曲靖州已南，滇池已西……每耕田用三尺犁格长丈余，两牛相去七八尺，一个人前牵牛，一個人持按犁辕，一個人秉末，蛮治山田，殊为精好"。[⑤] 云南因山地较多，一般耕具效果不理想，"三尺犁"是根据当地实际情况发明改进的犁，虽然这种犁落后于中原先进农耕区的耕犁，但适用于云南山区，明显有利于提高农业生产效率。可见，唐代因各种不同的耕垦需要，因地制宜进行了技术发明，使各地耕犁形态不完全相同，这是传统技术对劳动工具形态的地方建构。

（二）生产工具对传统技术的建构

生产工具建构着传统技术，为传统技术的发展提供动力和物质基础，我们以中国传统社会的农业为例，通过农业生产工具与农业技术的互构关系来看生产工具对技术的建构。生产工具为农业技术的发展提供了条件，影响和建构着农业技术。从历史发展的视角看，生产工具建构

---

① 俞伟超：《一九五六年河南陕县刘家渠汉唐墓葬发掘简报》，《考古通讯》1957 年第 4 期。

② 抚顺市文化局文物工作队：《辽宁抚顺高尔山古城址调查简报》，《考古》1964 年第 12 期。

③ 傅玫、张锡镁、傅同钦：《中国古代物质文化》，王玉哲主编，高等教育出版社 1990 年版，第 273 页。

④ 阎万英、尹英华：《中国农业发展史》，天津科学技术出版社 1992 年版，第 277 页。

⑤ 魏明孔：《中国手工业经济通史·魏晋南北朝隋唐五代卷》，福建人民出版社 2004 年版，第 454 页。

着原始社会、奴隶社会、封建社会的农业技术。

第一，生产工具对原始社会农业技术的建构。中国的原始社会，生产工具相对落后，农业生产发展缓慢，生产工具建构了原始社会农业技术的发展，由此形成刀耕火种技术、锄耕或耜耕技术、发达锄耕技术三个农业技术发展阶段。① 原始社会早期农业工具落后，主要是用石刀、石斧砍伐林木焚烧，开拓土地，用尖头木棒或竹器点播种子，建构了农业刀耕火种的耕种技术阶段。随着生产工具的发展，农业生产技术得到发展，从刀耕火种进入锄耕或耜耕阶段。此阶段磨制石器得到发展，出现了砍伐木材的石斧，收割禾穗的石镰，耕翻土地的石锄、石铲，耕作使用的骨耜和木耜。生产工具的进步促进了农业生产效率的提高，耕种技术的发展，从刀耕火种的年年易地生荒耕作向连种若干年撂荒若干年的熟耕过渡。随着生产工具的发展，农作物栽培技术得到发展，北方黄河流域一带主要栽培比较耐旱且又早熟的粟和黍，长江流域及以南地区则普遍栽培水稻，也栽培大麻、苎麻、白菜、芥菜等。② 原始社会发展到新石器时代晚期，生产工具不断改革和创造，使农业技术不断发展，从锄耕或耜耕技术阶段发展到发达锄耕技术阶段。该阶段生产工具有很大进步，"在黄河流域出现的新型工具有骨铲、蚌铲、穿孔石刀、骨镰、蚌镰等，在长江流域出现的新型农具有用于翻土的三角形的石犁、中耕用的耕田器，垦田松土用的石锛、挖沟开渠的破土器等"。③ 生产工具的进步促进了农业生产技术的发展，作物种类增加，开始了栽桑养蚕，小麦的栽培也开始出现，只是因小麦栽培的技术条件较高，没有普遍种植，耕作技术进一步发展，人工养地技术得到了提升。

第二，生产工具对奴隶社会农业技术的建构。夏商周是我国的奴隶社会时期，生产工具比原始社会更加先进，生产工具对农业技术的影响和建构也不能忽视，其促进了农业耕作技术、农业育种栽培技术和农业灌溉技术的发展。夏商时期，农业生产工具有了进一步发展，出现了铜制生产工具。"到了商朝，农业生产工具除使用大量木、石、骨、蚌制

---

① 王俊麟编著：《中国农业经济发展史》，中国农业出版社1996年版，第4—5页。
② 王俊麟编著：《中国农业经济发展史》，中国农业出版社1996年版，第6页。
③ 王俊麟编著：《中国农业经济发展史》，中国农业出版社1996年版，第6页。

的刀、镰、铲等外，还使用了铜铲、铜斧。"[1] 至西周，进入青铜器时代，农业生产工具进一步发展，春秋时期，随着冶铁技术的发展，铁制农具开始出现。特别是农具专一化更强，有了锄地、除草、中耕、收割的专门农具，这促进了农业锄地、除草、中耕、收割技术的提高。农业工具的进步也促进了农业灌溉技术的发展。西周时期对治田、开渠有一整套较为完善的方法，实行人工灌溉，农民根据地势高低、水流方向来安排沟洫，使水道畅通，以便泄壅、蓄水防旱。农作物栽培技术也得到发展，除了原始社会已有的粟、稻、黍等，还有黍稷、豆、麦、麻、瓜等的栽培技术获得发展。夏商周时期园艺技术也因生产工具的进步而得到发展，已产生了独立的园艺，如桃、杏、枣、栗等果树栽培技术已经出现。

第三，生产工具对封建社会农业技术的建构。中国在战国时期，奴隶制度已经解体，封建制度逐步形成。战国时期，铁制农具在农业生产上的广泛应用，促进了农业技术的发展，在农业垦荒拓地技术、深耕细作技术、水利灌溉技术等方面都取得进步。战国时期的耕垦、中耕、收获农具进一步发展，耕垦农具有犁、鑺、锸等，中耕农具有锄、铲、铫、镈等，收获农具有镰、铚等。耕作技术的进步表现在，铁犁牛耕促进了深耕技术发展，对土壤改良施肥技术有所发展，农作物栽培技术得到提高，轮作复种技术也取得进步，开始了我国农业精耕细作技术的发展。战国时期的水利灌溉技术也取得很大进步，在历史上都留下了著名的水利灌溉工程，如都江堰、郑国渠等。中国封建社会历经秦汉、隋唐、宋元、明清等重要历史时期的发展，生产工具也长期建构着农业技术，建构了中国农业技术的辉煌和特色，也建构了中国农业文明的辉煌成就。

第三节　传统技术与地域文化互构共生案例：以保宁醋为例

一　保宁醋传统酿造技术对阆中地域文化的建构

四川省阆中市，古为保宁府治，酿醋历史由来已久。《水经注·江

---

[1]　王俊麟编著：《中国农业经济发展史》，中国农业出版社1996年版，第18页。

水》谓："江之左岸有巴乡村，村人善酿喜醋。"① 自明清起，以酿造麸醋、药醋而闻名，醋以地名"保宁"为名。清初，战乱频繁，社会动荡，宫廷酿醋师索义廷寓居阆中，开始于此酿醋，并将中药材制成醋曲，改良传统制醋工艺。1936 年，《四川月报》载文，将保宁醋确定为阆中八大土特产之冠。保宁醋传统酿造技术建构着阆中地域的物质文化和社会规范。

（一）保宁醋传统酿造技术对阆中地域物质文化的建构

技术的社会形象在日常生活世界中逐渐显现，形成了独特的技术认知。随着技术对社会的影响趋于稳定化，技术的社会认知和社会形象也趋于一体。② 保宁醋传统酿造技术对阆中地域文化的建构主要表现为影响着街道布局和建筑功用，影响着阆中人的日常生活。

第一，影响阆中传统街道的布局和传统建筑的功用。阆中城南遍布保宁醋酿造作坊的醋坊街是一条石板路、瓦盖房的古街，街宽仅 3 米，长约 100 米，由北向南建立在坡地之上，直抵嘉陵江边，紧靠着阆中三大水码头之首的上码头。旧时的醋坊街既是酿醋作坊从嘉陵江取水和输入酿醋原料的必经之处，也是对外销售运输保宁醋的重要街道。清初，此街名为下栅口上街，位于江边且已是多家醋坊集聚地，醋业逐渐兴盛，此街便改名为醋坊街。在建筑的功用上，醋坊街的房屋多以商业性质的房屋为主，建筑形制多为前店后坊或前店后仓。

第二，影响阆中人日常生产生活工具。"沙窝子"③、巴醋篓等保宁醋传统生产器具逐渐进入人们日常生产生活之中。"沙窝子"俗称"冒咕嘟子"，最先是专供酿醋作坊用水，"沙窝子"挖在嘉陵江边，有的深度达到三四米，浅的也有一米多，四季水源不竭，水质清澈，且邻近醋坊街，取水便捷。后随着酿造水源的增多，"沙窝子"也逐渐对寻常人家开放，由生产用水转变为生产生活两用的水源。此外，巴醋篓等盛醋容器在阆中人的生活中也较为常见，巴醋篓以竹篓为基本形制，"口圆

---

① 陈桥驿：《水经注校释》，杭州大学出版社 1999 年版，第 586 页。
② 李汉林：《论科学与文化的社会互动》，《自然辩证法通讯》1987 年第 1 期。
③ 毛明文编著：《话说阆中》，重庆出版社 2001 年版，第 33 页。

径阔，四棱上线，上大下小"①，以猪血与石灰混合来填补竹篓的缝隙，再糊上多层草纸，最后以猪尿泡皮封口，晒干之后盛醋不渗不漏，具有良好的密封性和携带的方便性，常作为盛放生醋和零售醋的器皿，阆中人在生活中也将其作为盛放菜油、桐油等液态物质的器物。

（二）保宁醋传统酿造技术对阆中地域社会规范的建构

保宁醋传统酿造技术建构着阆中地域社会规范，主要表现在对民俗、民风等非制度性规范和行业规范、行业等级规范的型塑上。

第一，影响地域文化中的独特民俗。"保宁醋节"是阆中地域内最为知名的一种民俗活动，该醋节起始于明清，定于每年农历四月初一进行祭祀"醋炭神"、巡游、香会等活动。"醋炭神"寄托着人们对健康吉祥的美好祈愿，"醋炭神醋炭神，封神榜上你为尊……醋炭有灵，扫除疾病、保佑全家，如意吉庆"。② 在醋节开始前数日，保宁醋酿造作坊便会推举一名有声望的人物作为"会首"，主持各酿造作坊筹措的"香钱"，即办会费用。醋节正会当天，酿醋者集聚于"醋炭神"姜子牙像所在的华光楼和吕祖殿之中，在姜子牙神像前摆上大三牲，即牛头、猪头、羊头，虔诚跪拜神像，并挂上红纸对联。在醋节期间，阆中保宁醋酿造作坊行会按照巴子国旧俗将姜子牙神像由几位青壮年抬上街环游阆中各条主要街道。环游阆中的当日也有一套严格的礼数和规矩。早晨，由两名青壮年扮为"报子"，背令旗，击铜锣，绕游行路线一周，被称为头道"报子"。不久后，二道、三道"报子"相继出发后，浩大的游行队伍正式出发，由头戴面具的土地神在队伍最前方引路，尔后是由人扮演的牛鬼蛇神依次随后。届时，鞭炮声、鼓声、唢呐声此起彼伏，数人手拿神幡、肃静、回避等虎头牌行在牛鬼蛇神后，由八人抬着的平台上的姜子牙神像缓缓而行。在游行队伍的后方，手持笤帚和响蒿棒的小鬼象征性地摆动着手中的道具，进行驱邪逐魔。晌午时分，筹措"香钱"的作坊需派人参加酿醋业行会举办的由名醋主理的宴席，醋业同行之间推杯换盏，相互恭贺。午后，由保宁醋行会请来的草台班子在下新

---

① 陈德炎编著：《中国保宁醋》，重庆出版社 2001 年版，第 62 页。
② 陈德炎编著：《中国保宁醋》，重庆出版社 2001 年版，第 66 页。

街搭好台子，上演"醋炭神"姜子牙的川戏选段，台下一片欢悦。至此，保宁醋节进入尾声。①

　　第二，型塑地域行业的话语体系。保宁醋传统酿造技术是各醋作坊的秘密，醋夫之间沟通的话语形式便成为作坊所特有的"行话"，随着保宁酿业的发展，酿醋技术的内部话语体系逐渐渗透到外部社会中，并逐渐延展演变成为阆中市场交易用语，也影响了其他行业文化的形成。一是作坊和市场通用的一套话语，即以"兵、文、善、作、成、安、免、壳、庆"或"幺、按、苏、绍、外、料、俏、笨、绞"等汉字代替"一、二、三、四、五、六、七、八、九"②，既用于酿醋原料的配备，也用于市场交易。二是作坊内使用的话语，酿造技术高超的醋夫姓名也以绰号代替，诸如陈（老烟）、罗（老响）、张（老跳）、马（老跑）等"隐语"。三是在进行保宁醋交易时，为防止被他人"撬碟子"，交易双方还会抹下袖子，在袖筒中"掐指拇"进行洽谈，也规避了保宁醋贸易的风险。③四是推动相关行业用语的形成，保宁醋多通过水路外销，常同外地商户订立合同，后由船老板组织货船运送。在长期运输保宁醋中，保宁醋船工逐渐形成了独具特色的船工号子："号工：保宁醋哟！船工：嗨！号工：醋中王哟！船工：嗨！号工：要小心哪！船工：嗨！号工：激流险滩！船工：嗨！号工：莫虚劲哪！船工：嗨！号工：劈波斩浪哟！船工：嗨！号工：保安宁哪！船工：嗨！……"④此外，稍有名气的保宁醋作坊老板都会选择滑竿作为出行工具，滑竿在交通不畅的川北地区是比较普遍的代步工具。滑竿主要由两根坚实的竹竿和一块位于竹竿横档之上的竹垫构成。抬滑竿的抬夫也需力气和技巧并存。在阆中，有专门的负责醋作坊老板出行的抬夫，醋作坊老板的抬夫之间的经典"报答"（类似于船工号子）："天上有朵云！地上宋长明！好人千家喜！特醋万里香！……"⑤都展现了保宁醋传统酿造技术对地域话语体

---

① 陈德炎编著：《中国保宁醋》，重庆出版社 2001 年版，第 67—69 页。
② 阆中市地方志编纂委员会编著：《阆中县志》，四川人民出版社 1993 年版，第 919 页。
③ 陈德炎编著：《中国保宁醋》，重庆出版社 2001 年版，第 60 页。
④ 陈德炎编著：《中国保宁醋》，重庆出版社 2001 年版，第 77—78 页。
⑤ 陈德炎编著：《中国保宁醋》，重庆出版社 2001 年版，第 79—80 页。

系的影响。

第三，影响传统技术传承规范。在醋作坊内，保宁醋传统酿造技术的学习统一定学制为三年，并有一套严格的拜师学艺的规矩。首先，拜师之前要通过中间人的介绍；其次，需要一名当地权威人物为学徒进行担保，学徒也需要立誓，内容一般为"遵从店规""服从业师管教"①等；最后，还需订立文字手续，即"立约"，约定三年学满必须谢师，为师父置办一身包括鞋袜的行头。在向业师行大礼之后，便由业师引领向师叔、师兄行见面礼。学徒生涯满后，可以在醋坊柜台之上接待宾客，站柜的姿势也有讲究，一般有酒壶式、合爬式等类别，不可说笑闲聊。②

第四，建构醋业中的技术等级规范与权威。保宁醋传统酿造技术程序繁多，不同酿造岗位的职能分工不同，于是，按照在保宁醋酿造过程中的职能轻重不同，被区分为"先生""司务"两类。"先生"主要由"四大头"（经理、账房、批账、发货）、学徒和醋夫组成；"司务"则主要由各个酿醋环节的长工和临时工组成。经理和账房直接对醋坊老板负责，地位相对高于"司务"、学徒，因此"四大头"在普通醋夫面前拥有绝对的权威，掌握着辞退、聘请醋工的权力。严格的等级规范不仅在作坊内部有效，在作坊外部也发挥着同样的效力，技术体系与社会秩序之间都被打上技术等级规范烙印。③

可见，在保宁醋传统酿造技术建构阆中地域社会规范的过程中，地域民俗、话语体系、传承规范和技术等级权威等维护了技术团体的规范，但技术又因此陷入严密的等级化作坊和市场体系的封闭中。技术囿于规范的限制，难以完成理性化的突破。

二 阆中地域文化对保宁醋传统酿造技术的建构

地域文化提供了技术发展的土壤。阆中独特的地域文化多方面、全方位地建构着保宁醋传统酿造技术，保宁醋传统酿造技术由此兼具社会

---

① 陈德炎编著：《中国保宁醋》，重庆出版社 2001 年版，第 87 页。
② 陈德炎编著：《中国保宁醋》，重庆出版社 2001 年版，第 86 页。
③ 《道光保宁府志》，（清）黎学锦等修，（清）史观等纂，巴蜀书社 1992 年版，第 677 页。

属性与自然属性，阆中地域文化建构了保宁醋传统酿造技术的发展。

（一）阆中地域文化推动保宁醋传统酿造技术的发展

阆中地域中的民间传说故事、政治文化、制醋名家轶事等因素不断地推动保宁醋传统酿造技术的发展，甚至导致保宁醋传统技术本身在内部开始退隐，地域文化最大限度地导向和控制了其发展倾向。

第一，阆中民间传说和民间故事推动着保宁醋传统酿造技术的发展。阆中水资源丰富，为保宁醋提供了优质水源，而民间传说更是建构了保宁醋水源的神秘性。据《旧唐书·地理志》记载，"阆水迂曲经郡三面，故曰阆中"。①据《保宁府志》记载，"造醋者必在城南傍江一带，他处则不佳，殆水性使然，饮取水之候，以冬为上，故有冬水高醋之名"。②保宁醋酿造用水有两处来源：一处是"城南傍江一带"，从嘉陵江中流取冬水进行酿制，"他处则不佳"；另一处则为观音寺中的古松华井优质矿泉水资源。

据古松华井碑文记载，"草木荟萃中出一泉，清澈可鉴，味甘而冽"，故而"观音寺之松华井，知味者状称赏焉"。③古松华井在阆中民间传说中被赋予神话色彩，该井为阆中外九井之一，开凿于公元621年，位于名刹开元寺内，其水源丰裕，莹洁甘芳，沸而无沉，长年不竭，人称"八角井"。民间传说称昔日开元寺的住持谭仙和尚，在松华井之上修建亭子，请地方官撰写《古松华井》碑文，并称其为"观自在菩萨甘露水"，松华井水被加以神化，时有人取水治病，竟然痊愈，随后取水者络绎不绝。1938年，四川军阀潘文华驻守阆中，将指挥部设立在开元寺之内，仅供其军队饮用，外人不得随意取水，也添加了几分神秘色彩。时有酿醋名家索义廷在寻找酿醋水源时行至松华井，回望盘龙山，吟道："自古名山出名泉，我看那山势不凡，必有泉水，以其水酿醋，必出佳品。"④因此，将古松华井之水作为酿醋用水，建构了其独特口味，在民间传说和故事的推动下，促进了保宁醋的发展和酿醋技术的进步。

① 《道光保宁府志》，（清）黎学锦等修，（清）史观等纂，巴蜀书社1992年版，第55页。
② 《道光保宁府志》，（清）黎学锦等修，（清）史观等纂，巴蜀书社1992年版，第695页。
③ 《道光保宁府志》，（清）黎学锦等修，（清）史观等纂，巴蜀书社1992年版，第645页。
④ 陈德炎编著：《中国保宁醋》，重庆出版社2001年版，第37页。

地域民间故事推动保宁醋传统酿造技术的发展。《阆中县志》记载，"阆中古为梁州之域，商属巴方，周属巴子国"。① 周代，宫廷酿醋日益规范，对食醋之风的沿袭也被视为对周礼的遵循，"周赧王元年（公元前314年），秦惠王……置巴郡"② 仍以效仿周皇族为荣。在阆中民间，关于醋的传说也广为流传，最为有名的是冯异和张飞的事迹。汉建武六年，"大树将军"冯异尊奉汉光武帝刘秀之旨意，率领军队抵御匈奴进犯，然将士多出现水土不服，致病者众多，一时军心涣散，军队战斗力大幅下降。危难之际，冯异命人运醋千担，让全军将士饮醋，不久，将士痊愈，军威凛然，大败匈奴。三国时期，蜀国大将张飞镇守阆中，经常酗酒到酩酊大醉，延误军情，其部将便利用阆中本地所产食醋制成醒酒汤，张飞每喝醉时，便饮用醒酒汤，果真效果明显，以醋作为解酒汤的方法也流传至今。

第二，地域政治文化推动保宁醋传统酿造技术的发展。一是古代秦国攫蜀政策推动了阆中保宁醋的发展，《华阳国志·蜀志》记载："然秦惠文、始皇克定六国，辄徙其豪侠于蜀，资我丰土。家有盐铜之利、户专山川之材，居给人足，以富相尚。故工商致结驷连骑，豪族服王侯美衣。娶嫁设太牢之厨膳。"③ 秦帝攫取巴蜀丰厚的物产，醋也从巴蜀被带入中原，这也是有关阆中醋传播最早的记载。二是川北政治中心的地位因素促进了保宁醋及其酿造技术的发展。阆中县志记载："明代，于阆中设川北分巡道，清代设川北兵备道和川北镇总兵署。清顺治年间，四川临时省治设阆中十余年，四川巡抚李国英也曾驻节阆中……抗日战争期间，川陕鄂边区绥靖公署、巴山警备司令部设于阆中。"④ 阆中成为川北重镇，各地醋商和醋夫汇集阆中，使保宁醋传统酿造技术得以集百家之所长，从而推动保宁醋传统酿造技术的快速发展。三是地方政治人物的影响也推动了保宁醋的发展。清末民初，著名的保宁醋酿制夫田福顺之女嫁给四川军阀杨森，人称"保宁太太"。田福顺也凭借着坚实的政

---

① 阆中市地方志编纂委员会编著：《阆中县志》，四川人民出版社1993年版，第55页。

② 阆中市地方志编纂委员会编著：《阆中县志》，四川人民出版社1993年版，第55页。

③ （晋）常璩撰：《华阳国志校注》，刘琳校注，成都时代出版社2007年版，第225页。

④ 阆中市地方志编纂委员会编著：《阆中县志》，四川人民出版社1993年版，第57页。

治背景和田氏醋坊优质的保宁干醋而得到参加"巴拿马万国博览会"的机遇，并一举拿下金奖，激励了更多保宁醋夫投身于保宁醋传统酿造技术的革新之中。

第三，地域文化中的名家轶事客观上也促进了保宁醋传统酿造技术的发展。明崇祯六年冬月初三，索义廷携家带口来到阆中，在身怀酿醋绝技的老者秦海川家中借宿，为报答秦海川的乐善好施，又听闻阆中醋业兴旺，索义廷便在此重操醋业，并作为秦海川醋坊中的醋师独家创造出"中药制醋曲"的新技术，至此奠定了保宁醋的"药醋"定位。清代，下新街肖家开设"崇新长"醋坊开始酿醋。醋坊老板肖泽根到成都青羊宫参加花会后，感触良多，誓要为家乡的保宁醋在花会中争得一席之地，便弃学经商，开设醋坊。他在索氏酿醋法的基础上，将索氏制备药曲中中药材的种类由 39 味扩展为 62 味，并从嘉陵江和白濠溪交界处的龙王滩中取水，酿出的醋味道醇厚，一举夺得成都花会银质奖章。儒家出身的肖泽根讲求商业信誉和商业道德，在保宁醋酿造技术上，他对保宁醋酿造的各个环节都制定了标准的规范流程；在保宁醋贸易上，讲求诚信经营，在店面上手书对联"贸易中岂无学问，权衡上定有经纶"，并手书"商人以信为无形资本，无欺为生财之妙法"。①

（二）阆中地域文化阻碍保宁醋传统酿造技术的发展

多元的阆中地域文化要素在一定程度上也阻碍保宁醋传统酿造技术发展。婚嫁习俗、袍哥文化和码头文化等成为保宁醋传统酿造技术亟待突破的最大阻力，技术与文化之间的张力逐渐拉大，制约了保宁醋传统酿造技术的发展。

第一，地域婚嫁习俗阻碍保宁醋酿造技术的传承。明末清初以来，阆中商业贸易日渐兴盛，富裕者逐渐增多。在婚嫁上"日备首饰等物，分类陈列……送之女家，谓之纳彩。"② 丰厚的彩礼，奢靡的社会风气是阆中的传统婚嫁习俗，"宴客竞尚奢靡""吾阆风习，在昔为循良，在今则适成颓靡"③，而保宁醋夫的社会地位在阆中比较低，影响了他们的婚

---

① 陈德炎编著：《中国保宁醋》，重庆出版社 2001 年版，第 114 页。

② 《道光保宁府志》，（清）黎学锦等修，（清）史观等纂，巴蜀书社 1992 年版，第 677 页。

③ 《道光保宁府志》，（清）黎学锦等修，（清）史观等纂，巴蜀书社 1992 年版，第 678 页。

姻。一是普通保宁醋夫工作收入较低，常难以备足高昂的彩礼，造成"无婚可结"的局面。二是保宁醋夫在传统酿造生产过程中的身份形象不佳，酿醋过程劳动量大，工作时常常汗流浃背，醋夫常常赤裸上身，下身仅穿破旧的麻布短裤。三是保宁醋夫醋酿造环境艰苦，职业地位低。由于蒸煮醋糟，作坊内部温度较高，所使用的酿造工具也多为传统的背篼、铁铲。此外，保宁醋作坊的醋夫多为长工，经济拮据，除每月初二、十六"打牙祭"外，平时多为素食，生活异常简朴。微薄的工作收入、艰苦的职业环境和艰辛的生活使保宁醋夫社会地位始终处于社会底层，导致婚姻进展不顺。越来越多的人不愿意从事保宁醋酿造行业，不愿意成为保宁醋夫，进而阻碍了保宁醋传统酿造技术的传承和发展。

第二，"袍哥"、行会为代表的"码头文化"也阻碍保宁醋传统酿造技术发展。嘉陵江作为阆中最为重要的水道，其"上可至陕西略阳，下可至重庆合川。"① 嘉陵江上游在阆中境内有"南津渡""沙溪渡""梁山渡""马啸渡"等近十处渡口码头。其中，位于嘉陵江上游的"南津渡"规模最为宏大，是保宁醋对外销售和输入酿醋原料的重要码头。"南津渡为邑繁衡，渡船不下百余只，恒于日轮流连载。"② 与之相伴的"码头文化"也极为兴盛。"码头文化"是长江流域最富有鲜明个性的地域文化之一，"码头文化"的核心是以"码头"为主要集聚地的职业团体所形成的以"江湖义气""共同利益"为基础的道德共同体，是传统道义文化、利益观在社会底层群体中的具体表现。"码头文化"的显著特征为"抱团取暖"，往往关注以"码头"为中心的相关利益牵涉者的利益诉求，从而使"码头"圈子形成封闭和逐利的特性。与"码头文化"相似的共同体还有诸如"派系组织""商业会馆""袍哥人家"等浓厚"江湖"气息的传统社会组织。据阆中县志记载，哥老会（又称为"袍哥"、"汉流"）于清初传入阆中，在民国时期，逐渐形成了"仁""义""礼"三大堂。其中，"义"字堂堂口叫"聚义公"，头目名为何明伍，组成人员多为船工、普通工人及小商贩。"义"字堂以垄断码头

---

① 《道光保宁府志》，（清）黎学锦等修，（清）史观等纂，巴蜀书社1992年版，第678页。
② 《道光保宁府志》，（清）黎学锦等修，（清）史观等纂，巴蜀书社1992年版，第645页。

货运为主要经济来源，并逐渐形成了以码头为中心的利益圈，[①] 具有浓厚的"码头文化"气息，将"袍哥"的"江湖习气"与"码头文化"结合在一起，对保宁醋的销售和发展不利。

"码头文化"对保宁醋传统酿造技术的阻碍主要表现在以下几个方面。一是"码头文化"的"逐利性"阻碍了保宁醋商品的对外运输，影响保宁醋作坊的利益最大化追求。"码头文化"以逐利为目的，常常对保宁醋商品及原材料进行垄断性的运输，遏制了保宁醋商品的向外流动，降低了保宁醋的品牌影响力，人为缩小了保宁醋的影响范围。二是"码头文化"的封闭性阻碍了保宁醋作坊的稳定发展。保宁醋作坊难以插手"码头"的货运业务，保宁醋酿造所需的原料和保宁醋的对外运输都掌握在"舵爷"身上，增加了保宁醋发展的不确定性，使保宁醋传统酿造技术的发展受到人为的限制。

可见，对阆中地域文化与保宁醋传统酿造技术之间相互型塑、相互建构的关系研究为我们审视传统技术与地域文化的相互关系提供了新的实践依据。同时，传统技术与地域文化的互构共生关系又体现在现实性地方生产实践活动中，为进一步研究技术与文化之间的关系重建起实践范式。此外，对技术与文化互构共生关系的微观探讨也无疑为社会建构论、技术决定论、技术与文化的互动论的理论困惑提供了新的反思视角。

---

① 阆中市地方志编纂委员会编著：《阆中县志》，四川人民出版社1993年版，第917页。

参考文献

中文参考文献

一　史志古籍

（北宋）司马光：《资治通鉴》，北方文艺出版社 2019 年版。

（北魏）郦道元原注：《水经注》，陈桥驿注释，浙江古籍出版社 2000 年版。

（东汉）班固撰：《汉书》，赵一生点校，浙江古籍出版社 2000 年版。

（汉）高诱注：《吕氏春秋》，（清）毕沅校，徐小蛮标点，上海古籍出版社 2014 年版。

（汉）恒宽原著：《盐铁论》，上海人民出版社 1974 年版。

（汉）司马迁：《史记》，中华书局 1959 年版。

（后晋）刘昫等撰：《旧唐书》，廉湘民等标点，吉林人民出版社 1995 年版。

（晋）常璩撰：《华阳国志校注》（修订版），刘琳校注，成都时代出版社 2007 年版。

（明）宋廉等撰：《元史》（卷七六—卷一一〇），余大钧等标点，吉林人民出版社 1998 年版。

（明）宋濂等修撰：《元史》（上），阎崇东等校点，岳麓书社 1998 年版。

（明）宋濂等修撰：《元史》（下），阎崇东等校点，岳麓书社 1998 年版。

（明）宋濂等修撰：《元史》（中），阎崇东等校点，岳麓书社 1998
　　年版。

（南朝宋）范晔：《后汉书》，罗文军编，太白文艺出版社 2006 年版。

（清）阮元校刻：《十三经注疏》，中华书局 1980 年版。

（清）孙承泽纂：《天府广记》（上册），北京古籍出版社 1982 年版。

（清）徐松辑：《宋会要辑稿》（全八册），中华书局 1957 年版。

（宋）欧阳修、宋祁撰：《新唐书》（卷四一·卷五八），王小甫等标点，
　　吉林人民出版社 1995 年版。

（宋）陆游：《剑南诗稿校注》（全八册），钱仲联校注，上海古籍出版
　　社 2005 年版。

（宋）欧阳修：《欧阳修全集》，李逸安点校，中华书局 2001 年版。

（宋）王象之撰：《舆地纪胜》卷一六七《富顺监·古迹注》，中华书局
　　1992 年影印本。

（隋）虞世南撰：《北堂书钞》卷一四六，天津古籍出版社 1988 年版。

（唐）李隆基撰：《大唐大典》，（唐）李林甫注，〔日〕广池千九郎校
　　注，三秦出版社 1991 年版。

（唐）陆贽：《陆宣公集》，刘泽民校点，浙江古籍出版社 1988 年版。

（唐）魏徵等撰：《隋书》，吴宗国、刘念华等标点，吉林人民出版社
　　1995 年版。

（唐）姚思廉撰：《梁书》（卷一——卷五六），陈苏镇等标点，吉林人民
　　出版社 1995 年版。

（战国）墨翟：《墨子》，（清）毕沅校注，吴旭民校点，上海古籍出版
　　社 2014 年版。

（战国）商鞅等：《商君书》，章诗同注，上海人民出版社 1974 年版。

（战国）左丘明撰：《国语》，（三国吴）韦昭注，胡文波校点，上海古
　　籍出版社 2015 年版。

（战国）左丘明：《左传》，舒胜利、陈霞村译注，山西古籍出版社 2006
　　年版。

（周）荀况撰：《荀子》，廖名春、邹新明校点，辽宁教育出版社 1997
　　年版。

《管子》，（唐）房玄龄注，（明）刘绩补注，刘晓艺校点，上海古籍出版社 2015 年版。

《淮南子》，杨有礼注说，河南大学出版社 2010 年版。

《礼记》，（元）陈澔注，金晓东校点，上海古籍出版社 2016 年版。

《吕氏春秋》，任明、昌明译注，书海出版社 2001 年版。

《论语》，程昌明译注，山西古籍出版社 1999 年版。

《孟子》，王常则译注，山西古籍出版社 2003 年版。

《山海经》，史礼心、李军注，华夏出版社 2005 年版。

《尚书》，徐奇堂译注，广州出版社 2001 年版。

《诗经》，于夯译注，山西古籍出版社 1999 年版。

《四部丛刊·天下郡国利病书》三编史部卷 94，上海书店出版社 1935 年版。

（唐）长孙无忌等：《唐律疏议》，袁文兴、袁超注译，甘肃人民出版社 2017 年版。

陈桥驿：《水经注校释》，杭州大学出版社 1999 年版。

道光《浮梁县志》卷二《景德镇风俗附·陶政》，道光十二年刻本。

傅振伦：《〈景德镇陶录〉译注》，书目文献出版社 1993 年版。

（唐）李肇：《唐国史补》卷下《越人娶织妇》，浙江古籍出版社 1986 年版。

唐英：《火神童公小传》，里村童氏宗谱卷六，清同治七年九修，民国戊辰年镌本。

同治《南康府志》卷四《物产·附白土案》。

二　学术著作

（汉）毛公传、郑玄笺、（唐）孔颖达等正义：《毛诗正义》卷 14《小雅·大田》，上海古籍出版社 1990 年版。

（宋）唐慎微撰：《证类本草》卷二〇，尚志钧等校点，华夏出版社 1993 年版。

北京大学哲学系外国哲学史教研室编译：《古希腊罗马哲学》，生活·读书·新知三联书店 1957 年版。

蔡锋：《中国手工业经济通史·先秦秦汉卷》，福建人民出版社 2005 年版。

陈昌曙：《技术哲学引论》，科学出版社 1999 年版。

陈德炎编著：《中国保宁醋》，重庆出版社 2001 年版。

陈凡：《技术社会化引论：一种对技术的社会学研究》，中国人民大学出版社 1995 年版。

陈凡、张明国：《解析技术："技术—社会—文化"的互动》，福建人民出版社 2002 年版。

陈丽琼：《四川古代陶瓷》，重庆出版社 1987 年版。

陈振裕：《战国秦汉漆器群研究》，文物出版社 2007 年版。

丁云龙：《产业技术范式的演化分析》，东北大学出版社 2002 年版。

范文澜：《中国通史》（第一册），人民出版社 1978 年版。

费孝通：《乡土中国》，上海人民出版社 2013 年版。

傅玫、张锡镆、傅同钦：《中国古代物质文化》，王玉哲主编，高等教育出版社 1990 年版。

傅筑夫：《中国封建社会经济史》（第二卷），人民出版社 1982 年版。

高寿仙：《明代农业经济与农村社会》，黄山书社 2006 年版。

顾盼编著：《千古瓷都景德镇》，金开诚主编，吉林文史出版社 2010 年版。

贺业钜：《考工记营国制度研究》，中国建筑工业出版社 1985 年版。

胡俊：《中国城市：模式与演进》，中国建筑工业出版社 1995 年版。

胡维佳主编：《中国古代科学技术史纲：技术卷》，辽宁教育出版社 1996 年版。

胡小鹏：《中国手工业经济通史·宋元卷》，福建人民出版社 2004 年版。

黄贤金、陈龙乾等：《土地政策学》，中国矿业大学出版社 1995 年版。

姜军、李晓元、王大任：《产业技术与城市化——技术与人、自然、社会》，辽宁人民出版社 2003 年版。

李春花：《技术与社会问题研究》，辽宁师范大学出版社 2005 年版。

李建毛：《中国古陶瓷经济研究》，湖南人民出版社 2001 年版。

李绍强、徐建青：《中国手工业经济通史·明清卷》，福建人民出版社 2004 年版。

李万忍：《科学技术的社会经济功能》，陕西科学技术出版社 2005 年版。

梁洪生：《江西公藏谱牒目录提要》，江西教育出版社 2002 年版。

林文勋、黄纯艳等：《中国古代专卖制度与商品经济》，云南大学出版社

2003 年版。

刘德林、周志征：《中国古代井盐工具研究》，山东科学技术出版社 1990
　　年版。

刘淼：《明代盐业经济研究》，汕头大学出版社 1996 年版。

刘啸霆主编：《科学、技术与社会概论》，高等教育出版社 2008 年版。

刘泽许编：《南充地方志·蚕丝资料汇编》，吉林出版集团吉林文史出版
　　社 2014 年版。

刘仲：《发展技术论》，学苑出版社 1993 年版。

吕乃基、樊浩等：《科学文化与中国现代化》，安徽教育出版社 1993 年版。

吕涛总纂：《中华文明史　第二卷　先秦》，河北教育出版社 1992 年版。

马洪路：《中国远古暨三代经济史》，人民出版社 1994 年版。

冒从虎、王勤田、张庆荣编著：《欧洲哲学通史》（上卷），南开大学出
　　版社 1995 年版。

欧阳砥柱编著：《欧阳修诗文赏析》，武汉大学出版社 2018 年版。

彭泽益编：《中国近代手工业史资料（1840—1949）》第一卷，中华书
　　局 1962 年版。

邱国珍：《景德镇瓷俗》，江西高校出版社 1994 年版。

任继周主编：《中国农业系统发展史》，江苏科学技术出版社 2015 年版。

宋镇豪：《夏商社会生活史》，中国社会科学出版社 1994 年版。

孙智君主编：《产业经济学》，武汉大学出版社 2010 年版。

田昌五、臧知非：《周秦社会结构研究》，西北大学出版社 1996 年版。

童书业编著：《中国手工业商业发展史》，齐鲁书社 1981 年版。

汪圣铎：《两宋财政史》，中华书局 1995 年版。

王建设：《技术决定论与社会建构论关系解析》，东北大学出版社 2013
　　年版。

王俊麟编著：《中国农业经济发展史》，中国农业出版社 1996 年版。

王仁远、陈然、曾凡英编著：《自贡城市史》，社会科学文献出版社 1995
　　年版。

魏明孔：《中国手工业经济通史·魏晋南北朝隋唐五代卷》，福建人民出
　　版社 2004 年版。

乌廷玉：《中国历代土地制度史纲》（上卷），吉林大学出版社 1987 年版。

乌廷玉：《中国租佃关系通史》，吉林文史出版社 1992 年版。

夏纬瑛：《〈周礼〉书中有关农业条文的解释》，农业出版社 1979 年版。

肖峰：《技术发展的社会形成——一种关联中国实践的 SST 研究》，人民出版社 2002 年版。

邢怀滨：《社会建构论的技术观》，东北大学出版社 2005 年版。

阎万英、尹英华：《中国农业发展史》，天津科学技术出版社 1992 年版。

杨甫旺：《千年盐都——石羊》，云南民族出版社 2006 年版。

杨宽：《中国古代冶铁技术的发明和发展》，上海人民出版社 1956 年版。

杨宽：《中国古代冶铁技术发展史》，上海人民出版社 1982 年版。

余丽嫦：《培根及其哲学》，人民出版社 1987 年版。

远德玉、丁云龙、马强：《产业技术论》，东北大学出版社 2005 年版。

张海国、万千编著：《千年瓷都景德镇》，上海大学出版社 2005 年版。

张明国编著：《技术文化论》，同心出版社 2004 年版。

张寿主编：《技术进步与产业结构的变化》，中国计划出版社 1988 年版。

张小梅、王进主编：《产业经济学》，电子科技大学出版社 2017 年版。

张政烺、日知编：《云梦竹简［Ⅱ］秦律十八种》，吉林文史出版社 1990 年版。

赵冈、陈钟毅：《中国经济制度史论》，新星出版社 2006 年版。

赵万里：《科学的社会建构——科学知识社会学的理论与实践》，天津人民出版社 2002 年版。

郑杭生、杨敏：《社会互构论：世界眼光下的中国特色社会学理论的探索——当代中国"个人与社会关系研究"》，中国人民大学出版社 2010 年版。

郑学檬、徐东升：《唐宋科学技术与经济发展的关系研究》，厦门大学出版社 2013 年版。

钟长永、黄健、林建宇：《千年盐都》，四川人民出版社 2002 年版。

［德］冈特·绍伊博尔德：《海德格尔分析新时代的科技》，宋祖良译，中国社会科学出版社 1993 年版。

［德］黑格尔：《哲学史讲演录》（第四卷），贺麟、王太庆译，商务印书馆 1978 年版。

［德］康德：《任何一种能够作为科学出现的未来形而上学导论》，庞景仁译，商务印书馆1978年版。

［德］马克斯·韦伯：《经济与社会》，林荣远译，商务印书馆1997年版。

［法］埃米尔·涂尔干：《社会分工论》，渠东译，生活·读书·新知三联书店2000年版。

［法］贝尔纳·斯蒂格勒：《技术与时间》，裴程译，译林出版社2000年版。

［法］布尔迪厄、［美］华康德：《反思社会学导引》，李猛、李康译，商务印书馆2015年版。

［法］笛卡尔：《谈谈方法》，王太庆译，商务印书馆2000年版。

［法］路易·多洛：《个体文化与大众文化》，黄建华译，上海人民出版社1987年版。

［荷兰］E. 舒尔曼：《科技文明与人类未来——在哲学深层的挑战》，李小兵、谢京生、张峰等译，东方出版社1995年版。

［加拿大］德布雷森：《技术创新经济分析》，王忆译，辽宁人民出版社1998年版。

［联邦德国］F. 拉普：《技术哲学导论》，刘武等译，辽宁科学技术出版社1986年版。

［美］R. 科斯、A. 阿尔钦、D. 诺斯等：《财产权利与制度变迁——产权学派与新制度学派译文集》，刘守英等译，上海三联书店、上海人民出版社1994年版。

［美］安德鲁·皮克林：《实践的冲撞——时间、力量与科学》，邢冬梅译，南京大学出版社2004年版。

［美］安德鲁·皮克林编著：《作为实践和文化的科学》，柯文、伊梅译，中国人民大学出版社2006年版。

［美］戴维·波普诺：《社会学》，李强等译，中国人民大学出版社1999年版。

［美］丹尼尔·贝尔：《资本主义文化矛盾》，赵一凡等译，生活·读书·新知三联书店1989年版。

［美］道格拉斯·C. 诺思：《制度、制度变迁与经济绩效》，杭行译，格致出版社、上海三联书店、上海人民出版社2008年版。

［美］道格拉斯·诺思、罗伯斯·托马斯：《西方世界的兴起》，厉以平、蔡磊译，华夏出版社 1999 年版。

［美］凡勃伦：《有闲阶级论——关于制度的经济研究》，蔡受百译，商务印书馆 1964 年版。

［美］杰弗里·亚历山大：《社会学二十讲：二战以来的理论发展》，贾春增、董天民等译，华夏出版社 2000 年版。

［美］卡尔·米切姆：《技术哲学概论》，殷登祥等译，天津科学技术出版社 1999 年版。

［美］罗伯特·K. 默顿：《社会理论和社会结构》，唐少杰、齐心等译，译林出版社 2008 年版。

［美］罗伯特·金·默顿：《十七世纪英格兰的科学、技术与社会》，范岱年等译，商务印书馆 2000 年版。

［美］曼纽尔·卡斯特：《网络社会的崛起》，夏铸九、王志弘等译，社会科学文献出版社 2001 年版。

［美］西奥多·夏兹金、卡琳·诺尔·塞蒂纳、［德］埃克·冯·萨维尼主编：《当代理论的实践转向》，柯文、石诚译，苏州大学出版社 2010 年版。

［美］约瑟夫·熊彼特：《经济发展理论——对于利润、资本、信贷、利息和经济周期的考察》，何畏、易家祥等译，商务印书馆 1990 年版。

［美］兹比格涅夫·布热津斯基：《大失控与大混乱》，潘嘉玢、刘瑞祥译，中国社会科学出版社 1994 年版。

［日］本田财田：《技术与文化的对话》（日文版），日本三修社 1981 年版。

［日］仓桥重史：《技术社会学》，王秋菊、陈凡译，辽宁人民出版社 2008 年版。

［日］三木清：《技术哲学》（日文版），日本岩波书店 1942 年版。

［苏］Э. B. 杰缅丘诺克：《当代美国的技术统治论思潮》，黄国琦、黄立夫、周绍珩等译，辽宁人民出版社 1988 年版。

［苏］格·姆·达夫里扬：《技术·文化·人》，薛启亮、易杰雄等译，河北人民出版社 1987 年版。

［英］J. D. 贝尔纳：《科学的社会功能》，陈体芳译，商务印书馆 1982 年版。

［英］安东尼·吉登斯：《社会的构成：结构化理论纲要》，李康、李猛译，中国人民大学出版社 2016 年版。

［英］马林诺夫斯基：《文化论》，费孝通等译，中国民间文艺出版社 1987 年版。

［英］迈克尔·马尔凯：《科学社会学理论与方法》，林聚任等译，商务印书馆 2006 年版。

［英］培根：《新工具》，许宝骙译，商务印书馆 1936 年版。

［英］斯蒂芬·F. 梅森：《自然科学史》，上海外国自然科学哲学著作编译组译，上海人民出版社 1977 年版。

［英］亚·沃尔夫：《十六、十七世纪科学、技术和哲学史》（下册），周昌忠等译，商务印书馆 1997 年版。

［英］亚当·斯密：《国民财富的性质和原因的研究》，郭大力、王亚南译，商务印书馆 1972 年版。

［英］约翰·斯图亚特·穆勒：《政治经济学原理》（上），金镝、金熠译，华夏出版社 2013 年版。

［英］约翰·伊特韦尔、默里·米尔盖特、彼得·纽曼编：《新帕尔格雷夫经济学大词典》（第二卷：E—J），经济科学出版社 1992 年版。

三　期刊

陈春光、郭琳：《制度变迁与技术变迁双向互动》，《社会科学》1996 年第 10 期。

陈凡、马会端：《技术传播与文化整合》，《东北大学学报》（社会科学版）2004 年第 4 期。

陈凡、杨英辰：《社会文化对技术的整合》，《科学学研究》1992 年第 3 期。

陈秋虹：《技术与社会的互构——以信息通讯技术在商村社会的应用为例》，《青年研究》2011 年第 1 期。

丁任重、徐志向：《新时期技术创新与我国经济周期性波动的再思考》，《南京大学学报》（哲学·人文科学·社会科学）2018 年第 1 期。

抚顺市文化局文物工作队：《辽宁抚顺高尔山古城址调查简报》，《考古》1964 年第 12 期。

关士续：《关于技术社会学的研究及其导向》，《自然辩证法研究》1988 年第 5 期。

胡厚宣：《殷代的蚕桑和丝织》，《文物》1972 年第 11 期。

华锦阳、许庆瑞、金雪军：《制度决定抑或技术决定》，《经济学家》2002 年第 3 期。

华觉明、杨根、刘恩珠：《战国两汉铁器的金相学考查初步报告》，《考古学报》1960 年第 1 期。

蒋猷龙：《秦汉时期的蚕业（上）》，《蚕桑通报》2018 年第 1 期。

李殿元：《论西汉的"盐铁官营"》，《浙江学刊》1993 年第 6 期。

李汉林：《论科学与文化的社会互动》，《自然辩证法通讯》1987 年第 1 期。

李恒全：《井田制变革前农业耕作技术的缓慢发展》，《社会科学战线》2015 年第 5 期。

李京华：《渑池县发现的古代窖藏铁器》，《文物》1976 年第 8 期。

李三虎：《技术决定还是社会决定：冲突和一致——走向一种马克思主义的技术社会理论》，《探求》2003 年第 1 期。

李三虎、赵万里：《技术的社会建构——新技术社会学评介》，《自然辩证法研究》1994 年第 10 期。

李文信：《辽阳三道壕西汉村落遗址》，《考古学报》1957 年第 1 期。

林文勋：《明清时期内地商人在云南的经济活动》，《云南社会科学》1991 年第 1 期。

马兆俐、陈红兵：《解析"敌托邦"》，《东北大学学报》（社会科学版）2004 年第 5 期。

彭适凡、李家和：《江西清江吴城商代遗址发掘简报》，《文物》1975 年第 7 期。

彭适凡、刘林、詹开逊：《江西新干大洋洲商墓发掘简报》，《文物》1991 年第 10 期。

彭泽益：《自贡盐业的发展及井灶经营的特点》，《历史研究》1984 年第 5 期。

秦红增：《技术与文化的互为观照：科技人类学解读》，《青海民族研究》
　　2008 年第 1 期。

邱泽奇：《技术与组织的互构——以信息技术在制造企业的应用为例》，
　　《社会学研究》2005 年第 2 期。

群力：《临淄齐国故城勘探纪要》，《文物》1972 年第 5 期。

任宗哲：《高新技术社区管理初探》，《当代经济科学》1999 年第 4 期。

盛国荣：《技术与社会之间关系的 SST 解读——兼评"技术的社会形成"
　　理论》，《科学管理研究》2007 年第 5 期。

盛国荣：《试析科学、技术与社会（STS）三者关系的历史演进》，《东
　　北大学学报》（社会科学版）2006 年第 3 期。

盛世豪：《科学技术发展的"社会—文化"解释》，《自然辩证法研究》
　　1994 年第 2 期。

施生旭、郑逸芳、石礼忠：《技术进步对经济增长的效应分析及实证研
　　究——基于马克思经济增长模型》，《理论月刊》2014 年第 3 期。

宋兆麟：《河姆渡遗址出土骨耜的研究》，《考古》1979 年第 2 期。

孙德海、陈惠：《河北石家庄市市庄村战国遗址的发掘》，《考古学报》
　　1957 年第 1 期。

唐永、范欣：《技术进步对经济增长的作用机制及效应——基于马克思
　　主义政治经济学的视角》，《政治经济学评论》2018 年第 3 期。

田鹏颖、赵晖：《论社会技术》，《自然辩证法研究》2005 年第 2 期。

王伯鲁：《社会技术化问题研究进路探析》，《中国人民大学学报》2017
　　年第 3 期。

王海山、盛世豪：《技术论研究的文化视角———一种新的技术观和方法
　　论》，《自然辩证法研究》1990 年第 5 期。

王汉林：《"技术的社会形成论"与"技术决定论"之比较》，《自然辩
　　证法研究》2010 年第 6 期。

王建设：《"技术决定论"与"社会建构论"：从分立到耦合》，《自然辩
　　证法研究》2007 年第 5 期。

王俊秀：《虚拟与现实——网络虚拟社区的构成》，《青年研究》2008 年
　　第 1 期。

王增新：《辽宁抚顺市莲花堡遗址发掘简报》，《考古》1964 年第 6 期。

吴汝祚：《山东胶县三里河遗址发掘简报》，《考古》1977 年第 4 期。

夏纬瑛、范楚玉：《〈夏小正〉及其在农业史上的意义》，《中国史研究》
　　1979 年第 3 期。

肖峰：《论技术的社会形成》，《中国社会科学》2002 年第 6 期。

肖楠：《试论卜辞中的"工"与"百工"》，《考古》1981 年第 3 期。

邢怀滨、孔明安：《技术的社会建构与新技术社会学的形成》，《河北学
　　刊》2004 年第 3 期。

严文明：《论中国的铜石并用时代》，《史前研究》1984 年第 1 期。

严文明、吴诗池、张景芳、冀介良：《山东栖霞杨家圈遗址发掘简报》，
　　《史前研究》1984 年第 3 期。

颜士刚、李艺：《论有关技术价值问题的两个过程：社会技术化和技术
　　社会化》，《科学技术与辩证法》2007 年第 1 期。

杨发庭：《技术与制度：决定抑或互动》，《理论与现代化》2016 年第 5 期。

杨立雄：《从实验室到虚拟社区：科技人类学的新发展》，《自然辩证法
　　研究》2001 年第 11 期。

杨敏、郑杭生：《社会互构论：全貌概要和精义探微》，《社会科学研究》
　　2010 年第 4 期。

俞伟超：《一九五六年河南陕县刘家渠汉唐墓葬发掘简报》，《考古通讯》
　　1957 年第 4 期。

张珺：《技术社区在中国台湾高新技术产业发展中的作用》，《当代亚太》
　　2007 年第 4 期。

张茂元：《近代珠三角缫丝业技术变革与社会变迁：互构视角》，《社会
　　学研究》2007 年第 1 期。

张敏、汤陵华：《江淮东部的原始稻作农业及相关问题的讨论》，《农业
　　考古》1996 年第 3 期。

张明国：《"技术—文化"论——一种对技术与文化关系的新阐释》，
　　《自然辩证法研究》1999 年第 6 期。

张明国：《耗散结构理论与"技术—文化"系统——一种研究技术与文
　　化关系的自组织理论视角》，《系统科学学报》2011 年第 2 期。

张兴永、周国兴:《元谋人及其文化》,《文物》1978 年第 10 期。

赵建吉、曾刚:《技术社区视角下新竹 IC 产业的发展及对张江的启示》,《经济地理》2010 年第 3 期。

郑洪春:《考古发现的水井与"凿井而灌"》,《文博》1996 年第 5 期。

外文参考文献

一 图书

Ayres C. E. , *Toward a Reasonable Society*:*the Values of Industrial Civilization*, Austi:University of Texas Press, 1961.

Baroja J. C. , *Tecnología Popular Española*, Editora Nacional, 1996.

Berger P. L. and Luckmann T. , *The Social Construction of Reality*:*A Treatise in the Sociology of Knowledge*, New York:Anchor Book, 1966.

Bijker E. Bicycle, Bakelites and Bulbs, *Toward a Theory of Sociotechnical Change*, Cambridge:The MIT Press, 1995.

Bijker W. and Hughes T. , eds. , *The Social Construction of Technological Systems*:*New Directions in Sociology and History of Technology*, Cambridge:The MIT Press, 1987.

Bijker W. E. , *Bakelites, and Bulbs*:*Toward a Theory of Sociotechnical Change*, Cambridge:The MIT Press, 1995.

Bijker W. E. and Law J. , *Shaping Technology Building Society*:*Studies in Sociotechnical Change*, Cambridge:The MIT Press, 1992.

Burr V. , *An Introduction to Social Constructionism*, London:Routledge, 1995.

Cohen G. A. and Marx K. , *Karl Marx's Theory of History*:*A Defense*, Princeton:Princeton University Press, 1978.

Denison E. F. , *Trends in American economic growth* 1929-1982, Washington D. C. : The Brooking Institution, 1985.

Ellul J. , *The Technological Society*, New York:Vintage Books, 1964.

Ellul J. , *The Technological System*, New York:the Continuum Publishing Corporation, 1980.

Hughes A. and Hughes T. , *Systems Experts and Computers: the Systems Approach in Management and Engineering*, World War II and After, Cambridge: MIT Press, 2000.

Hughes T. , *Networks of Power: Electrification in Western Society* 1880—1930, Baltimore: Johns Hopkins University Press, 1983.

Latour B. , *Reassembling the Social: An introduction to Actor-Network-Theory*, Oxford: Oxford University Press, 2005.

Law John, "Technology and Heterogeneous Engineering: the Case of Portuguese Expansion", Bijker W. E. and Hughes T. P. , eds. , *The Social Construction of Technological Systems: New Directions in the Sociology and History of Technology*, Cambridge MA/London: MIT Press, 1987.

MacKenzie D. , *Inventing Accuracy: A Historical Sociology of Ballistic Missile Guidance*, Cambridge: The MIT Press, 1990.

MacKenzie D. and Wajcman J. , *The Social Shaping of Technology: How the Refrigerator Got Its Hum*, Milton Keynes: Open University Press, 1985.

March J. G. and Olsen J. P. , *Rediscovering Institutions: The Organizational Basis of Politics*, New York: Free Press, 1989.

Mitcham C. , *Thinking Through Technology: The Path Between Engineering and Philosophy*, Chicago: The University of Chicago Press, 1994.

Mitcham C. and Mackey R. , *Bibliography of the Philosophy of Technology*, Chicago: University of Chicago Press, 1973.

Mokyr J. , *The Lever of Riches: Technological Creativity and Economic Progress*, New York: Oxford University Press, 1990.

Nelson R. R. , "Economic Growth Via the Coevolution of Technology and Institutions", Leydesdorff L. and Besselaar P. V. D. , *Evolutionary Economics and Chaos Theory: New Directions in Technology Studies*, London: Pinter Publishers, 1994.

Nelson R. R. and Winter S. G. , *An Evolutionary Theory of Economic Change*, Cambridge, MA: Belknap Press of Harvard University Press, 1982.

Rheingold H. , *The Virtual Community: Homesteading on the Electronic Fron-*

tier, Cambridge, MA: The MIT Press, 1993.

Rose H. and Rose S., *Science and Society*, London: Allen Lane-The Penguin Press, 1969.

Smith M. R. and L. Marx, *Does Technology Drive History? The Dilemma of Technological Determinism*, Cambridge: MIT Press, 1994.

Traweek S., *Beamtimes and Lifetimes: The World of High Energy Physicists*, Cambridge: Harvard University Press, 1992.

Volti R., *Society and Technological Change*, New York: St. Martin's Press, 1988.

Webster A., *Science, Technology and Society: New Direction*, New Brunswick, N. J.: Rutgers University Press, 1991.

Westrum R., *Technologies and Society: The Shaping of People and Things*, Belmont, California: Wadsworth Publishing Company, 1991.

Winner L., *Autonomous Technology: Technics-out-of-Control as a Theme in Political Thought*, Cambridge: The MIT Press, 1977.

二 期刊

Arrow K. J., "The Economic Implication of Learning By Doing", *Review of Economic Studies*, Vol. 29, No. 3, 1962.

Bachula G. R., "The Global Context For Innovation: Implications For Technology Policy", *Speech At CCR Ninth Annual Meeting*, Vol. 29, September 1997.

Barley S. R., "Technology as an Occasion structuring: Evidence from observations of CT Scanners and the Social Order of Radiology Departments", *Administrative Science Quarterly*, Vol. 31, No. 1, 1986.

Fagerberg J., "A Technology Gap Approach to Why Growth Rates Differ", *Research Policy*, Vol. 22, Issue 2, April 1993.

Lynch Michael E., "Technical Work and Critical Inquiry: Investigations in a Scientific Laboratory", *Social Studies of Science*, Vol. 12, No. 4, 1982.

Orlikowski W. J., "The Duality of Technology: Rethinking the Concept of

Technology in Organizations", *Organization Science*, Vol. 3, No. 3, 1992.

Romer P. M., "Increasing Returns and Long-run Growth", *Journal of Political Economy*, Vol. 94, No. 5, 1986.

Williams Robin and D. Edge, "The Social Shaping of Technology", *Research Policy*, Vol. 25, No. 1, 2004.

Winner L., "Upon Opening the Black Box and Finding It Empty: Social Constructivism and the Philosophy of Technology", *Science, Technology and Human Values*, Vol. 18, No. 3, 1993.

后　记

　　本书系统探讨了传统技术与地域社会的互构共生关系问题。技术与社会的关系问题一直是科学技术与社会研究的热点，但技术与社会到底是什么关系却存在争议。形成了技术决定论、技术的社会建构论、技术与社会互动论、技术与社会互构共生论。我们发现，目前研究技术与社会互构共生论还比较薄弱，分析传统技术与地域社会的互构共生关系更显不足，特别是在实践层面分析还不够。为此，我们主要在实践层面分析了技术与社会的互构共生关系，具体分析了中国传统技术与地域社会是如何相互影响、相互建构的，是如何共同演进、共生发展的。

　　首先，本书通过对传统技术社区的形成、特点和变迁的分析，论述了实践中传统技术与地域社会的互构共生。从整体上回答了传统技术与地域社会在实践中是如何互构共生的。其次，书中分析了传统技术与地域社会的每一构成部分—经济、政治、文化之间的互构共生关系。深入探讨传统技术与区域经济、传统技术与地域政治、传统技术与地域文化之间相互影响、相互建构和共同演进的关系。具体而言，传统技术与区域经济的互构共生关系则通过对传统技术产业、传统技术与经济制度、传统技术创新与区域经济发展等方面的分析来体现，从而论证传统技术与区域经济的互构共生关系。传统技术与地域政治的互构共生关系则通过将传统技术分解为农业技术和手工业技术，来具体分析它们与政治制度、管理制度和政府经济组织之间的相互影响、相互建构和共同演进，以便深入把握传统技术与地域政治之间的互构共生关系。传统技术与地域文化的互构共生关系通过两个方面来分析：一是既从文化角度，也从技术角度来分析传统技术与地域文化的关系，通过探讨传统技术与技术文化、传统技术与劳动工具的互构共生关系，论证传统技术与地域文化的互构共生关系；二是从实践案例出发，通过对保宁醋传统酿造技术与阆中地域文化互构共生的实践分析，论证传统技术与地域文化的互构共生关系。再次，本书运用历史文献法、田野研究法和个案研究法进行研究。通过对传统技术的历史文献梳理，再通过对自贡盐都、南充绸都、景德镇瓷都、阆中等地的田野调查，并运用个案研究法，具体分析了传统技术与地域社会的互构共生关系。这些研究方法，试图改变对技术与社会关系研究主要运用理论思辨研究方法的限制，尝试用跨学科视野来分析传统技术与地域社会的互构共生关系。

本书的分析理论基于技术与社会互构共生论，为分析技术与社会的关系提供了新的视角。长期以来，技术与社会的关系备受争议，形成了技术决定论、技术的社会建构论、技术与社会互动论，这些理论视角要么侧重于技术、要么侧重于社会，将技术与社会看作二元对立的两个独立的事物，虽然技术与社会互动论看到了技术与社会二者的互动关系，但依然将二者看作对立的事物，无法破解技术与社会的二元对立问题。而技术与社会互构共生论不同于以往的理论视角，它将技术与社会看作是相互依存、相互联系、相互融合、共同演进和共生发展的互构共生关系。这就为破解技术与社会的二元对立提供了新的思路。

本书通过实践研究，论证了传统技术与地域社会二者是互构共生的关系，为破解技术与社会的二元对立关系提供了实践论据。长期以来，破解技术与社会的二元对立关系多偏于理论分析，实践分析还不够。本书详细分析传统技术与地域政治、区域经济和地域文化的互构共生关系，既为技术与社会互构共生论提供了实践路径，促进了技术与社会互构共生论的理论发展，也为破解技术与社会二元对立关系提供了实践论据。

在最新的全国哲学社会科学工作办公室公布的 2025 年国家社会科学基金项目申报指南中，在过去研究领域基础上新增科学技术与社会一级学科，这表明科学技术与社会研究方兴未艾，日显重要。本书的研究希望能推动技术与社会关系研究，推动科学技术与社会这一学科发展。

由于作者水平所限，书中难免存在疏漏之处，敬请广大读者批评指正。

黄祖军
2025 年 3 月于四川南充